WEIXIU RUMEN
KAIGUAN DIANYUAN YUANLI XINJIE
YU GUZHANG ZHENDUAN

工业电路板维修入门

开关电源原理新解与故障诊断

咸庆信　著

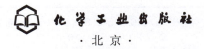

化学工业出版社

·北京·

内容简介

本书内容包括从2010年至2020年前后的十几年之间作者测绘的工业电气设备（进口和国产的PLC、步进驱动器、交流伺服驱动器、直流调速器、软启动器、变频器）中的开关电源电路；单端、双端、正激、反激、单开关管、双开关管等各种形式的开关电源电路；器件资料、测绘电路、检修步骤、检测方法的一体化有机整合；新的电路内容、新的开关电源原理分析、新的检修思路、新的故障诊断方法的首次披露。本书力求呈现"接地气"的实测电路，"剥葱式"的原理新解，"落地式"的故障诊断方法和"体贴式"的故障检修手段。

本书适合工业电路板检修者、电子电路爱好者、本科/专科院校电子电路专业的师生参考阅读。

图书在版编目（CIP）数据

工业电路板维修入门. 开关电源原理新解与故障诊断/咸庆信著. —北京：化学工业出版社，2023.11（2025.8重印）
　ISBN 978-7-122-43972-7

　Ⅰ.①工…　Ⅱ.①咸…　Ⅲ.①印刷电路板（材料）-维修　Ⅳ.①TM215

中国国家版本馆CIP数据核字（2023）第152871号

责任编辑：宋　辉　于成成
文字编辑：李亚楠　陈小滔
责任校对：边　涛
装帧设计：王晓宇

出版发行：化学工业出版社
　　　　（北京市东城区青年湖南街13号　邮政编码100011）
印　　装：涿州市般润文化传播有限公司
787mm×1092mm　1/16　印张20³/₄　字数492千字
2025年8月北京第1版第2次印刷

购书咨询：010-64518888　　　　售后服务：010-64518899
网　　址：http://www.cip.com.cn
凡购买本书，如有缺损质量问题，本社销售中心负责调换。

定　　价：98.00元　　　　　　　版权所有　违者必究

前　言

PREFACE

　　如果我所言不差，工业控制电路板的工作电源，80% 以上是采用单端他励反激式开关电源电路的。而在此类开关电源电路中，80% 左右都是采用 UC284x 系列芯片作为电源核心器件的。如果在原理和检修上通了由这一个芯片构成的开关电源，也就差不多通了所有电路板的开关电源电路。

　　工业电路板的故障检修，如果要问哪部分电路最考验人，首选应该是开关电源了。对于一般电路而言，像由运放、比较器构成的相关检测电路，或由数字芯片构成的直流或脉冲信号传输电路，电路的失常，一定是有一个或数个损坏的或者不良的元器件存在，找出坏的元器件（也一定能找到），便能将故障排除。但到开关电源这儿，虽然电路结构并不复杂，电路的元器件数量并不多（由 UC284x 构成的电路，一次侧电路的元器件数量仅十几个），碰到的往往是毫无坏件、工作失常的"亚健康"故障状态。奇葩的是：有时候检修者查无头绪，无奈之下，将电路的全部元器件都代换了一遍（反正元件数量也不多），竟然故障状态依旧。对于其他电路有效的办法，到开关电源这儿，都无效了。所以维修部内或库房的墙角摞着的一大堆电路板，多为开关电路故障而不能修复的电路板，也就不足为怪了。

　　所谓开关电源的"亚健康"故障状态，用西医的"器官代换法"等类似的手术模式，"头疼医头，脚疼医脚"式的思维，突然失灵了。而采用中医的辨证施治的调理方法，以系统化的手段拨转"滞涩的五行之轮"，才可能是起死回生之途。这就是作者为什么要新解电源原理并提出故障诊断新方法的初衷。

　　本书第 1 章至第 7 章的全部篇幅，都是围绕 284x/384x 系列芯片作为核心而展开的，284x/384x 芯片构成了形形色色的开关电源电路。第 8 章的电路内容虽然未采用 284x/384x 系列芯片，但仍是一脉相承的电路形式。第 9 章至第 13 章，则收录了 284x 芯片电路以外的自励式、正激式、双端式、单片式、集成 IC 式开关电源等内容。

本书电路图均来自作者对工业电路板的实物测绘。

阅读建议：对有些电路基础的读者来说，第 2 章至第 8 章是阅读重点，后面几章更近于资料汇总；基础稍差的读者，则可以先行阅读第 13 章基础性的电路部分，然后再回头阅读第 2 章至第 8 章的内容。

限于笔者的学识水平、时间和精力，书中可能存在疏忽之处，恳请广大读者及时指正，笔者深表感谢！

感谢广大读者一直以来对我的热情支持！

著者

目录

CONTENTS

第1章
绪论

1.1 写作缘起

由一个故事讲起……

某学员到培训班报到，并对我提出要求：只把开关电源学会，能修开关电源就行了，学不好其他电路没关系。因为公司库房内积攒下的不能修复的故障机，十有八九都是开关电源，能修开关电源，就能修复大部分的故障机器了。

284x/384x 系列芯片的出现，使电路设计和故障检修都进入到更理性化的阶段，即电路的每个环节都可以独立设计和检修，工作的每个步骤都便于观测和掌控。和开关管参与自激振荡的分立式开关电源相比，后者须在电路"全员参与的大一统状态"下才能观测电路的工作状态或故障状态，局部电路是没有办法独立工作的。PWM 芯片为核心构成的开关电源，检修过程或工作流程则趋于程式化和理性化。

既然这样，由 284x/384x 构成的开关电源，还有疑难故障的存在吗？众多检修者为什么又频频遭遇查无坏件，甚至将电路所有元器件全换一遍仍然不能修复的故障呢？

本书涉及的故障都带有"疑难"的色彩。实话说，开关电源发生疑难故障的概率并不比发生普通故障的概率低。有同行曾经夸我：咸工总是能把复杂的问题简单化，并能找到解决问题的办法。在《运放和比较器原理新解与故障诊断》一书中，我走的就是把复杂事物简化的路子，其效果也得到了读者朋友的认可。但在本书的行文中，走的是另一条路：把貌似简单的开关电源电路掰开了、揉碎了进行再组合、再细化，光是一个 284x/384x 芯片的开关电源电路，占到了本书内容的 60% 之多。这是因为：对于由 284x/384x 芯片构成的开关电源，我不想在本书中表现得过于简化和粗陋（没有巨量的实践数据的托底，只能给出芯片产品说明书中单薄的内容），以至于在原理分析和检修参考上不能发挥应有的作用，就如同仅仅让读者见到在河流中畅游的一条大鱼的鱼脊（甚至仅是鱼脊中的一小段）。本书试图让读者见到隐没在水波之下的大鱼的全体，我知道我由此揭开了一个"宏大的机密"。本书的创作过程，并非现有资料的东粘西贴，而是采取了类似文学作品的创作模式，启用了本人三十多年来检修开关电源故障达万例之多所积累的经验和思路，将其从脑海里"搬到"了本书中。

故障检修者总是比电路设计者遭遇更多的问题：在有限的设计方案和实验室条件下，构成正常电路的要素总是有限的，而在故障境况下，是近乎无限的故障可能。比如，某电阻元件只能取值 5 ～ 10kΩ，但检修者会碰到电阻变大为 200kΩ，或击穿后变为 30Ω 的情况出现；再比如，在电路某点设计者只需加装一只 18V 的稳压二极管，但检修者在同样的电路某点却会碰上一只 13V 的"稳压二极管"；更有甚者，设计者在电路某点只能安装一只二极管，检修者却发现该点竟然是一只电阻；等等。从某种程度上来说，检修者的思考范围和对故障电路可能性的预案要大于和多于设计者才行——设想不到的状态都有可能出现。

本书在原理分析上采取尽量简要、精干的原则，对于 284x/384x 以外的电源芯片内部电路不再做细致剖析，重点是理顺各引脚之间的逻辑关系，以及搞清楚外部电路的作用。诚然，借助工作原理的分析形成故障诊断思路，原理 / 功能方框图的具备是不能略过的一个环节，分析原理方框图，有时须依赖读者自己来做。为了节省篇幅作者有时惜墨如金——而实际上，只要深刻理解了 284x/384x 芯片原理 / 功能方框图，对于其他电源芯片的原理分析也就做到了举一反三和触类旁通，再继续给出大量的繁琐的解说就已经失去意义。我的侧重点是开关电源原理的新解、简解和精解，是关于"贴近实际的新的故障诊断方法的应用"，希望本书能够真正全面地展示开关电源故障诊断和检修的"真实的战斗场面和战斗历程"，而不是仅仅只做空中楼阁式的"兵棋推演"。

1.2　本书内容简介

① 第 13 章：开关电源电路基础相对薄弱的读者，可以先行阅读第 13 章。该章收录了线性电源、三端固定 / 可调稳压器、基准电压源器件和 5 端开关电源集成 IC 器件的基础性电路。事实上，这些由集成 IC 电源构成的稳压或电压基准电路，往往是开关电源电路的有机组成部分，或开关电源之后的负载电路的后续供电电源，当然也是一个设备电源系统的重要组成部分。第 13 章所列举电路，特指非（用变压器）隔离式稳压电源器件。与第 9 章单片开关电源的电路形式有所不同。

电子电路基础较好的读者，可以直接从第 2 章开始阅读。

② 第 2 ～ 7 章：围绕 284x/384x 系列的典型电源专用 PWM 芯片，从芯片内部电路剖析、典型外围电路的组成、由 284x/384x 芯片构成的开关电源的故障诊断方法，到电路模型之外的增补电路、开关电源的故障诊断实例，再延伸至多开关管多变压器的电路类型，层层剥茧式的原理分析与故障诊断方法的演绎，将 284x 芯片构成的开关电源掰开了、揉碎了往通透的方向推进，以期达到对开关电源电路举一反三、触类旁通的效果。

③ 第 8 章：与采用 284x/384x 芯片的电路差异不大的开关电源，是对第 2 ～ 7 章单端他励反激开关电源电路的进一步深入，电路虽然未采用 284x/384x 芯片，但工作原理与故障诊断方法是一脉相承的。初步接触 284x/384x 系列芯片以外的开关电源，难免会产生"陌生之感"，但略加深入，一定会觉得又是碰上了"熟客"。所以第 8 章内容，虽然换了演员，但演的还是同一个角色。

④ 第 9 章：单片开关电源，其实仍为第 2 ～ 8 章电路形式的拓展，只不过是采用电源芯片的集成度增加，将启动电路、稳压控制电路、开关管全部集成于一个芯片之内，是

外围电路"极度精简"的开关电源罢了。但这势必带来了原理解析上的简略和故障检测上的茫然感：适用 284x/384x 芯片系列电路的检测数据和检测手段，竟然一时之间用不上了。第 9 章试图介绍这样一个问题：比之 284x/384x 芯片构成的开关电源，单片开关电源的检修难度一定是降低了，而非提升了。

⑤ 第 10 章：单端自励反激电源，是结构非常精简的开关电源电路之一，通常由两只晶体三极管构成开关变压器的初级控制电路。虽然他励（或称他激）的电路形式占据开关电源的主流，但自励（或称自激）电路至今仍有着强大的生命力，在各种工业控制电路板上，还能见到它的身影。其电路结构是最简单的，而故障检测难度却是可以考验智商的。单端自励反激开关电源，是"全员参与"才能正常运行的一个结构，其故障表现通常不是哪一个元件坏掉了，而是电路出现了"亚健康状态"，如何通过调整手段使之恢复正常是重点所在。故障诊断的难点也正是电子电路的魅力之所在啊。

⑥ 第 11 章：单端他励正激开关电源，如果仅从电路结构看，而不去管开关管与整流二极管的换能模式，它与第 2 ~ 7 章电路是非常相似的，故障诊断思路和检修方法也可以照搬。其区别也仅仅是原理上的开关管与整流二极管换能模式的不同，或者说开关变压器初、次级绕组的同名端不同而已。

⑦ 第 12 章：双端逆变式开关电源，即开关变压器工作于双向电流的交变模式之下，可以大幅度提升变压器的效率及电源的输出功率。所采用的专用双端（两路互补脉冲输出）电源芯片，其引脚功能和工作原理仍可以和 284x/384x 芯片进行类比，说到原理解析与故障诊断，只有小异但仍存在大同。通了 284x/384x 芯片的开关电源，也就等于通了所有的开关电源。

当然第 12 章更是给出了采用非专业电源芯片构成的双端电源的众多电路实例，也由浅入深地给出了原理解析和故障诊断上的指导。

综述之，本书收录了当今工业电路板（自动化电气设备）上所广泛采用的开关电源电路，包含了单端、双端、他励、自励、反激、正激、单片、集成 IC 等近乎全部类型的开关电源电路，而且特别关注和追踪了近年来在增补（设计改进）中的新电路形式，保证了本书收录电路类型的全面性和内容的新颖性。

1.3 本书第 2 章至第 7 章中对 284x/384x 电源芯片型号的表述

284x/384x 系列电源芯片，如 KA2842/43/44/45、TL2842/43/44/45、UC2842/43/44/45BG、UC2842/43/44/45BD1、UC2842/43/44/45AQ 等，具有不一而足的近百种标注。不外乎生产厂家不同、材料有异（双极型器件或 MOC 器件）、突出个别工作参数等。

但在贴片封装形式的芯片上，型号标注往往省略了 UC、KA 等表征着生产厂家的前缀，而印之以如 2844B 的字样。因而久而久之，工控界内也往往俗称（或习惯性简称之）2844B。本书也约定俗成地在每章篇首（只要本章内容涉及该类电源芯片）以 284x/384x 字样来统述之。

1.3.1　电源芯片的温度序列

任何一种集成 IC 器件，按应用温度范围不同，可细分为 3 级，比如电源芯片，实际上有 184x、284x、384x 等三种型号的产品，其引脚功能、内部结构、工作原理、供电电压等都无差别，仅仅是应用条件（工作温度范围）差异较大。以 A 系列电源芯片产品为例加以说明。

1844A：适应工作温度 −65~150℃，军工用品（1 级）；

2844A：适应工作温度 −25~85℃，工业用品（2 级）；

3844A：适应工作温度 0~70℃，民用品（3 级）。

单看参数，2844A 适用于中国大陆的中原地区，若用于我国东北地区，温度参数有些不足（貌似不能适应零下 30℃ 左右的严寒）。而 3844A 则仅能适用于中国的江南地区。

事实上可能并非如此：产品检验中低于 2 级品参数规格被淘汰到 3 级品的器件，可能是 −20~80℃ 温度范围以内的产品，参数指标仅次于 2 级品，实际上比"规定 3 级品"的规定温度指标要高出许多。因而即使是在工业环境应用的电气设备，电子元件的选型也有选用 3 级品的，原因在此。

在工业线路板的诸多产品中，当然不会见到由 1 级电源芯片构成的电源电路（用于航天或军用产品），通常会见到由 2 级、3 级电源芯片做成的开关电源，常见型号如 2842B、2844B 或 3842B、3844B 的电源芯片。而 2844B 和 3844B，除了工作温度范围有差异，在引脚功能、内部电路结构、温度以外的工作性能上完全一样，甚至是可以互相代换的。

1.3.2　芯片的性能序列（以 284x 系列开关电源芯片为例）

1.3.2.1　2842B → 2843B → 2844B → 2845B 应用功能不同的排序

表 1-1 中给出四项工作参数的比较。根据开关电源的工作特点，其振荡芯片代换项，仅需从工作频率来考虑，由此可知，2842B 与 2843B、2844B 与 2845B 符合代换要求，代换成功率也高。

表 1-1　284x 系列芯片部分参数

型号 / 参数	起振电压	停振电压	振荡频率与输出频率的关系	最大输出脉冲占空比
2842B	16V	10V	振荡频率 = 输出频率	< 100%
2843B	8.5V	7.6V	振荡频率 = 输出频率	< 100%
2844B	16V	10V	振荡频率 = 2 倍的输出频率	< 50%
2845B	8.5V	7.6V	振荡频率 = 2 倍的输出频率	< 50%

1.3.2.2　2844 → 2844A → 2844B 的性能升级排序

由型号后缀字母排序的先后，可看出性能上的"更新换代轨迹"。如 2844 工作起振电流值为 1mA，2844A/2844B 则为 0.5mA；2844/2844A 的功耗为 1W，2844B 的功耗则为 0.86W。同价位芯片，优选"最新品种"大致是对的。若用 3844 代替 3844B 芯片，有时可能需要更改原有的电路参数，以适应其正常工作要求。如需将原 750kΩ 启动电阻减小为 300kΩ 左右，电路才能正常启动。而用 2844B 代换 2844，则无须改动外围电路的参数。

1.3.3　回到芯片型号本身

1.3.3.1　忽略制造厂家不同后的全部器件类型

由表 1-2 可见，该类电源芯片至少有 36 种产品和型号标注，但其基本的电路结构和功能完全是一致的。

表 1-2　共计 36 种的器件（印字）型号

1 级品	2 级品	3 级品
1842、1842A、1842B	2842、2842A、2842B	3842、3842A、3842B
1843、1843A、1843B	2843、2843A、2843B	3843、3843A、3843B
1844、1844A、1844B	2844、2844A、2844B	3844、3844A、3844B
1845、1845A、1845B	2845、2845A、2845B	3845、3845A、3845B

1.3.3.2　最常见（常用）的型号

最常见（常用）的型号为 2842B、3842B（两者仅仅工作温度范围不同）和 2844B、3844B（两者仅仅工作温度范围不同）。若将 2842B、2844B 相比较，两者仅仅是最大输出脉冲占空比有差异，以及振荡频率和输出频率的关系不同而已。在检修应用上，若检修者能调整输出频率使之满足要求，则二者也可以直接予以代换。

因而，在本书行文中，多采用 2842B、3842B 或 2844B、3844B 芯片构成的开关电源电路，在文字叙述时采用了 284x/384x 电源芯片的字样：原理解析举例，多采用 2844B 器件；电路实例中，则以电路实物中电源芯片的（印字）型号为准，通常以 2844B、3844B、2842B、3842B 等 4 种芯片的应用电路为多。

读者朋友完全可以将 2844B、3844B 看成是功能与原理完全相同的同一个芯片，甚至进一步，将 284x/384x 系列芯片（表 1-2 中所列全部芯片）都看成同一个芯片，其电路原理、外部电路的构成形式都是一样的！

第 2 章

认识 284x 开关电源芯片

如果我所言不差，工业控制电路板的工作电源，90% 以上是采用单端他励反激式开关电源电路的。而在此类开关电源电路中，80% 左右都是采用 UC284x（如2842B/43B/44B/45B）系列芯片作为电源核心器件的。如果在原理和检修上通了由这一个芯片构成的开关电源，也就差不多通了所有电路板的开关电源电路。

2.1 284x 芯片引脚功能

UC284x 芯片的封装形式及引脚功能标注见图 2-1，内部简化方框图见图 2-2。

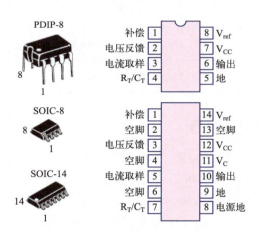

图 2-1 UC284x 封装形式及引脚功能标注图

以 8 脚贴片封装 2844B 芯片为例简说引脚功能：

① 7、5 脚为供电端，标注字母为 V_{CC}、GND。上电瞬间的启动电压 / 电流从 7 脚引入，正常工作时 7、5 脚引入供电电源（有时称自供电电源，或芯片工作电源）电压。

② 8 脚为 5V 基准电压输出端，标注字母为 V_{ref} 或 V_{REF}，该脚输出 5V 电压，一般用作振荡电路的供电和稳压电路的供电。

③ 4 脚为工作频率定时端，标注字母为 R_T/C_T，该脚外部 R、C 定时元件与内部电路一起构成振荡器，提供 6 脚输出脉冲的频率基准。

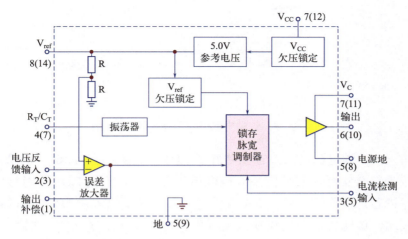

注：括号内是D后缀SO-14封装的引脚号。

图 2-2　UC284x 芯片内部简化方框图

④ 3 脚为工作电流（指流过开关管 D、S 极和开关变压器初级绕组的电流）检测信号输入端，标注字母为 I_{FB}，意为电流反馈信号输入，用于过流时的脉冲限幅控制。该信号通常由开关管的 S 极引入。

⑤ 1、2 脚为芯片内部电压误差放大器。1 脚标注字母为COMP，是反相放大器输出端；2 脚标注字母为 V_{FB}，意为电压反馈信号输入端。1、2 脚外部通常并联阻容元件，以实现选频和电压放大倍数的确定。早期电路设计是反馈电压信号自 2 脚输入，近期电路设计多为将 2 脚接地（取消反相放大器功能），改由直接控制 1 脚电压高低的所谓"跨级控制"，来实现稳压调节。

⑥ 6 脚是 PWM 脉冲输出端，标注字母为 OUT 或 V_{OUT} 或 V_O。输出为受 1、2、3、4 脚在频率和脉冲占空比上所约束的 PWM 脉冲，可以直接驱动 MOS 功率开关管。

以图 2-2 方框图简说内部电路构成。

方框图中包含了振荡器（用于形成输出频率基准）、误差放大器（用于稳压控制）、欠压锁定（用于欠激励停振保护）、锁存脉宽调制器（用于生成 PWM 脉冲）和输出级电路等几个部分。

对于方框图中的电路细节，我们无从得知，在某种意义上讲，完成原理上的掌握和故障诊断上的参考，我们也无必要知晓其具体的细节上的电路构成。为此，从原理解析的角度，想象出一个芯片 5、7、8 脚内部电路（见图 2-3）的"原理性构造"用来说明电路原理，比起深究内部电路的细节，也许更有意义。

（1）关于 5、7、8 脚内部电路

在下文中，为了说明各引脚内部电路的功能，以"想象中的等效电路模拟内部动作过程"进行分析，读者务必清楚此点，作者给出"在原理上等效的电路"，和真实的内部电路有着巨大的差异，但对原理分析有帮助！

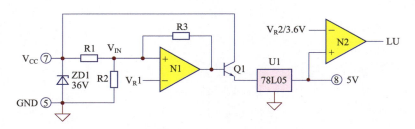

图2-3　想象中的5、7、8脚内部电路

在284x的5、7脚电路内部，首先并联了ZD1（击穿电压为36V）的稳压二极管，这个想象应该较为符合实际。芯片的最高电源电压为36V，设置ZD1是对极限电源电压的限制，起到保护芯片的作用。V_{CC}端输入供电电压，先是进入由N1构成的迟滞电压比较器的同相输入端，该比较器的反相输入端事先预置了V_R1（对应V_{CC}端输入16V）的比较基准，上电瞬间当7脚电压上升至16V以上时，$V_{IN} > V_R1$，N1输出高电平，Q1导通，U1得到工作电源，在8脚产生5V基准电压的输出。此时R3将输出端的高电位反馈至V_{IN}点，"垫高"了V_{IN}输入检测信号。

当V_{CC}端电压有所下降时，因R3反馈电压的"垫高效能"仍然能保持$V_{IN} > V_R1$。直至V_{CC}端电压降至10V以下时，$V_{IN} < V_R1$，N1输出状态翻转，Q1关断，三端稳压器U1失掉工作电源，8脚的5V输出变零。

可以看出，芯片的7脚内部设有一个欠电压检测电路N1，当供电电压低于10V时停掉振荡电路的供电和稳压电路的供电来源，使电路处于"停止工作"状态。由此设置了一个允许电路正常工作的区域：供电电源高于16V，具备"开始工作"条件；低于10V，给出"停止工作"的控制。如此设置是非常科学合理的：芯片驱动MOS管（如K2225、K1317类管子）工作于开关状态时，较为理想的开通电压是12~15V，当开通电压低于10V时，可以认为欠激励状况出现了，此时电源开关管的开关特性变差，会导致开通不足功耗过大而发热、开关变压器输出电压变低等异常的故障现象。

在这里，8脚5V的正常输出，是对7、5脚启动和供电电源电压的"正常确认"，说明供电电源电压在正常范围以内。

（设想）8脚内部有一个三端稳压器在工作，Q1是稳压器U1的输入电源开关。同时8脚内侧也设有一个针对5V输出电压的欠电压检测电路，由N2电压比较器完成此任务，电压比较器N2的反相输入端预置了3.6V的V_R2比较基准。出现某种故障原因（内、外部电路异常）使5脚输出电压低于3.6V设置基准时，电压比较器N2输出状态翻转，将低电平的故障信号LU送入后级电路。LU信号的出现，原因如下：

① V_{CC}供电端电压低于10V，已经存在开关管欠激励故障的可能；

② 8脚的5V电压异常偏低，有可能造成频率基准与稳压控制电路的工作异常！

后级锁存器电路接到LU信号时，将中止6脚的脉冲输出。

（2）关于4脚内、外部的振荡器电路

振荡器电路的构成，有多种电路方案，可以用晶体管和阻容元件组成。作者也曾试着

用一级反相器搭出锯齿波和矩形波产生电路，但都无法"近似模拟出"4 脚内部电路的状态。如果用近似 NE555 的电路结构来想象 4 脚电路——想象一个类似 NE555 的时基电路在 4 脚内部，并与 4 脚外接 R、C 定时元件构成多谐振荡器，大概与实际电路契合的程度也算比较高了，于是得到了图 2-4 电路。

图 2-4 中的（a）电路，是"模拟等效"的 2842B/43B 芯片内部振荡器，通过定时电阻 R4 为 C1 充电，N3、N4 电压比较器按照 1.2V 和 3.8V 的两个设置基准对 N5 进行置 1 和置 0 的控制过程中，Q2 承担对 C1 的自动放电任务，在振荡器输出端得到了高电平对应 C1 放电时间、低电平对应 C1 充电时间的 SF 矩形波输出。SF 信号用于后级 PWM 锁存器和输出级的"置 1"控制作用，作为开关管开通的一个首要条件。

对于 2844B/45B 芯片，因输出频率为振荡器频率的二分之一，则需在 N5a 输出端增设一个由 N5b（数据传输器）组成的分频器，如图 2-4 中的（b）电路所示，起到将振荡器频率减半的作用。

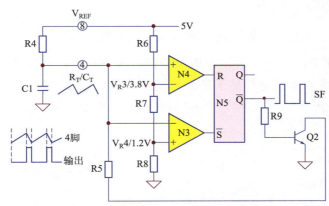

(a)"模拟等效"的 2842B/43B 芯片内部振荡器

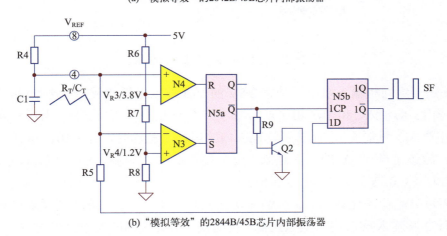

(b)"模拟等效"的 2844B/45B 芯片内部振荡器

图 2-4　想象中的 4 脚内部振荡电路

以图 2-4 中的（a）电路为例，简述一下电路的动作过程。

4 脚内部为一个电压比较器和 R-S 触发器的"混成电路"，N4 比较器反相输入端的比

较基准 V_R3 为 3.8V；N3 比较器同相输入端的比较基准 V_R4 是 1.2V；并设 R4>>R5。

芯片 8 脚产生 5V 电压输出时，因 C1 两端电压低于 V_R4，N3 比较器输出端为"0"，R-S 触发器 N5 的输出端 $\bar{Q}$ 被"置 0"，输出为低电平状态。同时晶体管 Q2 为截止状态，C1 得以持续充电。

此时通过 R4 为 C1 充电，R4C1 的时间常数较大，C1 端电压上升缓慢，至芯片 4 脚电压达 V_R3 值以上时，N4 比较器输出端变"1"，N5 输出端 $\bar{Q}$ 被"置 1"，输出变为高电平状态。同时 Q2 获得导通条件，C1 上所充电荷经 R5 泄放。因 R5 的电阻值较小，C1 上电荷得以快速泄放。

至 C1 上电位低于 V_R4 时，N5 输出端 $\bar{Q}$ 又被重新"置 0"。在芯片 4 脚形成了上升为较平缓的斜坡而下降为较陡斜坡的锯齿波电压，在 N5 的 $\bar{Q}$ 输出端得到了受 N4、N3 置 1、置 0 控制的 SF（SF 意为"时钟频率"）矩形脉冲（其低电平段对应 4 脚锯齿波上坡段，高电平段对应 4 脚锯齿波下坡段），送入后级 N9 电路（参见图 2-6），作为开关管的开通信号，以形成芯片 6 脚输出的频率基准。

（3）芯片 1、2、3 脚内、外部电压误差放大器电路

1、2、3 脚内部电压误差放大器和电流检测比较器电路，如图 2-5 所示，取自芯片资料，因为已经表示得非常清楚和易于理解，就用不着用想象中的电路来取代了。因为 N6 输出最低电压不为 0V（约为 0.9V），N6 输出端增加两只串联二极管，以使 N7 的输入端 a 点最小信号电压为 0V。

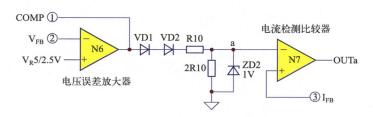

图 2-5　芯片 1、2、3 脚内部电路

① N6 是一级同相输入端已经预置 2.5V 的 V_R5 基准电压的反相（放大）器，采样／反馈电压信号由 2 脚输入（和 V_R5 相比较），1 脚产生误差电压信号输出（当然和外围电路构成闭环工作模式，见后文）。显然正常范围内的电压误差信号，经 R10、2R10 分压后的 a 点电压值，应该是低于 1V 的，而且该信号是随着芯片 2 脚输入信号电压的大小而在 1V 以下（比如为 0.3~0.7V）变化着的电压值。

② N7 为电流检测比较器，a 点输入电压形成了 N7 比较器的"变化着的基准"，显然，当芯片 2 脚输入反馈信号电压越高（说明输出／负载侧的能量已经过剩），a 点电压值越低，3 脚输入电流信号的比较基准也会"随之走低"，此时在流经开关管的工作电流采样信号电压远未达到 1V 时，N7 输出 OUTa 的开关管关断控制指令，就会送往后级 N9 电路。

③ 如果芯片 2 脚输入的反馈信号电压"持续走低"，说明开关变压器次级绕组供给负

载的能量仍然不足，或者是发生了过载故障，导致 N6 输出端电压大幅度升高，a 点电压由此可能升高至 1V 左右（因 ZD2 钳位作用也只能保持在 1V 的水平左右），此时当 3 脚输入的电流采样电压信号高于 1V 时，N6 输出 OUTa 的开关管关断控制指令。

这样一来，当开关变压器次级负载加重，a 点电压升高，N6 比较基准随之升高，流过开关管的电流加大，开关变压器储能变多，为了满足供给，开关变压器初级输入的能量也在变大。ZD2 击穿后产生的 1V 比较基准，则限定了能量供应的最大阈值，这是防备负载侧电路发生过载或短路故障时，使流经开关管的电流受到限制！

284x 系列芯片所谓电压、电流双闭环的控制原理，即在于此了。

下文将结合实际电路，进行更为详细的叙述。

（4）R-S 触发器和输出级电路

暂时还需要继续发挥想象力，让我们在脑海中先画出一个想象中的便于领会和分析工作原理的 R-S 触发器和输出级电路吧，即图 2-6。

N9 为 R-S 触发器电路，前级电路来的频率基准信号（参见图 2-4）作为置位（置 1，脉冲高电平有效）指令，而 LU 和 OUTa 作为 N9 的复位（置 0）指令。

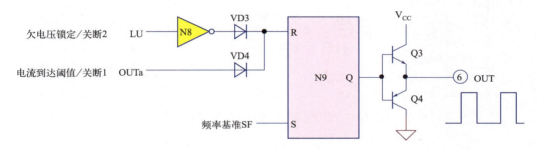

图 2-6　想象中的 R-S 触发器和输出级电路

当置 1 指令到来时，Q3 导通产生 PWM 脉冲的平顶输出（电源开关管开通），至 OUTa 到来时，Q4 导通（电源开关管关断）。显然，SF 决定了开通时刻和开关频率，OUTa 决定了关断时刻即占空比的大小；LU 信号作用时，芯片 6 脚则停止脉冲输出，说明发生了 7 脚或 8 脚的欠电压故障。

发生过电流或者欠电压故障时，将导致 OUTa 信号的过早产生，6 脚输出脉冲占空比变为极小。

284x 系列芯片所谓电压、电流双闭环的控制的优点，即在于此了。

（5）想象中的 284x 内部功能电路全图

将图 2-3 ～图 2-6 "全部组合" 为图 2-7 全图，N1、N2、Q1、U1 电路提供 4 脚振荡电路的电源供应，并生成 LU 欠电压锁定控制指令；N3、N4、N5、Q2 及外围 R4、C1 定时电路，生成频率基准信号 SF；N6、N7 是电压误差放大器和电流检测比较器电路，生成 OUTa 控制指令，决定 6 脚输出 PWM 脉冲的占空比大小；N9、Q3、Q4 负责生成 PWM 脉冲，并经 Q3、Q4 放大（提升驱动能力）后输出驱动外接开关管。

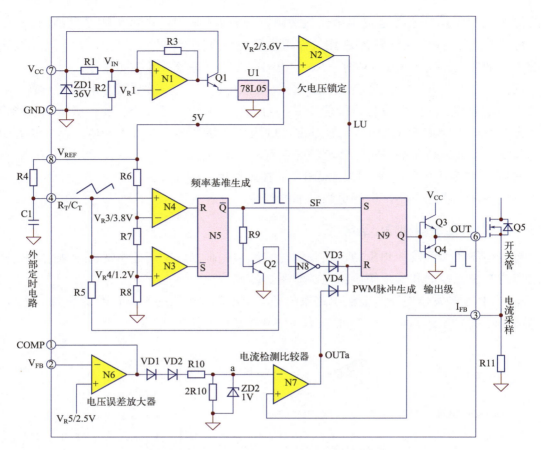

图 2-7　想象中的 284x 内部功能电路全图

此处注意：

① 实际的电路肯定和想象中的电路有差异，在电路结构上或某些细节上肯定不是全部契合的，此处只是打开了一扇"方便之门"而已，想象中的电路是指月的手指，而非月亮（实际电路）本身。契合度更高的方框图可参见图 2-8，系根据流行 284x 资料稍加整理而成（图 2-8 电路是实际电路本身吗？原理/功能方框图也只是近似地说明而已。针对实际电路而言，仍然是指月之指而非月亮本身，而我们认识月亮的途径也只能依赖指月之指）。图 2-8 中 N9 输出端和 N10 输出端信号对 Qa 的影响的真值表见表 2-1。

表 2-1　图 2-8 中 N9 输出端和 N10 输入端信号对 Qa 的影响的真值表

N9 的 S 端	N9 的 R 端	N10 的 A 端	N10 的 B 端	N10 的 C 端	N10 的 Y1 端	Qa 的 b 极
1	0	0	1	1	0	1
1	1	1	1	1	1	0
1	0	0	1	0	1	0

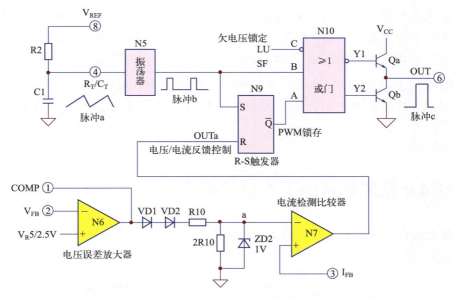

图 2-8　比较流行的 3842B/43B 内部原理 / 功能方框图

对 N9 电路（针对 $\bar{Q}$ 输出端）来说，SF 是 S 端对 $\bar{Q}$ 端施加的置 0 信号，R 端输入的则是由电流检测比较器来的对 $\bar{Q}$ 端的置 1 信号；从 LU 和 Qa 的 b 极的关系来说，C 端输入 1 是允许 Qa 的 b 极被置 1，C 端输入 0 则形成 Qa 的 b 极被置 1 的禁止条件。

当 LU（不存在欠电压故障）为 1 时，SF 为 1 时生成 Qa 导通触发信号，N9 的 R 端为 1 时则产生 Qa 的关断控制指令。每一个信号的起始点（PWM 脉冲上升沿，Qa 开始导通）由 SF 发话，每一个信号的终结点（PWM 脉冲下降沿，Qa 截止）由电流检测比较器的输出端 OUTa——N6、N7 所组成的电压、电流双闭环电路输出的控制信号——来决定，从而决定了输出脉冲的频率和占空比大小，实现了稳压控制。

② 作者在上文中尽可能以简易可解的电路形式，达到了对电路原理上的契合（经由指月之指还是见到了月亮的轮廓）。"想象中和等效后"的内部电路，使我们首先能初步大致地了解 284x 系列电源芯片的电路构成和工作原理。

在故障检修中，当单独给 2842B 芯片上电确定芯片及外围电路的好坏时，因 N10 的 C 端输入为 1，以及电流检测比较器 N7 的输出为 0，此时仅仅由 SF 脉冲决定输出频率和占空比，因而此时的工作状态——振荡端 4 脚和输出端 6 脚的关系，可由图 2-9 "等效电路"来表示。

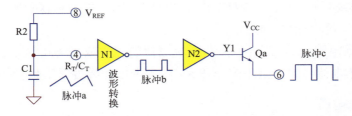

图 2-9　芯片单独上电时，4 脚和 6 脚的工作关系"等效示意图"

此时输出端脉冲 c 与 4 脚锯齿波是同向关系：脉冲 a 的上升沿对应脉冲 c 的平顶段，脉冲 a 的下降沿对应脉冲 c 的"谷底"。若从脉冲 b（频率基准 SF）来看，脉冲 b 与脉冲 c 为反向关系。因而对 2842B/43B 来说，此时输出脉冲的占空比最大为 95% 左右，直流测试电压值约为 $\frac{9}{10}$ V$_{CC}$，工作频率等于 4 脚频率；对于 2844B/45B 芯片来说，因脉冲 b 再经分频后至 N10，此时输出占空比最大为 50%，直流测试电压值 $\leqslant \frac{1}{2}$ V$_{CC}$，工作频率为 4 脚频率的一半。

2.2　284x 系列芯片的工作参数差异

以 2 级工业品、第 3 代（型号后缀 B）系列芯片为例，参数如表 2-2 所示，观察一下 4 种芯片的参数差异。

表 2-2　2842B~2845B 系列芯片参数简表

型号 / 类别	起振电流 *	起振电压 *	停振电压 *	出频与振频[①]	输出脉冲最大占空比 *
2842B	0.5mA	16V	10V	出频 = 振频	95% 左右
2843B	0.5mA	8.5V	7.6V	出频 = 振频	95% 左右
2844B	0.5mA	16V	10V	出频 =0.5 振频	50%
2845B	0.5mA	8.5V	7.6V	出频 =0.5 振频	50%

① 出频与振频是指 6 脚输出（工作）频率与 4 脚振荡频率的关系。
注：加"*"指各项参数数据为"大约值"，非精确数值。

对于各项参数的简要说明如下所述。

（1）关于起振电流和起振电压

这是电源芯片的基本工作条件之一，通常由串联大阻值电阻来满足起振电流和电压的供应。将起振电流和起振电压放在一起讨论，是指这两个参数本就"浑然一体"，无法孤立和割裂开来——启动电路至少要提供 16V ×0.5mA = 0.008W 的启动功率，才能满足电路的起振要求。

此 0.008W 是电源芯片的"基本的待机功耗"，0.5mA 则指芯片内部电路在 16V 供电条件下所需的"准备工作电流"，或称"待机电流"。为了能使电源可靠启动，通常在设计上应提供大于 1mA 的电流供给能力。

如果结合实际电路来看（见后叙），电流取值的优先权大于电压量的优先权，因为启动电路只要满足了电流供给，则 16V 或 8.5V 的起振电压幅度要求也会随之自动满足。

（2）关于停振电压

根据经验，当芯片供电电压低于 10V 时，即使芯片（采用 2845B 时）不会产生欠电压锁定动作，开关管也会处于欠电压激励的故障状态之中。因而只要不是针对允许低电压开关控制的 MOS 管，2843B、2845B 的起振电压、停振电压的设置数据近乎是无意义的。即使采用了此两种器件作为电源芯片，但对其供电电源电压的实际设置，也会远高于 10V。

（3）输出频率和振荡频率的关系

284x 系列电源芯片，6 脚输出频率取决于 4 脚的频率基准，或者说振荡频率输出频率的时钟，决定着输出频率的高低。2842B 和 2843B 的输出频率等于振荡频率；2844B 和 2845B 因振荡器后级增设一级分频器，输出频率为振荡频率的一半。

结合现今开关管的频率耐受特性、开关变压器的绕制工艺、电源效率和 PCB 板制作工艺水平来看，开关电源的工作频率一般在 20~80kHz 之间，或可认为 40kHz 左右。具体工作频率的多少，设计者可通过芯片 4 脚外接 R、C 定时元件的取值来确定。

（4）输出脉冲最大占空比

284x 系列电源芯片，是专用 PWM 电源芯片，其输出脉冲是频率固定但脉冲占空比可变的开关信号。正是通过对脉冲占空比大小的控制，实现了稳压调节。2844B、2845B 的最大脉冲占空比为 50%，即表示芯片所驱动开关管最长导通时间只能按 1 ∶ 1 的开通、关断时间比例来工作。2842B、2843B 的最大脉冲占空比可达 95% 左右。

2.3　芯片的代换需要考虑哪些因素

如上所述，4 种芯片的性能参数有所不同，它们之间能否互相代换呢？

从起振电压、停振电压和起振电流等 3 项考虑，电流参数起主导作用，因其一致，互相之间满足代换要求。

从工作频率上考虑，2842B 代换 2844B，输出频率将变低，如原为 40kHz，现变为 20kHz；若用 2844B 代换 2842B，工作频率将升高 2 倍，如原为 40kHz，现变为 80kHz。工作频率的变化究竟会带来哪些不利的影响？

20 ～ 80kHz 的频率变化范围，对于开关管是可以胜任的。其中影响最大的是开关变压器的感抗变化带来的后果：当工作频率显著降低时，开关变压器的感抗降低，流过初级绕组的电流峰值变大，有可能会导致电流检测电路的过载保护动作，产生输出脉冲占空比的"限幅"动作，使脉冲占空比严重收缩，导致次级绕组的输出电压低于额定值；当工作频率显著升高时，开关变压器的感抗增加，严重时，即使开关管受最大占空比的脉冲驱动，但因开关变压器感抗剧增，储能减少，仍然会导致输出侧输出电压变低的故障现象。

开关电源的正常工作与否，一定是和工作频率挂钩的，与其有直接的因果关系。

需要说明的是，因反馈电压自动控制脉冲占空比的控制作用，当工作频率变化范围不大时，电路会产生"自适应性"的稳压调节，可能并不能表现为明显的异常。但若工作频率偏离过大，必然引发输出电压异常的故障现象。

如此一来，代换后不影响输出频率的结论是：

① 2842B 和 2843B 可直接代换；2844B 和 2845B 可以互换。

② 如果检修者通过调整 4 脚的 R、C 值，满足代换芯片后其 6 脚输出的工作频率保持原值，则 4 种芯片之间完全可以任意互换。

③ 从备件考虑，作者推荐 2844B、2842B 两种备件。

从最大脉冲占空比该项来考虑，4 种芯片是否具有良好的可代换性呢？

回答这个问题之前，作者要反问两个问题：

① 开关电源实际工作当中，究竟需要用到多大的脉冲占空比？

② 所需工作脉冲占空比的大小，究竟和哪些因素有关？

我知道，可以做出这个回答的前提是：我拆过开关变压器，绕过开关变压器，重要的是我还亲自数过初级线圈 N1 和次级线圈 N2 的匝数，做到了解答这个问题时的心中有数。

因而答案摆在这儿：是开关变压器 T1 的 N1、N2 的匝数比，决定了正常工作中开关管 Q1 的开通、关断时间比例，也就是电源芯片 6 脚输出脉冲实际占空比的大小。

图 2-10 中，开关变压器一次绕组的设计匝数为 50 匝，P、N 母线电压为 500V；N2 绕组匝数为 5 匝，整流滤波后的直流电压为 +5V。电源工作于反激模式，开关管 Q1 和整流二极管是交替导通的，+5V 的稳定与高低是由反馈电压信号控制 Q1 驱动脉冲的占空比大小来实现的，表现上看起来和 N1、N2 的匝数比无关，但实际上仍然有直接的关联。

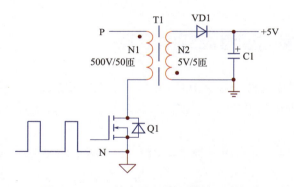

图 2-10 开关变压器的匝数比示意图

以能量传输的角度来看，Q1 是进水阀门，VD1 则是出水阀门。N1 流入多少能量，N2 即流出多少能量。或者是 N2 需要流出多少水量，Q1 就控制 N1 恰好流入多少水量。如果 Q1 的阀门全开（即输入接近 100% 的最大占空比激励脉冲），N1 两端被施加了 500V 电压（每匝承受 10V 电压），N1 流入能量；VD1 导通时，T1 中的能量必然每匝携带着 10V 的电压势能，经 VD1 向负载电路释放，此时 C1 端电压有可能达到危险的 50V，比额定值升高 10 倍！

显然这种情况是不被允许的，或者说在稳压控制和电流检测彻底失效的极端情况下，会出现这种可能。正常工作中 Q1 阀门的开启度是受控的，从而完成了 N1 流入能量的"自动配给"：当 P、N 母线电压为 500V 时，Q1 激励脉冲的占空比为 10%，N1 端电压变为 50V（1V/ 匝），N2（1V/ 匝）负载侧也获得 5V 电压输出；当 P、N 母线电压为 250V 时，为达到同样的匝数比，Q1 的激励脉冲占空比会调整到 20%，N1 端电压仍然保持 50V（1V/匝），N2（1V/ 匝）负载侧也持续获得 5V 电压输出；从理论上分析，当 P、N 母线电压降至 50V 时，Q1 在接近 100% 最大占空比激励脉冲下，仍会满足 N1 端电压保持 50V（1V/匝），N2（1V/ 匝）负载侧也持续获得 5V 电压输出的结果。

这样，当供电侧输入电压或负载侧的负载率大范围变化时，只要 Q1 的激励脉冲的占空比在有效调节，即能保持 +5V 输出的稳定电压不变。调整输出脉冲占空比即调整开关管开通 / 关断时间比例的作用，是为了满足 N1、N2 绕组的 1V/ 匝比例不变，达到稳压输出的目的。

作者做过实际测试，当调整 P、N 母线电压在 80 ～ 700V 范围内变化时，测量 +5V 输出都能保持良好的稳定。

开关电源电路的巨大优点在这儿：一旦起振工作以后，能适应大范围的供电电压变化，也能适应较大范围的负载率变化，这是线性电源所无法比拟的。

开关电源电路的巨大风险也在这儿：一旦控制电路开环造成稳压失控，负载侧电压会几倍，乃至于 10 倍以上地暴增，造成大面积烧毁负载电路的故障，拉闸断电是来不及的！

当 N1、N2 匝数比较小时，电路有更宽的稳压范围，如图 2-10 所示的匝数比，带载时实测 Q1 激励脉冲占空比约为 20%。当 N1、N2 的匝数比较大时，Q1 需要的激励脉冲占空比也随之增大。

结论：虽然电源芯片可能满足 50% 或 95% 最大占空比的输出，但是实际工作中，50% 的最大占空比也有较大的富裕度了。从此实际情况出发，4 种芯片的最大脉冲占空比都够用，可以互相代换。

第 3 章

由 2844B 电源芯片构成的开关电源电路模型

由 284x 芯片构成了形形色色的开关电源电路，电路形式的丰富程度令人有望洋兴叹之感。本章以一个典型电路作为模型，通了该电路模型，也就为掌握更多其他形式的开关电源开辟了道路。

3.1 单端、反激、他励、开关电源的电路模型

3.1.1 电路特征简述

如图 3-1 所示的开关电源电路，可用单端、他励、反激、开关等四个词语来概括其特征。

① 单端：指流过开关 / 脉冲变压器初级线圈的电流是单方向的（直流成分的电流），工作电流从 P 端出发，经开关变压器初级绕组 N1、开关管 Q1 的 D 极和 S 极、工作电流采样电阻 R4 到 N 端，不具备反向流通的条件。对于开关变压器的利用率小于 50%，一般适用于 200W 左右功率较小的开关电源，优点是逆变电路结构简单，仅需一只开关管控制电流的通断。

② 他励：开关管所接收的激励 / 驱动脉冲，是由外部电路（PWM 电源芯片 U1，印字 2844B）提供的，开关管只是被动"干活"，并不参与振荡脉冲的生成工作。

③ 开关：开关管的工作模式——工作于开关区（或处于线性工作区的时间段极短，乃至于可忽略不计），因而开关管的理想功耗近于零，说明开关管和电源的效率较高。也即说明：驱动开关管的脉冲必然为矩形波（本电路为 PWM 波，是开、关性质的脉冲），非线性电压。

④ 反激：指开关管和整流二极管二者之间的关联模式，或者变压器初、次级之间的能量传递方式。当开关管导通时，工作电源提供的电流流入变压器的初级线圈，转化为磁能量得以储存，是电生磁的过程，此时变压器次级线圈所接整流二极管全部承受反向电压而关断；当开关管关断时，各个线圈中感应电压反向，整流二极管正向开通，储存在变压器中的磁能量得以向负载电路释放，滤波电容同时充电蓄能，是磁变电的过程。

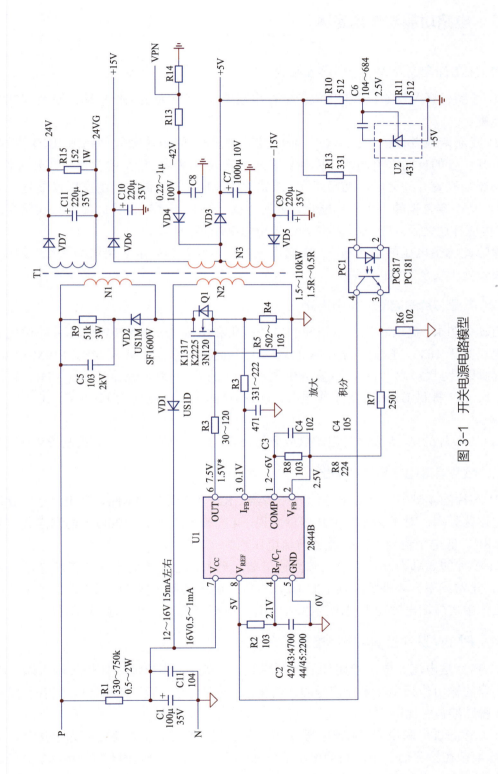

图 3-1　开关电源电路模型

3.1.2　电路功能与作用简述

（1）主工作电路及尖峰电压吸收回路

N1 线圈、开关管 Q1 和工作电流采样电阻 R4，可称为主工作电路，负责向次级电路输送能量。

N1 线圈两端并联的 VD2、C5、R9 电路，称为尖峰电压吸收回路或 RCD 钳位电路，能提供开关管的反向电流通路，抑制加于开关管漏、源极间的危险电压。在开关管 Q1 截止、整流二极管开通之际，初级线圈 N1 感生的反向电压（再加上由变压器漏感产生的电动势），是不容忽视的一个再生能量，此时 VD2 导通，电容 C5 将此能量吸收储存。开关管 Q1 再度开通之际，C5 储存能量则经过电阻 R9 进行耗散。

保障此感生电压的幅值与 P、N 端供电电压串联叠加后不会超过开关管的耐受电压，使开关管处于安全工作区之内。

（2）电源芯片的启动、供电电路

启动电阻 R1 提供芯片上电期间的启动电压和电流，应能为 PWM 芯片的供电端 7 脚提供电压高于 16V、电流约为 1mA 的启动工作能量。U1（印字 2844B，PWM 电源器件，双列 8 脚贴片封装）芯片的 7、5 脚为供电端，T1 的 N2 线圈、整流二极管 VD1，以及滤波电容 C1、C11 提供 U1 芯片的工作电源，U1 芯片的工作电压约为 12~16V，工作电流约为 15mA。

当 U1 芯片的 7、5 脚满足电源供应条件后，U1 的 8 脚将产生 5V 的基准电压输出。

（3）频率基准电路与脉冲输出

U1 芯片的 4 脚内、外部电路构成振荡器，R2、C2 为定时电路，其 RC 充、放时间常数决定振荡频率，对于 2844B/45B 器件来说，4 脚频率应为 70~120kHz 的锯齿波，高电平约为 2.8V，低电平约为 1.2V，检测直流电压约为 2.1V。

U1 芯片的 6 脚为开关管控制脉冲输出端，最大占空比约为 50%（直流检测电压约为 7.5V），正常频率为 4 脚脉冲频率的 1/2，电压高电平接近 7 脚供电水平，低电平接近地电平。工作中实际输出脉冲占空比为 20% 左右。检测直流工作电压为 3V 左右。

（4）PMW 脉冲控制与电流检测

U1 芯片是电流、电压双闭环的控制模式，3 脚为工作电流采样信号输入端，电压误差放大器的输出作为电流采样信号的比较基准（是悬浮的"活"的基准），二者共同决定输出端 6 脚脉冲占空比的大小。

开关管源极串联电阻 R4 到电源 N 端，将流经 R4 的工作电流转变为电压降，经 R3、C3 滤除混杂在检测信号中的高频电压毛刺和起到一定的积分延时作用（给 N1 更充足的时间来储能）后，送至 U1 芯片的 3 脚。

（5）电压误差放大器电路

U1 芯片的 1、2 脚内、外部电路构成处理电压反馈信号的电压误差放大器电路，2 脚是反馈信号输入端，1 脚是控制信号输出端。可看作是一级反相放大器（电压放大倍数约为 4），2 脚为反相输入端，同相输入端在内部，预置 2.5V 基准电压。U1 芯片内部，反馈电压检测信号与电流检测信号共同作用，起到电压、电流双闭环的控制要求，从而决定 6 脚输出脉冲占空比的大小。

（6）输出电压采样与反馈信号电路

输出电压采样与反馈信号电路由 2.5V 基准电压源 U2、光耦合器 PC1 及外围电路构成。

R10、R11 是 +5V 输出电压采样电路，采样 2.5V 电压信号送至 U2 的 R 端（外部基准电压端），与 U2 内部 2.5V 基准相比较，从而将 +5V 的电压变化转换成 PC1 输入侧（1、2 脚）光电流的变化，进而转换成 PC1 输出侧（3、4 脚）电阻值的变化，在 PC1 的 3 脚得到 U1 芯片 1、2 脚误差放大器的输入电压信号，由此实现稳压控制。

（7）输出电压电路与负载电路

次级各线圈输出电压，经整流滤波后供给负载电路，形成控制电路所需的多路电源电压输出。本电路只列举了 +5V、±15V、24V 等 3 路输出电源。负载电路省略未画出。

判断电路是否工作于稳压状态的依据是什么？

开关电源的次级绕组根据具体工作需要配置，如变频器的开关电源，是多达十几路电源输出的配置，而稳压采样信号，仅能取自一路，如 +5V 输出电源。这样一来，开关电源的稳压目标最终指向 +5V，保障 +5V "嫡系电源" 的稳定，其他各路输出电压能够同时稳定住吗？

诚然，按照次级各绕组之间的固定的匝数比关系，如 +5V 绕组匝数为 5 匝，24V 绕组为 24 匝，输出电压之间的关系理应是 "共浮沉、同命运" 的，但开关电源的输出电压不但和供电电源电压的高低相关（在此条件下更依赖电压 / 匝数比），而且 ±15V、24V 等输出电压还和负载率的大小相关（一定程度上，不再单纯依赖电压 / 匝数比），因而在 +5V 正常条件下，其他 ±15V、24V 等输出电压不一定正好等于额定值（当然也有可能出现恰好等于或接近于额定值的情况）。

原因如下：

① 当 +5V 空载或处于较轻的负载情况下，开关管很低的驱动脉冲占空比即能保持 +5V 的额定输出值，其他各路输出电压此时可能会出现偏低于额定值的状态。

② 当 +5V 处于过载情况下，为了保障 +5V 的稳定，电源芯片必定尽最大努力输出较高的脉冲占空比来保障 +5V 的正常，此时，其他各路输出电压因 "城门失火殃及池鱼" 之故，也被动升高到超出额定值。

因而，判断开关电源是否处于正常的稳压控制当中，检测的落脚点即稳压反馈采样电压端，如本例 +5V 供电端：+5V 正常，可以判断稳压控制正常；+5V 偏离正常值，则可判断稳压失常。至于 ±15V、24V 等输出电压是否偏离正常值（允许有一定的偏离，很难保障都处于精准的额定值），另当别论。

3.1.3　图 3-1 电路模型的工作流程简述

上电瞬间，P、N 端 500V 直流母线电压，经启动电阻 R1 为电容 C1 充电至 16V 时，U1 芯片的 8 脚输出 5V 基准电压，4 脚内、外部振荡电路获得 5V 电源开始工作；因此时电流、电压反馈信号尚未形成，U1 的 PWM 脉冲输出端 6 脚形成占空比最大的脉冲信号输出，开关管 Q1 导通，N1 流入电流而储能；电流检测端 3 脚在得到 1V 检测信号输入时，开关管限流关断，此刻 N2 供电绕组及输出负载绕组同时获得电流流通条件，整流二极管之后的滤波电容端形成输出直流电压，U1 芯片供电端 7 脚由此得到电源供应；各路负载电路同时得到供电电压；因各路供电电压的建立，U1 芯片得到从 PC1 隔离的从 2 脚输入的电压反馈信号，电压闭环得以建立，同时工作电流流经 R4，电流闭环得以建立，开关电源电路在"双环控制模式"下，实现了正常的稳压输出。

3.2　电路元件的作用、取值参考和相关工作机理的剖析

3.2.1　U1 芯片 5、7 脚的启动电路及芯片工作电源电路（图 3-2）

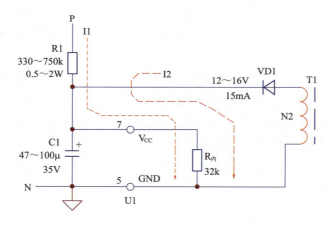

图 3-2　电源芯片的启动和供电电路

故障检测过程中，遇到 R1 断路烧毁且原标注电阻值不清楚的情况，代换电阻的阻值与功率如何取值呢？在 P、N 端供电为 500V 左右时，作者给出的 R1 取值范围为 330～750kΩ，多只电阻构成启动电路时，功率可取值 0.5W，单只电阻最好取到 2W 以上。理由如下：

2844B 要求起振电流为 0.5mA，起振电压 16V，这是芯片未起振前的"待机能量"，满足这个条件只是做好了准备工作，此能量为 0.5mA ×16V = 0.008W。若把芯片 5、7 脚内部的电路负载等效为 $R_内$，则可知 U1 芯片待机时的负载阻抗约为 32kΩ。

如果起振电流正好给到 0.5mA，此时选取 R1 约为 1MΩ，则导致 500V 电压下不能起振的现象。此时 R1 形成和 $R_{内}$ 的分压，无法满足 0.5mA $\times$ 16V = 0.008W 的待机功率要求。有设计者将 R1 取值至 910kΩ，可以想见，这种电源在 500V 供电条件下正常起振是比较困难的。由于电网电压的不达标和电路元器件的衰变，会出现电源不能起振工作的故障。

如果考虑应有的起振电流裕量，再照顾到电网电压波动因素，以 R1 能提供 1mA 的起振电流为宜，这可以作为 R1 是否合适的辨识标准。

R1 提供"起振电流"的说法其实是不够准确的，它仅仅是提供了"待机能量"，和汽车启动需要消耗比正常行驶更大能量的道理一样，单靠 R1 是无法提供起振动作所需能量的。而起振过程其实是这样的：

① 上电后，P、N 供电经 R1 为电容 C1 充电，U1 的 7 脚内部有一个对 C1 端电压的检测电路，当内部电路检测 C1 端电压达到 16V 以上时（说明 C1 储能已够），U1 芯片开始"起振动作"：表现为 8 脚输出 5V 电压，振荡电路开始工作，6 脚输出脉冲驱动开关管等一系列动作。U1 芯片从待机状态至起振工作，需要投入较大的能量，此能量为 C1 快速释放电荷所形成，此为第一波起振动作。

② 如果 C1 的"健康状态"良好并尽职尽责的话，C1 释放能量使 U1 芯片内部的"各职能部门"都能正常运转起来：表现为开关管开通良好，N2 绕组产生感生电压，VD1、C1 整流滤波，形成 12~16V，15mA 电源能力的及时补给和正常供应，则电源电路起振成功。此为第二波起振动作。

③ 这里，R1 的取值，当然要保障在 0.5mA 以上电流供应，以保障与 $R_{内}$ 的分压值达到 16V 以上，否则 C1 便不能充电至起振电压水平；若电容 C1 容量不足或高频特性不良，在 U1 芯片内部"各职能部门"尚未获得足够的能量投入运行之前，C1 端电压已降至 10V 以下，将引发芯片内部的欠电压锁定动作，电源电路的起振动作被迫中止，只能宣告第一波起振动作的失败。此时检测 7 脚电压偏低（如 8V 左右）且有微量的波动。

第一波起振动作若成功，U1 芯片内、外部其他工作条件具备，电路状态完好且工作积极，由 N2、VD1 提供的后续能量得以及时地源源不断地补充，由第二波的起振动作的再度推动，电源电路才能宣告起振动作的彻底成功。若因过载等导致第二波起振动作失败，则电路会出现间歇振荡现象，测 7 脚电压有较大的波动成分。

U1 芯片正常工作的电流值为 15mA 左右，工作电压则由 N2 匝数和稳压控制来决定，一般在 12~16V 以内的某一稳定电压值。C1 取值范围在 47~100μF，耐压取 35~50V，电容的 ESR 值要小（高频特性要好）。VD1 需用高速或高频整流二极管（反向恢复时间为 100ns 以内），额定电流为 1~2A，耐压需选额定输出值的 5 倍以上，如选用 US1D、US1G 等贴片封装的元件。如果耐压够用，也可选用肖特基器件。

3.2.2　U1芯片4脚的定时电路（图3-3）

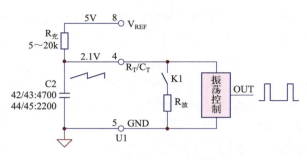

图3-3　U1芯片4脚的定时电路

U1芯片4脚内、外部电路构成振荡电路，形成频率基准信号。R_充（在图3-1中为R2，暂时命名为R_充）、C2（定时电容）为定时元件，决定U1芯片工作频率的高低。定时电阻取值一般为5~20kΩ（典型取值为10kΩ），定时电容取值一般为1500~4700pF。

① 设U1芯片型号为2844B，则振荡频率为80kHz。定时电阻为10kΩ时，定时电容约为2200pF，U1芯片6脚输出频率约为40kHz；定时电阻为15kΩ时，定时电容约为1500pF，而输出频率保持不变。

② 设U1芯片型号为2842B。定时电阻为10kΩ，定时电容为4700pF，则4脚振荡频率与6脚输出频率均为40kHz；定时电阻为15kΩ时，定时电容取值3300pF，则4、6脚频率值仍接近于40kHz不变。

由此可知，只要保障了输出频率在原设计频率值附近，2842B和2844B这两片参数不一致的芯片，也能达到互相代换的要求，（一定条件下）检修者只需调整R_充和C2的取值，满足原输出频率不变就可以了。

振荡频率取决于RC的乘积，当定时电阻值取大时，欲保持原频率不变，须将定时电容量按比例取小，反之须将定时电容量按比例取大。但是在图3-3中给出R_充的取值范围的建议为5~20kΩ，不在此范围内取值，有可能会导致工作异常。其原因由作者慢慢道来。

定时电阻R_充、R_放的相对比例决定4脚波形的形状，如图3-4所示。

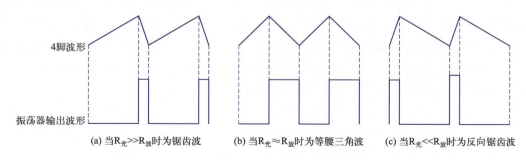

（a）当R_充>>R_放时为锯齿波　　（b）当R_充≈R_放时为等腰三角波　　（c）当R_充<<R_放时为反向锯齿波

图3-4　R_充与R_放阻值比例不同时三种波形举例

图3-4中的（a）波形为常见锯齿波，为电路正常工作中的波形。图3-4中（b）与（c）

波形为检修中 R、C 取值不当所形成的脉冲波。$R_充$ 为 C2 电容充电形成了波形的"上坡段"，波形顶点为 3.8V；$R_放$ 提供 C2 的电荷释放回路，形成了波形的"下坡段"，谷底电压值为 1.2V。

284x 系列芯片，实际上并不需要用锯齿波和调制电压来生成 PWM 波，仅需要参考锯齿波的时间周期作为输出频率的基准，取出"上坡段"和"下坡段"时间比例来敲定输出 PWM 波的细节。因而 U1 芯片 4 脚形成的锯齿波，还需由后续电路整理得到与锯齿波相对应的矩形脉冲，以适应后级 R-S 触发器和或门电路的开、关量输入信号的要求。

以图 3-4 中的（a）信号为例，振荡器输出波形的低电平段对应锯齿波的"上坡段"，即 C2 充电时间；高电平段对应锯齿波的"下坡段"，即 C2 放电时间。

如图 3-5 所示，电源芯片内部振荡器的输出信号，最终要送至 N3 或门电路，对芯片 6 脚输出 PWM 脉冲做出贡献。我们先忽略 N3 的 A、C 端对 Y1/Qa、Y0/Qb 输出电路的影响，单独分析振荡器输出脉冲对输出电压的影响——当我们单独给芯片 5、7 脚施加 16V 以上的供电电压时，芯片中的或门电路恰恰会工作于 A、C 输入无动作，只有 B 信号决定输出 PWM 的状态。

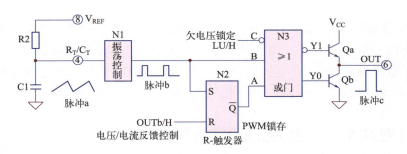

图 3-5　振荡器输出信号对 PWM 波 / 脉冲 c 的贡献

此时观察 B 输入端与 Y1 输出端的关系，与其说是或门，不如说是非门。C1 充电期间，B 端输入为 0，Y1 输出端是 1，Qa 导通，6 脚输出为 1（的时间段长）；C1 放电期间，B 端输出为 1，Y1 输出端是 0，Qa 关断，Qb 导通，输出端变 0（的时间段短）。可见 $R_充$C2 充电时间决定输出端的高电平 1，$R_放$C2 时间常数决定输出端的低电平 0。电源芯片若为 2842B，$R_充$ 若为 $R_放$ 的 9 倍，则可控制输出脉冲的占空比为 90%；$R_放$ 在内部是固定的不能更改，但 $R_充$ 与 $R_放$ 的比例影响充、放电的斜率，从而决定输出脉冲占空比。若电源芯片为 2844B，4 脚为锯齿波时（$R_充 \gg R_放$ 时），芯片输出端 6 脚输出脉冲占空比接近 50%。

若处于 $R_充$ 特大、$R_放$ 特小的极端比例状态（指 $R_充$ 取值远大于 20kΩ），芯片输出端 6 脚处于 0 的时间比例极小，芯片所驱动开关管开通时间过长，而关断时间过短，使开关变压器"储能过剩"，可能会造成正常电源供应下输出电压过高的稳压失控现象。

下面分述 $R_充 \approx R_放$ 和 $R_充 \ll R_放$ 时的输出端状况。

① 当 $R_充 \approx R_放$（为保持 $R_充$C2 时间常数不变，在减小 $R_充$ 值的同时加大 C2 值）时，芯片输出端 6 脚的脉冲接近于方波，显然对于 2842B 芯片来说，已经无法达成 90% 以上的输出脉冲占空比，对于 2844B 来说，将脉冲占空比减半输出，同样无法完成额定脉冲占空比的输出。

这种情况在电源负载较重时会引起开关管的激励脉冲占空比不能被有效拉开，而导致出现输出电压偏低的故障现象。

② 当 $R_充 \ll R_放$（为保持 $R_充C2$ 时间常数不变，在减小 $R_充$ 值的同时加大 C2 值）时，芯片输出端 6 脚的脉冲已经变为反向锯齿波。

此时 6 脚输出脉冲占空比被严重压缩（至 10% 以下或更小），从而不能满足开关变压器的储能需求，导致出现输出侧各路供电电压严重偏低的故障现象。

2842B/43B 芯片 4 脚锯齿波和 6 脚输出脉冲的关系，可由图 3-6 作进一步的等效说明。

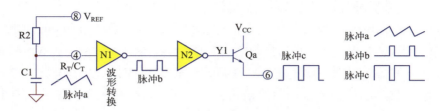

图 3-6　4 脚锯齿波与输出脉冲的关系（等效图）

当芯片 5、7 脚供电电压不低于 10V（内部欠压锁定电压电路无动作）和 2、3 脚的电压、电流检测信号为零输入时，出现如图 3-6 所示的由 4 脚锯齿波决定 6 脚输出脉冲占空比的状况。在故障检修过程中，当单独在芯片 5、7 脚施加 17V（限流 30mA）的工作电源时，若芯片（和 8、4 脚外围电路）是好的，应该能在芯片 6 脚测到脉冲 c。

3.2.3　U1 芯片 1、2 脚的电压反馈信号处理电路

以 PC1 光耦合器为分界端，可分为芯片 1、2 脚内、外部电路构成的电压误差放大器和以 PC1 输入侧电路为主的采样电压信号处理电路两个部分。

将图 3-1 的电压反馈信号处理、电压误差放大器的电路部分摘录出来（将芯片 1、2 内部放大器命名为 N2），如图 3-7 所示。

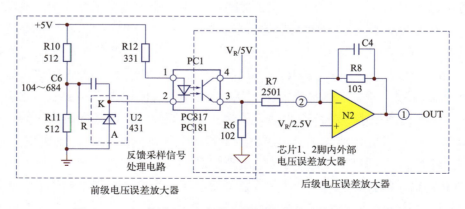

图 3-7　U1 芯片 1、2 脚内、外部的电压误差放大器电路

图 3-7 中 R10、R11 为输出电压采样电路，当采样 +5V 输出时，可知 R10、R11 分

压点电压为 +2.5V。2.5V 基准电压源 U2 的 R 端电压为 +2.5V，是电路的稳压标志之一。当 R10=R11，电路的稳压目标为 +5V；当 R10 为 R11 的 5 倍阻值，电路的稳压目标变为 +15V。由 R10 和 R11 的比例关系，可以判断开关电源的输出电压值。R12 为流经 PC1，经 U2 的 K、A 极到地的限流电阻。采样 5V 电压时，该电阻值为 330Ω 左右；采样 +15V 时，为 1kΩ 左右；采样 24V 时，为 2.2kΩ 左右。流经 R12 的电流值一般应为 5~15mA。

至于后级电压误差放大器，其偏置电阻 R7、R8 的取值，在下文电路予以说明。

或者可以将 U2、PC1 及外围电路称为前级电压误差放大器，将 N2 及偏置电路称为后级电压误差放大器。为进一步提示 U2、PC1 电路机理，将前级误差放大器电路部分整理，将 PC1 等效为电压跟随器，电路重绘如图 3-8 所示。

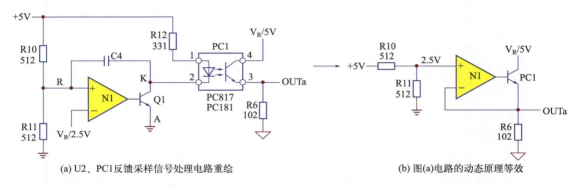

(a) U2、PC1反馈采样信号处理电路重绘　　　　　　(b) 图(a)电路的动态原理等效

图 3-8　反馈采样信号处理电路重绘与原理等效电路

如图 3-8 中（a）电路所示的 U2、PC1 及外围元件所构成的偏置电路，N1（开环时可看作电压比较器，有 C4 闭环时可看作同相放大器）同相输入端输入的 2.5V 左右的采样电压，同反相输入端预置 V_R/2.5V 基准相比较，从而控制 PC1 的输入端流入发光电流的大小，进而控制 PC1 输出端 3、4 脚等效可变电阻的大小，形成 OUTa 采样信号电压输出。

电路中 C4 的设置，使电路由开环进入了闭环，N1 电压比较器因之变身为积分放大器，使 PC1 输入侧电流形成了连续的变化，输出侧 3、4 脚可等效为可变电阻。采样 5V 升高时，PC1 输出端 3、4 脚电阻变小，OUTa 也相应升高；反之 OUTa 信号电压减小。

C4 的取值范围在 0.1~1μF 之间。关于该电容的取值，貌似并非由设计计算值来决定，而是由实验值来确定的，当 C4 取值过小时，Q1/PC1 更容易进入电压比较区，PC1 的"开、关动作"控制了芯片 6 脚脉冲的输出与关断，因电压反馈采样电路存在较大的时间常数，PC1 的开关频率通常在数千赫兹的人耳听觉范围以内，故导致开关电源出现严重的噪声，开关电源的工作状态随之恶化，严重时引发电源间歇振荡的故障现象。

C4 取值过大时，控制动作"产生滞后"现象，输出 +5V 出现高于 5V 和低于 5V 的缓慢波动，稳压特性变坏。因而 C4 应在电路组装完毕通电状态下进行电容值的确定为宜。

光耦合器 PC1 的 3 脚到地串联电阻 R6，既可以认为是 PC1 导通后 3、4 脚等效电阻的串联分压电阻，由此取出输出信号 OUTa，也可以认为是 Q1/PC1 射极输出器的负载电阻。R6 的取值一般为 470Ω~2kΩ。当此电阻取值偏小时，放大器的控制灵敏度变低，可能会产生控制滞后现象；当此电阻取值过大时，使放大器的灵敏度变高，造成"超前起控"，导致开关变压器各路输出电源电压的带载能力差，或输出电压比额定稳压值偏低的故障现象。

或者可以将图 3-8 中（a）电路再进一步等效为图 3-8 中的（b）电路形式，电压反馈采样信号处理电路的作用，可以等效为一级电压跟随器的电路形式。图 3-9 给出了简化等效后的两级误差放大器电路：采样 +5V 信号，经 N1 电压跟随器处理得到 OUTa 输出信号，与 N2 同相输入端预置 $V_R/2.5V$ 基准相比较，在芯片 1 脚形成电压误差信号输出。当采样 +5V 偏高，OUTa 信号电压升高，经 N2 反相放大后，芯片 1 脚电压下降，6 脚输出脉冲占空比减小，输出 +5V 回落。反之，实施反过程控制，使 +5V 电压回到额定值上。

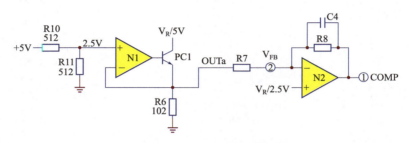

图 3-9　化简后的动态工作原理等效电路

当电路纳入稳压轨道以后，可知芯片 2 脚电压值也一定等于 2.5V，因此芯片 2 脚的 2.5V，是电路的稳压标志之二。

如果想用一个"纯直流电压"来模拟 +5V 的高低变化，会得出如下检测结果：

如果测试芯片 2 脚电压高于 2.5V，会发生稳压失控现象一，即输出电压偏高，芯片 1 脚输出电压降低至 1V 以下，芯片 6 脚停止脉冲的输出，产生过电压保护动作；如果测试芯片 2 脚电压低于 2.5V，则 1 脚会输出高达 5~7V 的电压，6 脚脉冲电压处于接近最大占空比的输出状态。为何这种现象与图 3-9 的原理等效电路并不产生吻合呢？

因 C4 仅能构成"动态中的反馈通路"，外加 +5V 直流电压测试图 3-8 的电路性能时，对于稳压直流电路相当于开路，这样 U2 内部放大器即时变身为电压比较器，采样电路的 2.5V 和 U2 内部基准 2.5V 相比较，使 PC1 工作于开关状态，会得到上述检测结果。

因而在分析稳压控制过程时一定要注意：这是一个动态的平衡调整过程！实际的 +5V 输出电压会保持（哪怕是极微弱的，不能为万用表所测量的）一定范围内的变化量，从而能使图 3-8 的稳压控制电路发挥作用！若 +5V 不再变化，则控制系统面临崩盘！控制电路总是要做出输出电压比 5V 高一点或比 5V 低一点的比较判断，才能使芯片 1 脚产生动态的控制信号，开关电源这个系统才能被纳入稳压轨道。这就像是观察一个骑自行车的人，貌似他走着一条直线，其实骑车人在随机进行左右的微调节，才能保持直线前进。若施加固定方向，则只能翻车。

关于 N2 偏置电路中 R7、R8 和 C4 的取值，我们先看两个电路的举例，如图 3-10 所示，这是一个很有意思的问题。如果电路中 R、C 的值不予标注，则可能判断为是同一种电路；

如果能注意到元件取值的相异，其实是两种类型的电路。在结构上一样的电路，如何区分是反相放大器还是积分电路？

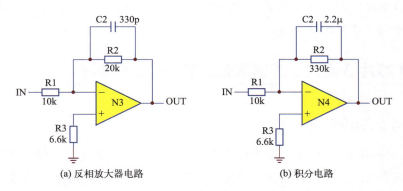

(a) 反相放大器电路　　　　　　　(b) 积分电路

图 3-10　据 R2、C2 判断电路类型的图示

　　如图 3-10 所示，反馈电阻 R2 两端并联电容，对于反相放大器来说，有抑制输出波形畸变、选通、相位补偿、消噪、降低高频放大倍数等作用。具体作用，我们暂且不去深究。但对图 3-10 中（a）、（b）电路来说，具备电路类型的判断能力，还是有必要的，这对形成检修思路，采用相应检测方法，提高故障判断的准确程度，都有作用。

　　作者介绍一下经验判断法：

　　① 从 R2、R1 的取值比例范围来看。尽管运放电路的电压放大倍数是近于无穷之大的，但实际电路应用中，设计电压放大倍数超过 10 倍的，极为少见。因而 R2 接近 R1 者为反相放大器电路，R2 若为 R1 的几十倍，则为积分放大器。

　　② 从 R2 两端并联的电容量来看。容量小者，起消噪、相位补偿等作用。换言之，电容量较小（对信号电流的影响力较小），即电阻发挥主导作用，电路结构当为反相放大器；电容量大者，信号电流"走电阻困难"，更容易经过电容的充、放电形成通路，则电路结构为积分电路。

　　③ 结论显而易见：R2、C2 取值都小者，为反相放大器电路；R2、C2 取值都偏大者，为积分放大器电路。二者无论在静态和动态工作中还是在故障中的表现，都会有较大的差异。

　　回到图 3-7 电路中 N2 的身份和关于 R7、R8、C4 的取值问题上。

　　我们首先需要确定 N2 电路的身份。

　　系统或某环节的控制过程是快些好还是慢些好？是剧烈化好还是柔和化好？答案是太快了太剧烈化了并不好，可能会造成系统振荡、不稳定等现象的出现。

　　将设定值与反馈／目标值相比较，最后达到目标值等于设定值的系统控制或某一环节控制，决定系统平衡和稳定运行的关键量是 P（比例）、I（积分）、D（微分）等 3 个项。通常 D 值在大多的控制过程中可以忽略，如稳压控制过程中需要 P、I 两个量的控制，即需要构成 PI（比例、积分）放大器来完成控制任务。

　　针对图 3-7 电路：前级电压误差放大器已经由 C4 构成了 PI 积分控制环节，则后级电压误差放大器即应采用反相放大器的结构了，R8 取值应略大于 R7 的取值，电路的电压放大倍数应在 1~5 倍以内，C4 取值在千皮法级以下；若前级电路并没有设置 PI 放大器，N2 后级电压误差放大器，即应构成 PI 放大器，R8 应为 R7 的 10 倍数级，同时 C4 应取值 1μF 左右的电容量（由试验再确定）。

3.2.4　U1 芯片 3 脚内、外部电流反馈信号处理电路

3.2.4.1　R4 的取值考虑

芯片 3 脚内部电流检测比较器的最大基准电压为 1V，这决定了最大工作电流的限流阈值。假定 R4 取值为 1Ω，就限制了流经 Q1 的最大工作电流为 1A。当要求开关电源输出功率增大时，R4 的取值要小于 1Ω，反之要大于 1Ω。以变频器设备为例，对于 15kW 以下小功率设备，负载电路的电源供给功率相对较小，为了负载电路过载时能起到正常的保护作用，R4 可取值至 2Ω 左右；而对于 100kW 左右的变频器设备，则可据电源功率要求，R4 也可以取值为 0.5Ω 左右。相应地，R4 的功率值也在 0.5~2W 之间选择。如图 3-11 所示。

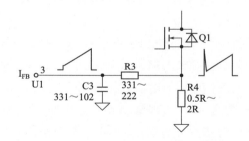

图 3-11　芯片 3 脚工作电流检测电路

当 R4 取值偏小时，电源发生轻度过载故障时，可能并不会导致过载保护动作，造成局部电路烧毁、保护失效的现象；当 R4 取值偏大或取值错误时，正常工作电流流经 R4 会导致错误的限流起控，引发芯片输出脉冲占空比收缩，导致输出电压偏低、电源工作失常等故障现象。

3.2.4.2　R3 和 C3 的取值考虑

开关管 Q1 开通期间，因开关变压器输入绕组的电感作用，流过 N1 和 Q1 的是按线性上升的电流（因电感对输入电流的积分作用所致），在 R4 上完成了 I-V 转换。此检测信号不可避免地因各种因素（变压器漏感等）使检测波形中混杂了电压毛刺，加入 R3、C3 积分延时（或称前沿消隐）电路，吸收 R4 上产生的前沿电压尖刺，避免此信号经后级电路处理产生不必要的 Q1 关断控制动作，使电路不能正常工作。

实际上，R3、C3 组成的前沿消隐电路，还同时决定着电路限流起控动作的"超前或滞后"，一定程度上对于电路的稳压控制形成干涉：

当 R3、C3 取值偏小时，和 R4 取值过大的结果是一样的，使限流起控动作提前，引发芯片输出占空比收缩，开关变压器储能不足，严重时引发电源间歇振荡的故障现象。

当 R3、C3 取值偏大时，会使限流起控动作滞后，开关变压器 N1 绕组流入能量过剩，导致次级绕组输出电压稍微偏高（如 +5V 变为 +5.6V）的故障现象。

输入芯片 3 脚的电流信号，其实需要综合电压检测输入信号，或者再加上 4 脚频率基准的参与，才能对 6 脚输出脉冲的占空比实现有效的控制，因而要结合图 3-12 电路，深入分析电流检测信号的具体作用。

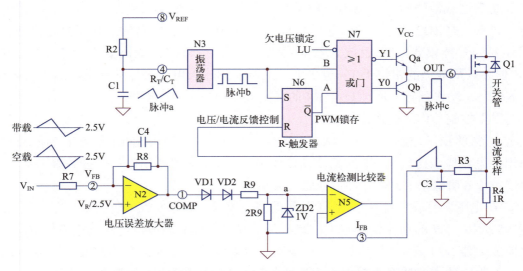

图 3-12　振荡脉冲和电压 / 电流反馈信号对输出脉冲的控制电路

3.2.4.3　"整合"后的电路控制流程

芯片正常工作中，欠电压锁定信号为 1，反相后由 N7 的 C 端（形成 0 输入）输入，并不参与到 PWM 脉冲的形成控制，暂不管它。

如果电压反馈信号 V_{IN} 为零，电流采样为零，说明开关变压器的 N1 绕组、Q1 和负载侧电路未参与工作，检修中停掉 P、N 端主电源时，会出现这种情况，芯片 6 脚的 PWM脉冲，此时仅仅依靠振荡器输出的脉冲 b 来决定：0 电平段为 Qa 通，1 电平段为 Qa 关，6脚输出脉冲占空比为最大。这在 3.2.2 节中曾经做过专题说明。

电路正常工作中，输出侧电压建立后 V_{IN} 信号形成，电压误差放大器具备工作条件，假定供电电源电压是稳定的，我们分析负载变动时对电压反馈信号和输出 PWM 脉冲的影响。

无论负载侧的负载率变动与否，单位时间内流过开关管 N1、采样电阻 R3 中的电流值是一样的，即电流采样波形的斜率不变。这是因为供电电压是定值，开关变压器 N1 的电感量为定值，Q1 的开关频率为定值。

此时 V_{IN} 反馈信号的波形斜率则随着负载变动而变化：

当输出电压侧处于空载状态时，因电流传输能量不变，造成 V_{IN} 反馈信号的斜率较大，N2 输入电压较高，输出电压较低，此时电流检测比较器 N5 获得的 a 点基准较低，N5 的翻转动作提前，在 Q1、R4 流经较小电流时，N6 的 R 端变 1，N7 的 Y1 变 0，开关管关断，PWM 脉冲占空比较小，说明负载率较低，开关变压器传输较小的能量即能满足供应。

当负载率上升，负载电路需要的能量增多，V_{IN} 的采样波形斜率变小，V_{IN} 信号幅度有所降低，电流检测比较器 N5 的比较基准 a 点电压升高，N5 的翻转动作延迟，芯片 6 脚输出脉冲占空比增大，开关管的导通时间变长。

若处于过载故障状态，输出侧能量被异常耗损，此时 V_{IN} 远低于 2.5V，N2 输出的 a 点电位过高（被 ZD2 钳位于 1V 电平上），或者电压误差放大器的工作条件不能被满足，由闭环变为开环模式，N2 由放大器变为比较器，1 脚输出为最高电平（实测可达 6V 左右），但 a 点基准仍能钳位于 1V 电平上。此时 3 脚输入电流采样信号电压达 1V 以上时，N5、N6、N7 动作翻转，流过 Q1、R4 的电流被限制在 1A 的水平上。

对以上控制动作的梳理：

① 正常的稳压控制过程中，脉冲 b 实现了对 N7 或门输出端 Y1 的置 1（使 Qa 导通）的作用；电流检测比较器 N5 的翻转动作实现了对 Y1 的置 0 动作——开关管关断。由此决定了芯片 6 脚输出 PWM 脉冲占空比的大小。

② 在电压误差放大器 N2 工作于闭环的线性模式，并且 a 点电压在 1V 以下时，由 N2 决定 N5、N6、N7 的动作翻转时刻，即电路未发生过载故障前，电压反馈信号 V_{IN}（或者说误差放大器 N2）具备"发言权"，它决定芯片 6 脚输出脉冲占空比的大小，芯片 1 脚电压值和 6 脚脉冲占空比有直接的"线性关系"：1 脚电压走高，6 脚脉冲占空比增大；反之亦如此。

③ 过载故障发生时，反馈电压信号 V_{IN} 已经丢失，电流检测比较器 N5 的基准输入被钳位于 1V，此时只有当电流检测信号的峰值电压高于 1V 时，N5、N6、N7 翻转，开关管关断——当电压检测信号"噤声"了，就轮到电流检测信号（或者说电流检测比较器 N5）"出来发言"了，它决定着开关管在何时关断。

明晓此控制机理，对于开关电源电路的故障检测至关重要！

3.2.4.4　芯片输出脚电路

芯片 6 脚内部包含了 Qa、Qb 推拉式输出级电路，有资料称"图腾柱式"输出级电路，外部包含了栅极电阻 R3 和栅、源极间并联电阻 R5，以及 N1、Q1、R4 的工作电流通路。如图 3-13 所示。

（1）工作电流通路中 N1 两端并联吸收回路的元件取值参考

该电路的工作原理上文已述，从略。

R9 取值 27~100kΩ，功率 2~5W；C5 取值 470~3300pF；VD2 为高速高反压整流二极管，耐压 1600V。注意：以上元件的取值和电压级别、功率级别有直接联系。代换时参考原取值。

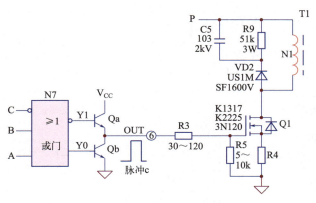

图 3-13 芯片 6 脚电路

（2）R3、R5 作用及取值参考

R5 并联在 Q1 的栅、源极或并联于 Q1 的栅极和地之间，起到变栅、源之间的高输入阻抗为低阻抗的作用，避免上电误通和保障 Q1 关断的可靠性，一般取值 5~20kΩ，典型 10kΩ。

R3 为栅极信号串联电阻，并非限流作用，因为 Q1 栅、源极的电容值为数千皮法级，对数十千赫兹级信号电压呈现较大的容抗，流过的容性电流极小，无须在栅极回路中串联限流电阻。R3 是为了抑制信号电路中的电感效应而设置的，能衰减寄生电感与回路寄生电容产生的有害振荡，一般取值为 30~120Ω。当 R3 取值过大时，会加大开关管的开通损耗，严重时使栅、源开通电压跌落严重进入欠激励状态，导致开关管发烫、输出电压（能量不足）偏低等故障现象。

（3）开关管 Q1 的型号选取

在 DC 500V 供电电源条件下，作者推荐使用 3N120、K1317、K2225 等型号的增强型 N 沟道绝缘栅场效应管。300V 供电条件下选用耐压 750V、工作电流 3A 左右的器件。

100W 左右功率的开关电源，DC 500V 供电条件下（如变频器控制电路的工作电源），流过 Q1 的工作电流（据实测）：空载 10mA 左右；带载 10~50mA 左右。（不接入散热风机时）大于 100mA，可判断有过载故障。

3.2.4.5 （负载侧）输出供电电路

图 3-14，是据图 3-1 中开关变压器 T1 各绕组电路整理后画出，图中给出了工业电路板的常规电源配置：N1 为高压输入绕组，又称为初级绕组。其他各路可称为输出绕组。N2 绕组输出交变电压经 VD1、C1 整流获得电源芯片的供电电源；24V 为独立输出，通常提供端子控制电源和散热风扇 / 继电器动作电源；+15V、−15V 则提供模拟量信号处理电路中运放、比较器芯片的供电电源；+5V 作为 MCU 主板电源和显示面板的供电电源。如果作为变频器的开关电源，另有 4 路或 6 路的 24V 左右的独立输出电源，供给驱动电路。

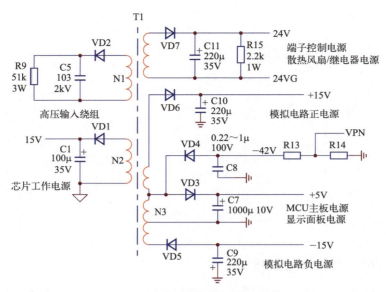

图 3-14　负载供电端电路

（1）图 3-14 电路各元件的取值参考

图中 VD1、VD3~VD7 都采用 US1x/2x 类型的高速整流二极管，耐压在百伏级别；电流在 2A 左右。各路输出电压的滤波电容取值，如图所示，在百微法级别。

需要注意：

个别开关电源采用千微法级别容量的滤波电容，上电启动瞬间 P、N 母线电源须提供较大的电容充电电流，以建立输出电压和稳压反馈采样信号。若维修电源有较强的限流能力，会因瞬间电压跌落，导致输出电压不能建立、电压反馈信号丢失，从而使开关管工作于最大脉冲占空比之下，N1 绕组近似工作于直流短路状态，开关电源的正常工作状态不能建立，容易误判电源存在过载故障。如果检测确认各输出负载侧都无过载故障，可以将检修电源的限流模式取消，以适应电源启动时对大电流供应的要求。

另外，将 N1 输入绕组也放在输出供电端电路的图示内容中，虽然不是名正言顺（尖峰电压吸收回路，非负载电路）的，但也有站得住脚的理由：将 N1 绕组电路重绘了一下，VD2 整流（开关管关断期间），C5 滤波，R9 作为负载电阻，这也算是一路输出电源的负载电路，与其他输出电源回路并无不同。而更深远的意义在于：当 VD2 或 C5 产生漏电故障，造成 T1 开关变压器负载加重，也同样形成了开关电源的过载故障。但对 N1 绕组回路过载故障的检修，往往为众多检修者所忽略——检修者只认为这是一个尖峰电压吸收回路，不把它当成一个可能会造成过载故障的电源和负载电路！

对于各路输出电压是否存在过载故障的确认方法很简单：如检查 24V 供电侧是否存在过载故障，在电路板停电状态，24V 处于空载条件下，在 C11 两端施加 24V 检测电源，应显示负载侧电流值为 24V/2.2kΩ≈11mA。若测试电流远大于此值，则存在 C11、VD7 的漏电故障。

（2）直流母线电压检测信号的来源

开关电源的输出电源电路中，有时在 N3 绕组中同时取得直流母线电压检测信号，该信号不受稳压控制，而与 P、N 端直流母线电压成比例。道理何在？

整流二极管 VD3 和 VD4 从同一个绕组抽头上接入，开关管受稳压信号控制，正常工作于开通时间短、关断时间长的工作状态，VD3 与 Q1 工作于反激模式——Q1 关断时 VD3 导通，将 N3 感生电压中幅度低但面积大的部分整流后取出，作为 +5V 供电电源；VD4 与 Q1 工作于正激模式——Q1 开通时 VD4 承受正向电压同时开通，设 P、N 端直流电压为 500V，将 N3 感生电压中面积小但电压幅度高的部分整流后取出，作为直流母线电压检测信号。据 N1、N2 电压 / 匝数比可知，此时 C8 端电压为 −50V。如图 3-15 所示。

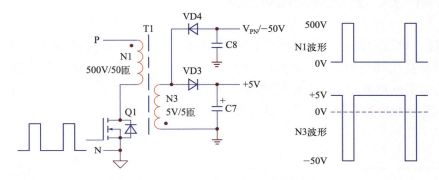

图 3-15　直流母线电源检测电路示意图

此信号电压虽然幅度高，但蕴含的能量较少（面积小），不宜用作供电电源。又因充电时间较短，放电时间较长，该电压的建立安全依赖于 C8 的储能作用，若 C8 失效，会导致 V_{PN} 信号电压产生近 10 倍级别的衰减，造成欠电压报警故障。

第4章

开关电源的故障诊断基础

4.1 如何"跑"开关电源的电路

"跑电路"的能力是一个电子电路板故障检修者的基本功，要想修复某电路的故障，前提是必须要找出该电路来。"跑电路"的目的有两个：一是为了检查出电路中的故障元器件；二是为了电路测绘，筹备电路资料。前者更是电路检修者的日常工作内容。

图 4-1 所示为开关电源的经典电路模型。

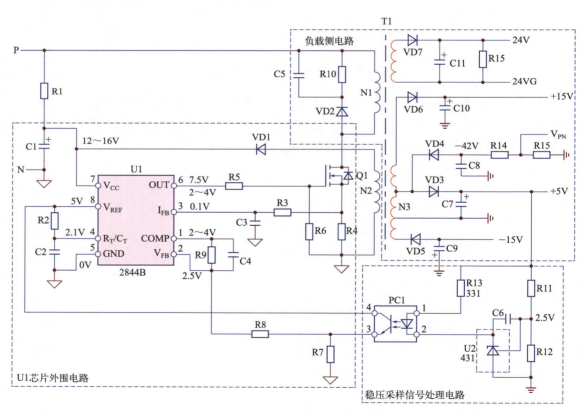

图 4-1　开关电源的经典电路模型

对于图 4-1，检测故障电路时，首先检测 N1、Q1、R4 主工作电流通路是否正常，更多的检测工作量落实于 U1 芯片的外围电路、稳压采样信号处理电路和负载侧电路等 3 个

036

部分，如图 4-1 中的虚线框内所示。

作者有意将图中电路元器件的数值略去，只标注序号，是要求大家不但把电路模型装进脑海里，而且把各引脚的相关元件值也同时装进去，心中有谱了，（表）笔下看结果，心中有结论。

4.1.1　对芯片外围电路的检测与判断

很多检修者对"跑电路"有打怵的心理，认为是很难的一件事儿。以跑芯片外围电路为例，只要不是出于测绘目的（需详细落实和标注元器件序号、型号和数值），仅仅是检测 U1 芯片外围元器件的好坏，仅仅知道万用表的表笔往哪儿落就成了，整个检测 / 跑电路的过程也许仅需数分钟。对于一个对电路结构心中有数的人，或者快至 1 分钟以内就能完成任务。

方法如下：

（1）检测 7 脚供电电源电路是否正常

数字万用表调至二极管挡，黑表笔搭接于芯片 7 脚，红表笔搭接于供电地端，此时应显示一只二极管的正向电压降，如 0.4V，这说明 N2 线圈是通的，VD1 整流二极管是好的，滤波电容也无短路现象。

（2）判断 8、4 脚之间的定时电阻好坏

用万用表的 200kΩ 电阻挡，表笔直接搭于 8、4 脚上，显示电阻值为 10kΩ，说明 R2 是好的（已知此电阻的取值范围为 5~20kΩ）。

（3）判断 Q1 栅、源极外接电阻的好坏

① 用万用表的电阻挡测量源极与供电 N 端的电阻值为 1Ω，说明 R4 是好的（已知 R4 的取值范围为 0.5~2Ω）。

② 用万用表的电阻挡，表笔直接搭接于芯片 6 脚和 Q1 的栅极之间，预判栅极电阻值应在 30~120Ω 以内，现实测电阻值为 100Ω，说明 R5 是好的。

③ 直接测量芯片 3 脚至供电地端 /N 端的电阻值，预测值为 300Ω~2.2kΩ 以内，现在的实测值为 1kΩ，说明 R3、R4 都是好的。直接测量芯片 6 脚与供电地端之间的电阻值，实测值为 10kΩ，说明 R5、R6 都是好的。串联回路中，阻值大的"说话"，如 6 脚至供电地端的电阻，应该约等于 R6 的电阻值。

（4）对于 1、2 脚外部电压误差放大器偏置元件的检测

测 R9 约为 R8 的 1.5~4 倍，说明两电路的比例合适，电路身份为反相放大器。测光耦合器 PC1 的 4 脚与芯片的 8 脚直通，PC1 的 3 脚与 R8 的一端直通，与供电地之间电阻值为 1kΩ，说明 R7 是好的。

以上检测过程，表笔只搭了不到"10 搭"，芯片各脚外围元件的情况已经清楚无疑。

若偏离以上检测结果，即为故障。举例如下：

① 测量芯片 6 脚与供电地端电阻值远大于 20kΩ，结论是 R5、R6 必有一只电阻断路，或两只电阻同时损坏。测量 6 脚与供电地端电阻远小于 5kΩ，说明 Q1 的栅、源极有漏电故障，或者 6 脚对地之间有漏电（如芯片 5、6 脚之间漏电）故障。

② 测量芯片 3 脚与供电地端之间的电阻值远大于 2kΩ，结论是 R3 或 R4 有断路故障。

（5）"跑电路"的关键要点

① 不一定要找到具体的元件，知道在电路的哪两个点之间下表笔就行；

② 不一定要先知道原标注值，知道检测值在"合理区间"，知道该元件是好的就行；

③ 如果元件已经损坏，知道用什么数值的元件去代替修复就行。

4.1.2 对于采样点电压值的判断，并借以判断稳压目标值

① PC1 的 1 脚串联限流电阻 R13 的上端，即为电压采样点。

② 电压采样点如果和 A7840 芯片的供电脚 8 脚直通，则可判断电压采样值 / 稳压目标值为 +5V。采样点若和 8 脚双运放芯片的 8 脚直通，则可判断电压采样值为 +15V 左右。

③ 从滤波电容的耐压值和电容量来判断：若电容量为千微法级，耐压 10V，则采样点电压为 +5V；若电容量为百微法级，耐压为 25V，则可判断采样点电压为 +15V。

④ 从 R11、R12 的电阻值来判断：若 R11=R12，则采样点电压为 +5V；若 R11 为 5 倍的 R12，则采样点电压为 +15V。

⑤ 此外，还可以从 R13 的取值来大致判断采样点电压：如取值为百欧姆级别，为 +5V 采样；若为 1kΩ 左右，可能为 +15V 采样。

如何跑对道儿，总有各种路标、地标、指示牌等，指示着路线的去向，提示着表笔的搭接点。

4.1.3 工作电流通路 N1、Q1、R4 的快速判断

① 开关管的源极和 N 端近乎直通（说明 R4 是好的），R4 的电阻值近于忽略不计；

② 开关管的漏极和 P 端近乎直通（说明 N1 无断路故障），N1 的直流电流电阻可以忽略不计；

③ 测量 P、N 供电端，应有明显的二极管正、反电压降，当红表笔接 N 极时，正向压降为 0.4V 左右（此为 Q1 内部漏、源极间并联二极管的电压降），说明 Q1 大致是好的。

以上测量说明开关电源的主工作电流通路是"通畅无阻"的。

4.1.4 负载侧 +5V、+15V、−15V 和直流母线电压检测电路的测量判断

① 4 抽头的绕组，即信号地及电源公共地端。

② 4 抽头绕组有一个抽头是接地的。另外 3 个抽头连接整流二极管，得到 3 路直流电压输出。若有 4 只整流二极管，其中一只一定是用于直流母线电压检测的。

③ 用万用表的二极管挡，红表笔接地，黑表笔接整流输出端，若显示正向电压值，即电流方向是从地往外走的，则此整流二极管即为 +15V 或 +5V 整流二极管。当黑表笔接地，红表笔接整流输出端，若显示正向电压值，即电流方向是从外流入地的，说明此整流二极管是 −15V 整流二极管。

④ 从滤波电容的电容量，以及电容的正、负极接法判断，正极接地的滤波电容，大概是 −15V 滤波电容无疑了。

⑤ 用蜂鸣器挡区分电源整流二极管和直流母线电压检出二极管。表笔正、反搭接于二极管正、负极时，蜂鸣器发出短促响亮的声音，系通过表笔为滤波电容充电导致测试回路瞬时电阻极小，引发蜂鸣器发出声音，该测量二极管一定是电源整流二极管。测量二极管的正、反向电压降时蜂鸣器都无声，说明该测量回路无大容量滤波电容，测试回路表现为极大的电阻，那么 VD4 的身份已经被确认！

4.2　开关电源的正常工作点

（1）芯片各脚的工作电压值

① 电压大致稳定的引脚。8 脚的 5V 为稳压输出；4 脚在振荡状态，直流测试电压为稳定的 2.1V 左右；2 脚电压，因为与内部反相器同相端基准 2.5V 相比较达成"虚短"状态，所以也为稳定的 2.5V 电压值，须知 R8 的右端才是 1、2 脚电压误差放大器的信号输入端；此外，7 脚供电电压，也能跟随稳压采样点电压的稳定而稳定。

② 1 脚电压的变化因素和 1、6 脚电压之间的关系。1 脚电压在采样反馈信号控制之下，会随直流母线电压高低和输出侧电路负载率的大小而变化，输出反映输出电压误差的控制量。如直流母线电压升高或负载率降低，1 脚电压会产生比例性的降低；反之，1 脚电压会成比例地升高。

当稳压控制在可控范围之内，1 脚电压的高低会线性地影响到 6 脚输出脉冲占空比，换言之，6 脚输出脉冲占空比的变化受制于 1 脚电压的高低，二者有电压和占空比的同步转换关系。当直流母线电压和负载率（空载时）相对稳定时，可以认为 1 脚电压和 6 脚的脉冲占空比也是相对稳定的。

a. 正常工作当中，1 脚电压约在 2~4V 之间产生变化；6 脚脉冲占空比也在 10%~20% 范围内变化，实施着稳压的调节作用。如果用直流电压测试 6 脚脉冲电压，因为直流电压挡的平均化作用，6 脚电压也约在 3~5V 以内变化，并且完全跟踪 1 脚电压的变化趋势。

b. 当稳压处于失控原因 1，输入至芯片 2 脚的电压远高于 2.5V，1 脚低至 1V 以下（约为 0.7~0.9V），此时 6 脚脉冲电压停止输出（测试电压接近 0V，或尚有占空比极小的脉冲电压维持输出）。电路处于过电压起控保护动作中。当稳压处于失控原因 2，输入至芯片 2

脚的反馈信号因故丢失，1 脚将升至 6V 左右的高电位，此时由 3 脚电流采样信号实施脉冲"硬关断"控制，电路进入间歇振荡（俗称"打嗝"现象）状态。若因故 3 脚信号未能参与（如 Q1 的工作电流回路存在开路现象），6 脚受 1 脚电压控制，输出脉冲将为最大占空比状态——2842B/43B 的 6 脚电压接近供电电压；2844B/45B 的 6 脚电压接近供电电压的一半。

③ 芯片 3 脚的工作电压值。正常工作中，3 脚输入电流采样信号电压，与内部"浮动基准"相比较，使电流检测比较器做出控制动作。因"浮动基准"的正常值远低于 1V，如在 0.1~0.5V 以内变化，再加上开关管的开、关时间比例较小，如在 30% 以内，所以用直流电压挡将采样信号电压平均化以后，3 脚电压的检测值基本上接近 0V。

如果在 3 脚能测到明显的电压值，如 0.3V，基本上可以确认负载侧电路发生了过载故障。

即使发生了过载故障，因为信号占空比小，所以在 3 脚也不能测出明显的过载信号电压，建议用示波表测量 3 脚峰值电压进行判断。

④ 综合以上，若测量 1 脚电压较高（如为 5.6V），但 6 脚电压极低（如低于 1V），说明电压误差放大器的输入信号丢失，电压误差放大器已丢失主导权，已经是 3 脚信号"发言"，限制了 6 脚脉冲占空比，故障指向为负载侧电路发生了过载故障。

（2）稳压采样信号处理电路的工作点

图 4-2 所示为稳压采样信号处理电路。显然，R11、R12 分压点的 2.5V 是稳压标志，也是关键测试点，此点电压正常，也说明了开关电源的全部工作环节大致是正常的。

如果换点检测，光耦合器 PC1 的 1、2 脚电压约为 1.1V，2 脚对地电压即 U2 的 K 极电压，应在 1.8V 左右。此外，对于 PC1 的输出侧，4 脚电压来自电源芯片 U1 的 8 脚，当然为 5V，稳压状态下，R7 的端电压，也自然会在 2.5V 左右，不会偏差太多。

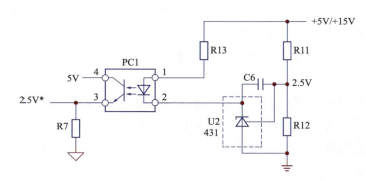

图 4-2　稳压采样信号处理电路

电压采样点的电压值，或为 +5V，或为 +15V。其与 R11、R12 的取值比例有关，应该符合电压 / 电阻比。若不符合，说明图 4-2 电路仍然存在故障。

（3）检测工作点电压时的注意事项

① 需要说明的是：芯片各脚正常工作中的电压状态，是可知的一种状态，如上文所

述，如 8 脚为 5V，2 脚为 2.5V。但故障中的状态却为多种，有时候是事先不能预测的一种状况，须根据具体表现具体分析故障的所在。

② 在正常工作状态，最好不要用万用表的表笔直接搭接芯片的引脚进行电压检测，因为表笔的滑动等，可能会造成芯片引脚短路、开关管炸掉等后果！如果有必要可以通过测量周围阻容元件的引脚来进行检测。

如果需要测试电源状态是否正常，可通过测试负载侧供电电压的正常与否来判断，没必要采取直接测试芯片的各脚工作电压值的冒险行动。作者提倡在安全条件下的安全测试方法。

4.3　开关电源慢修步骤

4.3.1　确定开关电源的主工作电流通路是否正常

开关电源的主工作电流通路如图 4-3 所示。

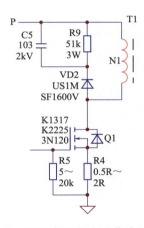

图 4-3　开关电源的主工作电流通路

上文已经论述用万用表的二极管挡 / 蜂鸣器挡来测试主工作电流通路的方法，但这并不是到位的检测。对于开关管 Q1 来说，在停电状态下的检测，仅仅说明 D、S 极间并联二极管的好坏和 Q1 是否处于击穿状态，Q1 的最重要的开关特性恰恰没法测验出来。

可以用下述方法在线确认 Q1 的好坏：

① 在 P、N 供电端接入 P+、N- 的 10V 电源（限流 0.2A），此时显示电流值为零。

② 在 Q1 的 G 极和 N 端之间，施加 10V 开通信号电压（限流 10mA）。

③ 此时 P、N 端施加的供电电源电流应达到 0.2A，电压跌落至 2V 左右。供入 Q1 的 G 极和 N 端的 10V 信号电源电压不降低，显示电流值为 6mA 左右（系经 Q1 栅极电阻流入芯片 6 脚的电流值）。

以上测验结果说明 Q1 是好的，主电路工作通路也大致没有问题。

步骤①若上电即有 0.2A 电流值显示，说明 P、N 之间有漏电环节；步骤②，若显示信号电流大于 10mA，信号电压跌落，说明 Q1 的 G 极与 N 端之间有漏电环节，或者芯片 6 脚内部电路已坏；步骤③，若主电路没有出现 0.2A 电流和伴随 10V 电压的跌落，说明 Q1 没有开通，主电路有问题（N1、R4 有断路，Q1 本身损坏等原因），或者供入电源并没有实际引入主电路。

4.3.2 确定芯片及外围电路的好坏

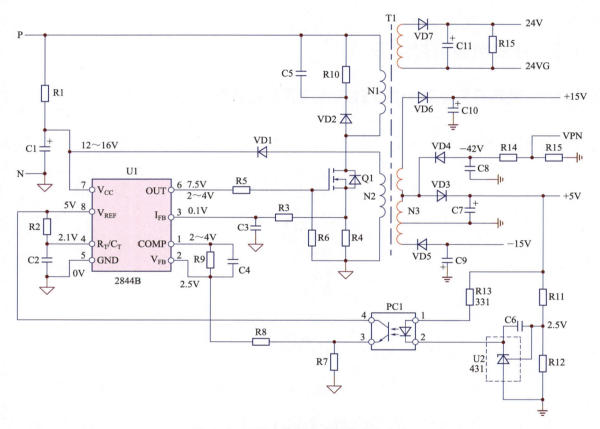

图 4-4 开关电源慢修步骤的参考电路

单独为电源芯片提供 16.5V 工作电压（满足起振电压幅度要求，必要时也可将此电压升高至 17.5V——芯片的起振电压值有差异），限流 30mA（在此限流模式下，若电路存在 8 脚外围或 6 脚外围元器件有短路故障时，因限流作用不会造成芯片等器件的损坏）。图 4-4 为开关电源慢修步骤的参考电路。检测步骤如下：

① 为芯片 5、7 脚上电，观测正常工作电流应为 15mA 左右。

② 测 8 脚应有 5V 基准电压输出。否则，电源芯片坏。

③ 测 4 脚振荡电压应为 2.1V 左右。若用示波表测量当为锯齿波信号，频率应为 80kHz 左右（对于 2842B 芯片来说，频率应为 40kHz 左右），峰值电压为 3.8V 左右，谷底电压应

为 1.2V 左右。若电压或波形不对，查定时电阻、定时电容没有问题，则电源芯片坏。

④ 此时测 6 脚应有矩形脉冲输出，脉冲占空比应为 50% 左右，测试直流电压应为 7.5V 左右（对于 2842B 芯片来说，脉冲占空比大于 90%，测试直流电压 15V 左右）。

⑤ 若测 6 脚脉冲电压异常，则按以下步骤，分析可能的原因。

a. 测 3 脚电压正常应为 0V。若为 3V 左右，查 3 脚外围 R3、R4 有无断路。若外围电阻正常，则 U1 芯片坏。

b. 测 1 脚电压正常值应为 5~7V。若低于 1V（如为 0.8V 左右），查 2 脚电压状态。此时测 2 脚电压应该低于 2.5V，有些机型接近 0V（因 1、2 脚外围电路不同而有差异）。

1、2 脚之间是反相器的关系。2 脚低于 2.5V，1 脚电压则为 5~7V；2 脚高于 2.5V，1 脚则低于 1V，导致 6 脚停止脉冲输出。

若 1、2、3 脚电压正常，6 脚脉冲电压为 0，则 U1 芯片坏。

若 1、2 脚不符合反相放大器规则，则 1、2 脚内部电路坏（需注意外围保护电路对 1 脚的影响）。

⑥ 若 6 脚输出脉冲电压正常，这时用金属镊子短接光耦合器 PC1 的 3、4 脚，同时监测 6 脚脉冲电压应即时变为 0V，否则说明 1、2 脚内、外部电路仍有问题。

说明：①即使 6 脚在芯片上电后即能正常输出脉冲电压，仍不能忽略对 1、2 脚内、外部电压误差放大器的检测步骤。换言之，6 脚能输出正常的脉冲电压，也不能说明芯片就没有问题（如 1、2 脚内部电路的问题）。②检测步骤不一定采用照搬上述的步骤①～步骤⑥顺序，如可以直接进入步骤⑥表现正常，则检测结束；6 脚无脉冲输出，再检测芯片 1、2、3、4 脚的工作状态。

经此以上步骤检查，说明芯片本身，以及 1、2、3、4 脚外围电路都是好的。

电路工作电流值的表现：未起振≤ 1mA；正常工作电流约为 15mA。

如果电流值大于 30mA，说明：①芯片 5、7 脚内部或外部有漏电元件；② 8 脚外接负载电路异常；③ 6 脚外部电路异常。

判断方法如下：将 5、7 脚供电电压调至 10V 以下（迫使芯片内部电路处于停振状态），显示电流值应小于 1mA，说明芯片 5、7 脚内、外部电路是好的；芯片供电电压至 16V 以上时，工作电流达 30mA 以上（此时会处于电压、电流波动状态）。此时分析：

a. 8 脚 +5V 负载电路有过载故障，导致工作电流加大；

b. 6 脚负载电路有过载故障，开关管的 G、S 极间有漏电元件。

4.3.3 确定采样信号处理电路的好坏

确定采样信号处理电路的好坏，即确认 2.5V 基准电压源器件及外围电路（图 4-5 所示电路）的好坏。

① 首先要确定采样电压取自何处，开关电源的稳压目标是哪路输出电压电路。R11、R12 的取值是多少，可据上文所述"路标"进行落实。落实的目的是确定为采样电路外加测试电压的高低，以及找出测量表笔的搭接点。如落实采样点电压为 5V。

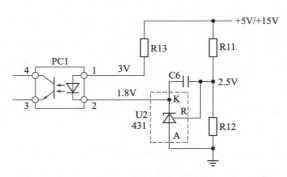

图4-5　采样信号处理电路

② 采用0~5.5V可调电源（限流50mA，适应于电源空载情况，或据电路的实际负载情况酌情给出限流值），将外加测试电压加至采样点和地之间。

③ 直接测量PC1的3、4脚电阻值变化情况落实电路的好坏。

a. 外加测试电压值在5V以下时，PC1的3、4脚电阻值为一数千欧姆的固定电阻值，不随外加电压的调节而变化。注意用数字万用表的电阻挡测量时，红表笔接PC1的4脚，黑表笔接3脚，否则测量数据不具备参考性。

b. 当外加测试电压高于5V时，PC1的3、4脚电阻值产生突降现象——由数千欧姆变为数百欧姆，说明图4-4所示电路的全部都是好的。

注意：本书文字中给出的数值是"大约数"，总是与即时的测试值存在偏差。比如某电源电路的实际测量数据为：外加测试电压为5V以下时，PC1的3、4脚电阻保持10kΩ以上的较大值；外加测试电压达5.1V以上时，PC1的3、4脚电阻变为480Ω。

④ 当外加测试电压给至5.5V以上时，PC1的3、4脚电阻值不变，改由电压挡测量1、2脚之间的电压值，应符合下述动作：

a. 当外加测试电压在5V以下时，PC1的1、2脚之间的电压值接近0V或者小于1V；当外加测试电压给到5V以上时，1、2脚出现1.2~1.4V的电压降，说明U2及外围电路都是好的，结论为PC1光耦合器坏掉。

b. 当外加测试电压给到5.5V，PC1的1、2脚之间的电压值仍然为0V（或低于1V），说明故障在U2及外围电路。

⑤ 对U2及外围电路的检测：

a. 当外加测试电压给到1.5V左右时，测PC1的3、4脚电阻值已变小，故障为U2击穿损坏。

b. 当外加测试电压给到3V左右时，测PC1的3、4脚已变为数百欧姆，故障为R12断路。此时当外加测试电压给到2.5V左右时，U2已经具备开通条件1，当外加测试电压给至3V左右时，PC1的1、2脚之间内部发光二极管也随之开通，由此U2具备了开通条件2，故U2和PC1同步开通。

对于U2来说，R端与K端的关系为：R端高于2.5V，A、K极间开通，开通后电压降约为1.8V（低电平）；R端电压低于2.5V，A、K极间关断，K端为高电平（约为外加测试电压值）。

c. 当外加测试电压高于 5.5V，测 PC1 的 1、2 脚电压为外加测试电压，故障为 PC1 的 1、2 脚内部发光二极管断路；测 U2 的 A、K 极间电压约等于外加测试电压，故障为 U2 的 A、K 极间开路，或 R11 断路；测 U2 的 A、K 极间电压为零，R13 有断路故障。

如此一来，上电测试过程中，让坏了的元器件知道藏是藏不住的，只有"自个站出来说话"，给出"自证暗黑"的测试结果。

4.3.4　P、N 供电端上额定电压检测

通常，P、N 端电源电压或为 DC 500V，或为 DC 300V，供电电压更低的电路形式较为少见（也有 24V 电源输入，实现 DC-DC 转换的）。建议 P、N 端供电上额定电压，是为了满足电路的起振工作条件。

P、N 端上电，测量各路输出电压都为正常值，说明在上述的检修步骤中，电源电路的故障已被全部修复，检修结束。

P、N 端上电，测量各路输出电压偏低于正常值，或无输出，或电源出现间歇振荡现象，输出电压不稳，说明开关电源仍存在故障，尚需继续检修。下一步怎么干？

首先，将 P、N 端供电调低为 100V 左右，假定仍然存在稳压失控现象，100V 供电条件下，保障各路输出电压值不会比额定值高出太多。

然后，为芯片 5、7 脚施加 16.5V（限流 30mA）电源。

上电次序是先上 P、N 端高电压，再接入芯片 5、7 脚的低电压。原因为：先上芯片供电电压，因主电路无电源供应，反馈电压不能建立，致使芯片输出最大占空比的脉冲信号。上高压的瞬间，开关管处于最大开通状态，形成直流短路现象，将限流供电中的高电压拉成较低的水平，如 23V，这样反馈信号仍旧不得建立，开关管被迫工作于直通的短路状态，开关电源正常的工作秩序不能形成。

检测步骤如下：

① 测输出侧各路电压值均正常，故障指向芯片 7 脚的启动电路和供电电路。可以进一步落实：

a. 此时将外加 5、7 脚电压撤掉，电源仍能保持正常的工作，故障指向启动电路，检查 R1 的好坏。

b. 将外加 5、7 脚电压撤掉后，开关电源停止工作，故障指向芯片工作电源，检查 N2、VD1、C1 供电电源的好坏。

② 测输出各路电压值均正常，但开关管发热严重。开关管发热，一般会有和开关管同时发热的元器件存在，前者是现象，后者是原因所在。检测 N1 绕组并联尖峰电压吸收回路中的 VD2、C5 同时有明显的温升，故障元件找到，系 VD2 或 C5 有漏电损坏，或二者同时损坏。一只运放芯片发烫，说明芯片已坏。

③ 开关电源出现"打嗝"的故障现象，此时由于外加芯片工作电源，所以已经排除了因欠电压锁定动作造成的电源间歇停振动作，故障明确指向负载侧发生过载故障。负载侧电路见图 4-6。

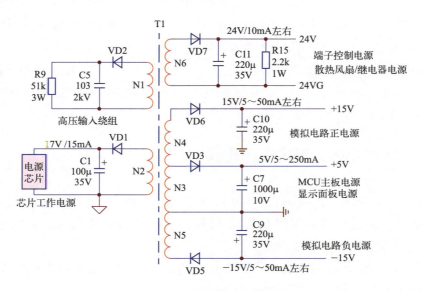

图 4-6 开关电源的负载侧电路

判断输出侧 / 负载侧电路是否有过载故障，可以在供电侧为各电路逐一外加适宜的供电电压（并同时给出一个合理限流）来确认是否存在过载故障。在各个供电侧加上电压和电流，"看一下"是否存在过载故障。用逐一脱开整流二极管和将负载电路芯片逐一拆除来排除过载电路的方法，应该淘汰了：既损伤线路板和元器件，又浪费工时（元器件大量拆焊还可能会"造出"新的故障）。

下面以开关变压器 T1 的绕组序号为序，给出各负载电流的相关数据和检测方法。

① N2 绕组：调压 17V，限流 30mA，施加于 C1 两端，显示正常工作电流应为 15mA 左右。

② N3 绕组：空载时须提供稳压采样流经 PC1、U2 的电流，为 10mA 左右，或加上 2 片 A7840 的输出侧工作电流（10mA+10mA）。未连接 MCU 主板时的轻载电流值为 30mA 左右；连接 MCU 主板带载时，MCU 主板电流加上显示面板电流为 200mA 左右，总计负载电流在 250mA 左右。

空载时，调压 5V，限流 50mA，显示电流值应小于 50mA。带载时限流 500mA，实际电流应在 250mA 左右。若显示电流值远大于 500mA，通过脱开显示面板和脱开 MCU 主板后显示电流数值变化，判断过载故障出在哪块电路。

③ N4、N5 绕组：提供 +15V、−15V 的模拟信号处理电路的电源供应。空载电流不会超过 10mA；若带载数片运放和比较器电路，每个芯片的工作电流在 2mA 左右，则合计电流约为 10mA；若再带载 2 只电流传感器，每只传感器须占用约 30mA 以下的工作电流。

综合以上，+15V、−15V 的模拟信号处理电路的空载电流约为数毫安，小于 10mA；局部带载电流小于 30mA；全部带载电流应在 70mA 左右。

因而分别给出空载时 +15V/−15V 且限流 50mA、带载时 +15V/−15V 且限流 100mA 的测试条件。当显示测试电流值远大于给定值时，判断电路发生过载故障。

④ N6 绕组：给出 20~24V 的测试电压，空载限流 20mA，带载电流（取决于负载实际

所需的电流值，如两只散热风扇每只工作电流为 0.2A）须给出 0.5A 的限流。据显示测试电流值，判断是否存在过载故障。

给定测试电压和电流的原则：

① 给定电压应小于或等于额定值。

② 给定电压的正、负极性不能反。但一般瞬时反向加电，恰恰形成整流二极管的正向电流，将给定电压限制在二极管的正向导通电压降上，不至于造成电路元件的损坏。

③ 给定测试电压可以加在滤波电容两端，也可以加在整流二极管的两端，所加电压极性与二极管的正、负极相反即可。

④ 最重要的一点，是根据负载所需，给出适当的测试电流。在限流模式下，即使极性加反，即使电压值给错，只要限流有效，短时间测验过程中，就不会导致损坏元器件的现象发生。

测试确定某电路存在过载故障时，进而采用"烧机大法"找出故障元器件，方法如下：

① 确定过载发生在 +5V 电源的负载电路，现在显示电流值为 500mA，外加测试电压跌落。试将测试电流值给大点，当给至 750mA 时，电压不再跌落。

② 保持给定电压和给定电流，同时观察、触摸负载电路中的元器件，好的元器件感觉不到异常的温升，哪个元器件发烫了，即为坏件。一般在数分钟之内即可找出坏件。

这个办法直接而有效，被维修同行赞为"烧机大法"。须注意给定电流值最好不要超过 1A，以免线路板的铜箔承受不了，烧煳电路板。此外，当负载"短路质量"非常好，短路电阻值近于零时，因短路元件的功率损耗也近于零，不再产生过热现象，可适当加大烧机时间，以使故障元件暴露出来。若仍然无效，可（采用笨办法）将负载电路的 IC 器件逐一拆除，再随时监测流通电流值的变化，揪出故障元器件。

注意：

① 对 N2~N6 绕组的负载电路，检测都无问题时，不能漏掉对 N1 绕组负载电路的检测（并联尖峰电压吸收回路），在高、低压一块儿上电的检修条件下（P、N 端供电电压较低，不必担心尖峰电压会超出开关管耐受值），暂且脱开 VD2 后开关电源工作正常，说明故障元件为 VD2、C5。

② 以上都没有问题时，不能漏掉对开关变压器本身是否存在绕组短路、匝间故障的检查，理由在此：负载电路是开关电源的负载，而开关变压器恰恰是开关管的负载。该负载异常时，同样造成过载故障现象。

用 ESR 表或直流电桥，确认开关变压器 T1 的好坏。对于电源"打嗝"的故障现象，这一检测动作可以放在故障检测的第一步，以避免后续检测的无用功。

4.4　开关电源快修步骤

效率 / 时间等于金钱。作为工业电气设备，若长时间停机等待机器的修复，其时间成本往往不能被业主所承受。实施开关电源的快速修复，是对接单能力的确认。

可以尝试开关电源故障的快修，对于较为熟悉的 284x 电路，可以尝试将检修时间预定在小时级之内。对电路结构尚不熟悉和配件不充分的开关电源电路，当然也有必要充分预留检修时间。

采用快修步骤，即检查开关电源的主工作电流回路，无明显短路、开路故障，将负载电路脱离开关电源后，采用高、低压直接一块儿上电的办法，让故障电路、故障元器件"自个站出来说话"，达到高速、高效完成检修任务的目的。

快速检修的方法为：在 P、N 端上维修电源，调压 100V；在芯片 5、7 脚同时供入 16.5V 的芯片工作电源。

① 测各路输出电压都恢复正常，故障指向芯片 7 脚启动与供电电路。可以再通过停掉外加 16.5V 电源的动作，进一步落实故障在启动电路还是供电电路。

② 稳压采样点电压和其他输出电压，均偏高或偏低。

a. 各路输出电压都偏低，试调高 P、N 端 100V 供电，输出电压至额定值保持住，故障原因同上；

b. 各路输出电压均偏高，停掉 P、N 端供电，单独为稳压采样反馈信号处理电路上电，采用上文所述的慢修步骤 4.3.3，落实稳压采样反馈信号处理电路的好坏。

③ 测各路输出电压为零，故障指向芯片及外围电路。停掉 P、N 端供电，单独为芯片上电 16.5V，采用上文所述的慢修步骤 4.3.2，落实芯片及外围电路的好坏。

④ 电源出现"打嗝"现象，各路输出电压都处于波动现象。故障指向过载故障，采用上文所述的慢修步骤 4.3.4，落实过载故障发生于哪路负载电路。

快修最终也离不开慢修的方法，慢修方法掌握到位，也就是快修的实现。

4.5　开关电源"打嗝"故障诊断

开关电源的常见且有一定判断难度的故障，是"打嗝"现象。

（1）开关电源"打嗝"的原因

① 欠电压保护动作之一：启动过程中供电端 7 脚电压低于 10V，引发欠电压保护动作。

因 7 脚自供电不足，8 脚 5V 消失，振荡电路停止工作所致。C2 电容高频特性变差（电容的 ESR 值过大），此时可能测量电容的容量值仍旧在标称值左右，容易做出误判。

② 欠电压保护动作之二：因 8 脚输出 5V 负载能力有限，当 8 脚对地有漏电元件使 8 脚电压低于 3.6V 时（或因内部电路异常），内部欠电压保护电路起控，6 脚停掉脉冲输出。

③ 过电压保护动作：1、2 脚内、外电压误差放大环节异常。如 2 脚采样输入电压信号高于 2.5V 时，1 脚低于 1V，引发芯片内部过电压保护起控，6 脚中断开关脉冲的输出。或因稳压失控各路输出电压过高，使安装于芯片 5、7 脚之间的电压钳位元件击穿（后文有叙）。

④ 过载保护动作：开关管开通期间，因输出电压回路存在过载故障，采样电压远低于额定值使稳压反馈开环，3 脚电流检测信号电压高达 1V，引发 U1 芯片内部的过电流起控动作，U1 的 6 脚脉冲中止或者间歇输出（和有无在 1 脚外部增设"过流锁"电路有关）。

（2）过载动作的产生原因

① 输出电压回路出现了过载故障。如整流二极管击穿短路、滤波电容漏电等，或负载电路的 IC 器件、电容器件等出现短路故障。

② 开关变压器 T1 输入绕组两端并联尖峰电压吸收回路有问题，如 VD2 击穿短路，或 C5 漏电、击穿等。

③ 开关管 Q1 源极串联电流采样电流 R4 阻值变大，或前检修者将电阻换错，引发错误的过载起控动作。

④ 电流采样信号消隐电路故障或参数偏差，如 C3 失效，R3 检修代换中取值过小。

⑤ 电源工作频率过低，通常原因为芯片 4 脚定时电容，在检修过程中代换时取值错误（正常值为 2000pF 左右，如误换为 100nF 等）。开关频率严重降低后，开关变压器 T1 感抗剧减，输入电流峰值增大，此信号电压经 R4 馈入 3 脚，引发芯片的过流起控动作。

4.6　对于"振荡小板"的故障诊断

有些开关电源电路，将开关电源的控制部分制作成如图 4-7 所示的立式电路板，称为"振荡小板"。采用将开关管、开关变压器及二次侧整流电路以外的振荡与稳压电路，集中于一个"振荡小板"上的方法，以达到精简电路、缩小电路板体积的目的。电路包含了电源芯片及外围电路、稳压反馈控制电路两个部分。

在故障检修中，如果先行确定了"振荡小板"外围（器件数量少，电路简单）电路元件，如开关管、开关变压器、二次侧整流电路都无问题，故障检修的重点便转移至对"振荡小板"的检修上来。而此"振荡小板"往往作为一个独立部件，垂直安装于电源/驱动板上，与周围开关变压器、开关管等元器件相交错，不易搭上表笔，检测起来相对困难。想彻底对"振荡小板"进行检修，一般需费劲从电源/驱动板上焊下进行检测，而脱机后如何上电验证"振荡小板"是否工作正常，也成为一个棘手的问题。真的是这样吗？

确认"振荡小板"的故障与否，并不一定要拆除下来进行独立检测，反复地拆装更容易造成故障范围的扩大化。在线上电检测确认是最好的办法，只有确认"振荡小板"确实有故障时，才需要拆下进行检测。而将其装回电路板之前，也一定要确认"振荡小板"是好的。因而，如何采用相关措施对"振荡小板"进行脱机检测，或者进一步，如何在线对"振荡小板"有无故障进行快速和较为准确的判断，在故障检修中，就显得非常有意义了。

4.6.1 "振荡小板"的电路构成

"振荡小板"的实物例图如图 4-7 所示，为 7 个引出端的电路板（也有 6 个接线端子引出的）。以 PC1 光耦合器为分界线，左侧为采样稳压反馈电路，右侧为电源芯片和外围电路。

图 4-7　开关电源"振荡小板"实物图

"振荡小板"的电路构成如图 4-8 所示，包含了稳压采样和芯片外围电路两个部分，不可或缺的关键引脚端子有 6 个，1、2 脚为输出电压采样信号引入，可推知 $V_{CC}1$、GND1 间电压为 +5V；5、6 脚为 U1 芯片供电电压引入端；3 脚为电流检测输入端，取自开关管的源极；4 脚为芯片 6 脚脉冲输出端，接开关管的 G 极。图 4-9 是"振荡小板"的一个电路实例，与图 4-8 的"精简版"电路是相符合的，可以相互参考。

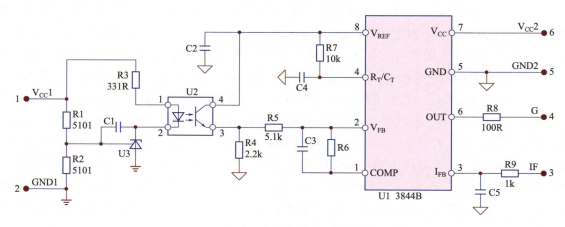

图 4-8　开关电源"振荡小板"的"精简版"电路图

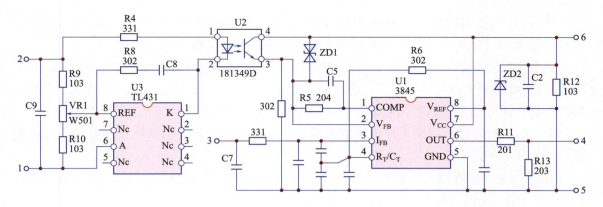

图 4-9　开关电源"振荡小板"电路实例

4.6.2　"振荡小板"的在线检测方法

在线诊断"振荡小板"的工作状态是否正常，首先要确定引脚功能，即落实工作电源的接入点和测量表笔的搭入点，为下一步的检测与诊断做好准备工作。

以图 4-10 所示的"振荡小板"电路实例为例，以开关管 M1 的 G、S 极作为测试标志，完成对小板各个引脚功能的判断。

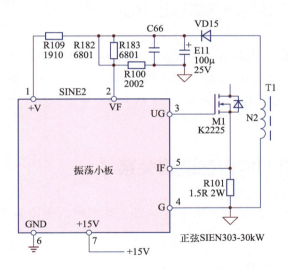

图 4-10　"振荡小板"各引脚的测量辨别示意图

① 与开关管 M1 的 G 极直通或经过 50Ω 左右的电阻相连接，即可确定该引脚为脉冲输出端。确定 3 脚是脉冲输出端。

② 若忽略 R101 的影响（电阻值为 1Ω 左右），则小板一定有两个引脚与供电 N 端相连。

a. 与供电 N 端直通的是"振荡小板"的供电负端；

b. 与供电 N 端之间有 1Ω 左右电阻的引脚为电流检测信号输入端。

由此确定 4 脚为"振荡小板"的供电负端，5 脚为电流检测信号输入端。

③ 芯片工作电源电路中的 VD15、E11 是明显标志，与 VD15 负极（或 E11 的正极）直通，或电阻值极小的引脚为供电正端。可以确定为 1 脚供电引入的正端。

电容 E11 端电压，经 R182/R183、R100 分压引入 2 脚，从 R182/R183、R100 的取值来看，R100 承担大部分的电压降，不符合电压采样电路的阻值比例，故基本上可以做出 2 脚为非稳压采样信号引入脚的判断——是过电压保护信号引入端。

4、6、7 脚为稳压反馈采样信号输入端，据 7 脚和运放器件的供电正端直通，可以判断采样电压为 +15V 左右。

"振荡小板"的在线故障诊断与检测方法，以图 4-10 电路为例，加以说明。单独为"振荡小板"上电 16.5V（限流 30mA）。

① 在小板的 1、4 脚接入工作电压，测 3 脚输出电压约为 7.5V（芯片为 2842B 时约为 15V），说明芯片及外围电路均无问题。

② 随后在芯片 6、7 脚施加 +15V 左右的采样电压，高于 +15V 时，3 脚输出电压变为零。

经过步骤①、步骤②检测，说明"振荡小板"是好的，故障在小板外围电路，没必要拆下小板进行检测了。

若步骤①、步骤② 有问题，再拆下小板进行故障检测。

4.6.3 "振荡小板"脱离电路板后检测注意事项

拆下"振荡小板"后，因与开关管脱离，电流检测条件被破坏，造成芯片 6 脚无脉冲电压输出，此时应将小板的 4、5 脚短接，满足芯片工作条件，再上电进行各点电压的检测，进而找出故障元件，修复小板故障。

4.7 芯片各脚之间的内在逻辑关系

参照图 4-11，捋一下 284x 系列芯片的内在工作机制，无论对原理分析还是故障诊断，都有莫大的益处啊！

（1）芯片 8 脚 5V 的出现

这是对 5、7 脚供电电压正常的确认。若 8 脚有波动电压出现，说明启动电路已有启动动作，故障为自供电不足或存在过载故障。

（2）6 脚与 1、2、3、4 脚的关系

① 正常工作中，6 脚输出脉冲的频率，取决于 4 脚频率基准。当 6 脚频率与 4 脚频率不再产生联系，一定是 1、2 脚的稳压控制环节的"强开强关"动作，影响了 6 脚频率，通常为稳压反馈电路中的积分电路失效所致，PI 放大器变为了电压比较器，供电侧回路的时

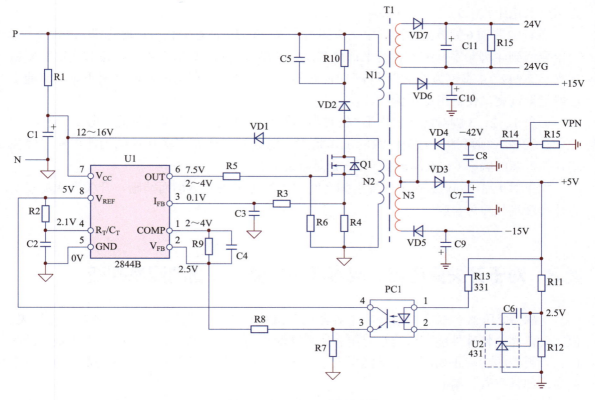

图 4-11　开关电源的电路模型

间常数决定了开关管的开、关频率。

②正常工作中，1、2 脚内、外部电压误差放大器，即 1 脚输出电压控制 6 脚脉冲的占空比，二者完全成比例关系。当 1 脚电压极高，而 6 脚脉冲占空比极小时，说明 1、2 脚对 6 脚脉冲占空比失掉主导权，已经改由 3 脚电流检测信号"发号施令"，实施了脉冲限幅动作，结论是有真的或假的过流信号（当 R4 电阻换错，会产生假的过流信号）存在。

③开关管的工作占空比最大，但各路输出电压很低，1、2、3 脚已经保持静默，一定是 4 脚基准频率值偏离正常值太多，如因定时电容开路，导致定时电阻和 4 脚寄生电容、杂散电容、线路等效电容参与振荡，使振荡频率数十倍升高，开关变压器的输入绕组的感抗剧增，储能变少，造成输出电压极低。

④检查所有负载电路（包含 N1 负载回路）均无过载现象，但电源仍然出现"打嗝"现象，或输出电压极低的故障，电路出现了不应有的过流保护动作，但已经排除了 3 脚电流检测电路的原因，那么一定是 4 脚的原因了。当 4 脚基准频率过低，使开关变压器的输入绕组的感抗剧减，流入瞬时电流达到 3 脚内部电路起控值，造成输出脉冲限幅，从而导致输出电压偏低。

⑤当稳压控制电路处于过电压动作状态，表现为 1 脚电压低于 1V，此时 6 脚脉冲占空比仍然较大，出现输入电源电压正常时稳压失控的局面（将供电电源电压调低后电路能

正常进入稳压状态）。

当1、2脚对6脚最大脉冲占空比失掉主导权，3脚电流检测信号同时也进入静默状态，一定要回到4脚频率基准的检查上：此时发生了定时电路RC取值不当，定时电阻的阻值远大于20kΩ，4脚锯齿波的"下坡"时间极短，导致开关管的关断时间严重不足，储能变压器能量过剩，使输出电压偏高。

如果1、2、3脚对此现状均不"发言"，背后的"操控之手"是4脚的"波形不合格"！

从③～⑤项可知，开关电源的工作状态一定是和工作频率密切挂钩的。电路已经振荡，但振荡的频率（和波形形状）不一定是合适的！

如果对上述284x系列芯片各引脚之间的内在逻辑关系透彻而清晰，开关电源哪里又有什么疑难故障可言呢？

4.8 对于开关变压器、电容器和整流二极管的测量判断

电感/变压器、整流二极管和电容器的常规检测工具，当然是数字或指针式万用表。但三类器件的特殊性能，恰恰是万用表所无法测出的。好坏与否，万用表下不了最终的结论。万用表的功能正如同一个全能型人才一样，门门都通干啥都行，但不能要求他各行都拔尖，都具有专、精的水准。

一块万用表，连一只整流二极管的好坏，其实都不能检测到位。举例说明：二极管的PN结出现了较大的（如高达500Ω）接触电阻，用万用表的二极管挡来测试其正向电压降，仍显示0.5V左右的导通电压值，结论是测试结果完全无效！如果把这一只坏的二极管当成了好的二极管，则检修就会"钻牛角"，疑难故障的成因大致如此。这是因为数字万用表的二极管测试挡，给出的测试电压为3V左右，给出的测试电流为1mA，测量一只500Ω电阻的电压降恰恰为0.5V。检修工作中，有些时候万用表给我们的检测数据其实是错的、假的，我们却误以为是对的、真的，这就成为悲剧了。因而更需要专业的设备，如ESR表或直流电桥来弥补万用表的短板，达到快速准确判断元器件好坏的目的。

4.8.1 整流二极管的在线检测

通常开关电源输出侧整流二极管采用高速型器件，耐压为百伏级别，电流为1~2A。实际的工作电流一般为数百毫安级别。

作者建议在线给出3V的测试电压，限流0.2A。将测试电压直接在线加于整流二极管的阳极和阴极两端，应显示电流值为0.2A，正向电压降为0.8V左右（此为整流二极管的正常工作压降，显然万用表显示的0.5V左右测试结果，是假数据）。

若正向检测时，显示电流值偏小，3V电压不降低，说明整流二极管已坏。

4.8.2　滤波电容器的检测

常规万用表的电阻挡，或电容表（一般测试频率为 100Hz 左右），对于滤波电容器的漏电和电容量两项指标的检测是差强人意的。当电容器交流内阻增大、高频特性变差时，一般的检测装备则无能为力。

举例：一只 ESR 值为 10Ω 的 100μF 电解电容器，作为 50Hz 交流电源的整流滤波应用，其 ESR 值近于可以忽略不计；若工作于 50kHz 的高频电源环境，因自身时间常数相对于电源周期过大的缘故，则出现既不能充电也不能放电的尴尬境地，完全不再具备电容器的功能。所以对电容的应用和检测，应该"低频看容量，高频看内阻"才对。

作者推荐采用直流电桥对电容器进行在线检测，据电容量的大小，适当选择测试频率：

① 几千微法级的电容，测试频率采用 100Hz 或 120Hz；

② 几十微法至几百微法电容，测试频率采用 1kHz；

③ 10μF 及以下，采用 10~100kHz 的测试频率。

采用串联测试模式下的数据，需同时关注三个量：

① ESR 值：大于 0.5Ω，为不良。新的好电容，此值在 0.1Ω 以下。

② 电容量：应不小于额定值的 20%。

③ D（损耗）值：不大于 0.2。

注意，若测试频率选择不对号，则出现过大的检测数据偏差，会导致检测无效。

4.8.3　开关变压器的检测

作者推荐采用直流电桥进行在线检测。选择测试频率为 10kHz。

① 将测试表笔搭接于开关变压器 T1 的 N1 绕组两端，正常电感量显示值为数毫亨；

② 用金属镊子短接其他任意某个绕组的两端，N1 测试电感量产生 10 倍左右的降低，如从 3mH 降为 200μH。

以上是对于绕组短路故障的检测方法。对于绕组匝间短路故障的检测，须对比同匝数同输出电压的两个绕组，如驱动电路的 6 个 24V 输出绕组。好的绕组电感量为 800μH，若测量某绕组电感量检测值比 800μH 偏低一半多，即该绕组存在匝间短路故障。

工欲善其事，必先利其器。直流电桥和示波表，是电路板检测的两大利器，不可不备。

第5章

开关电源的增补（可选项）电路

第3章、第4章中借助开关电源的固定模型电路，进行了原理解析和故障诊断方法的阐述，电路模型中展示了构成开关电源的基本要件/电路，如主工作电流通路、芯片外围电路、稳压反馈控制电路和供电侧/负载侧电路等，模型电路中展示了主要的不可或缺的构成部分（是必选项），其实构成开关电源的电路形式是丰富多彩的，并不仅限于电路模型所示。如芯片外围电路，在电路模型的基本框架之上，还可增设软启动电路，各种过电压、过电流的保护电路。另外6脚外围电路和N1绕组的尖峰电压吸收回路，乃至启动电路，都会有多种多样的电路形式，本章将基本电路以外的电路形式——增补（可选项）的电路部分进一步展示给读者，仍然从原理新解和故障诊断两个方面伸展开来。

5.1 N1 绕组并联的尖峰电压吸收回路

5.1.1 尖峰电压吸收回路的"备胎电路"（图 5-1）

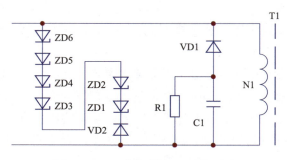

图 5-1　N1 绕组的备用吸收回路

常规尖峰电压吸收回路中，由 VD1、R1、C1 电路构成，开关管关断期间，C1 负载储能，开关管开通期间，R1 负责耗能。若出现 R1 耗能不足使 C1 两端电压高至 ZD1~ZD6 串联击穿累加值后，则 VD2~ZD6 备用吸收回路动作。

问题之一是：当 C1 剩余能量"恰好"时，VD2~ZD6 回路的"接力释放动作"能发挥作用，将剩余能量钳位于 ZD1~ZD6 的击穿值以内，这是非常侥幸的状态；当 N1 两端的反向感生电压远远高于 ZD1~ZD6 的击穿值时，VD2~ZD6 的放电回路因无限流作用，一次放电动作会造成串联稳压二极管中较为脆弱的一只或两只损坏。此后该吸收回路的工作环境更加恶化（耐受击穿电压值更为降低），最终的结果是 ZD1~ZD6 全部击穿，有时连带 VD2 也不能幸免。

ZD1~ZD6 全部击穿后，N1 负载加重，上电后开关电源产生"打嗝"的故障现象。在高、低压一块儿上电的检修过程中，会出现开关管和 ZD1~ZD6 稳压二极管一块儿发烫的故障现象。

问题之二是：当 ZD1~ZD6 全部击穿后，尤其是贴片稳压二极管的印字不能被识别时，应该换用击穿值是多少的元件呢？

N1 两端并联吸收回路的作用，是抑制开关管关断期间 N1 产生的反向峰值电压，提供开关管的反向电流通路，将此反向电压钳制在安全工作值内。此电压的产生和 P、N 端电压形成了串联相加关系，施加于开关管的 D、S 极上，如果开关管的耐压选择千伏级别，P、N 端供电为 500V 左右，则 ZD1~ZD6 总击穿电压值应以 500V 以下为宜。每只稳压二极管可选击穿值为 75V 左右，功率为 1W 左右。若手头有 120V 稳压二极管，则可以 4 只串联代用；手头正好有 US1G 整流二极管（$V_{RRM} = 400V$），也可以用一只反接代用。

5.1.2　N1 反向能量的双向处理通道（图 5-2）

这个说法也许不够准确和贴切。开关管 Q1 的 D 极所接能量泄放通路的作用：一是将 N1 感生电压用 RCD 钳位，以保障开关管的安全耐压区；二是帮助开关管建立"理想"的开关模式，使开关管工作起来更轻松，损耗更小。

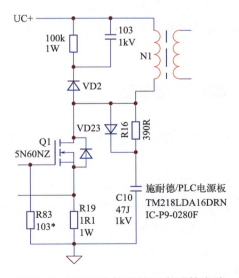

图 5-2　N1 反向能量的双向泄放电路

图 5-2 电路中，在常规 N1 端并联尖峰电压吸收回路之外，还增设了开关管 Q1 的 D 极至电源地的能量泄放回路，二者形成了开关管关断期间双向的"多余能量处理"通道。

当 VD23 和 C10 同时击穿损坏后，会出现 VD23 和 C10 崩炸、N1 绕组抽头烧损等故障现象。

5.2 芯片 7 脚启动电路的其他形式

5.2.1 为启动电路值班的是"兼职人员"

如果在开关电源电路中，在芯片 7 脚不容易发现启动电阻的踪迹，尤其是在检修中主电路储能电容板和电路板相脱离的状态下，那么需要考虑是不是由均压电阻 R1、R2 来充当启动电阻，如图 5-3 所示。

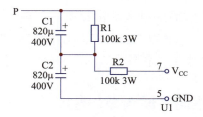

图 5-3 均压电阻兼作启动电阻

图 5-3 电路的不足是 U1 芯片的 5、7 脚必然存在一个供电电压差，因而电路的均压精度和效果不是最佳。

遇有这种情况，在检修中可以在 284x 电源芯片的 7 脚和供电 P 端之间，暂时搭接一只 300~700kΩ、3W 左右的"临时启动电路"，便于使开关电源满足启动条件，方便检测其工作状态。

5.2.2 有些"啰唆"的芯片 7 脚电路

为了改进"兼职"电路的不足，设计图 5-4 所示的有点"啰唆"的启动和均压功能的切换控制电路。

工作过程如下：上电瞬间，DC+ 端提供的起振电压 / 电流，击穿 Y4W 稳压二极管，经 4 只 56kΩ 的串联电阻和隔离二极管 A6s，将起振电压 / 电流送至芯片的 7 脚；电源起振工作后，芯片 8 脚输出 5V 电压，MOS 管 Q1* 开通，将启动电路"短接"到地。此时 4 只串联电阻作为"启动电阻"的使命结束，作为 C201~C205 电容的"均压电阻"的任务开始，顺利完成了角色的转换。

当 Q1* 产生漏电故障时，造成上电后芯片 5、7 脚的起振能量消失，开关电源不能正常工作，此时可暂且脱开 Q1*，若开关电源的工作能恢复正常，说明 Q1* 已经损坏；当 Q1* 产生开路性故障时，开关电源仍能正常工作，并不能表现出相关的故障现象来。

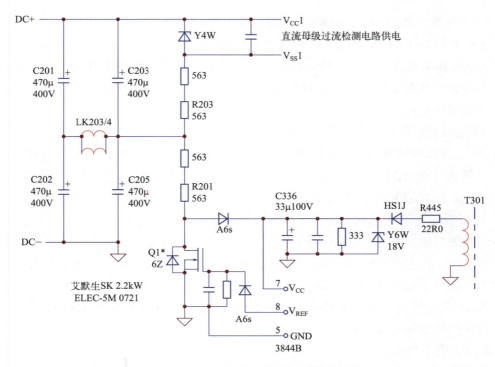

图 5-4　均压、启动功能的切换控制电路

所以对于 Q1* 来说，检修者只需关注其漏电和短路故障，一般不去关注（也不表现为故障现象）其是否有开路性损坏。Q1* 的 D、S 极间开路以后，启动电路的 4 只串联电阻，仍能完成储能电容的（均压效果不是很理想的）均压任务。

5.3　芯片 6 脚外围电路的不同形式

和汽车销售的产品配置形式一样，任一种功能的电路任务，都会有不同的数种设计方案，有的为"简化标配版"，有的为"复杂高配版"，这是因设计理念的不同所形成的差异。图 5-5 为电源芯片 6 脚外部不同的电路形式。

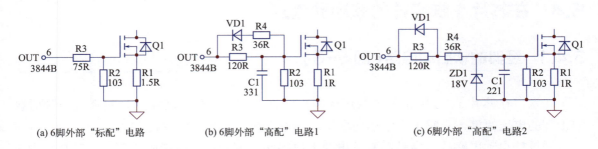

(a) 6脚外部"标配"电路　　(b) 6脚外部"高配"电路1　　(c) 6脚外部"高配"电路2

图 5-5　电源芯片 6 脚外部不同的电路形式

图 5-5 中的（a）电路是"标配版"，R1、R2、R3 的配置是必选项；其他电路则增补了

"可选项"的配置，如增加 C1 和 VD1、R4、ZD1 等。

图 5-5 中的（b）、（c）电路，是开关管 Q1 的"开通、关断各行其道"的具体实施。开通电压 / 电流回路走 R3（电阻值较大），关断的电压 / 电流回路则走 R4 或 R4、R3 的并联回路，以起到提高关断速度和关断可靠性的目的。

检修的原则是：

① 必选项的元件必须有，不能省略；

② 尽量照原样恢复电路 / 元件参数，但作为可选项元件，如果手头暂时没有 18V 的稳压二极管来代换 ZD1，可选用 17~21V 的稳压二极管来代换。对于 C1 的代换，则可选择 100~680pF 的电容量的元件来代换。

③ 可以看出，开关电路（包含开关电源）所用元器件的选择，比模拟电路有更宽大的参数范围和更好的灵活性。比如对 R3 的选择，针对 40kHz 左右工作频率的开关电源来说，从 36Ω 至 150Ω 的电阻值范围，可灵活选用。R2 的值，在 5~20kΩ 内，都不会有什么问题。

对于 6 脚外围电路的故障检测：

① 脉冲电压检测。因为 R3/R4<<R2，信号电压降的 90% 以上在 R2 端，若 R3/R4 两端产生较大的电压降，说明：

a. R3/R4 电阻值变大；

b. 开关管 Q1 的 G、S 极间有漏电元件，如 ZD1 击穿漏电、C1 不良、Q1 损坏等。

② 使用示波器 / 表观测波形。

强调：使用示波器 / 表观测信号波形，一定要同时看 3 个量——波形形状、频率值和电压幅度！

a. 芯片 6 脚和开关管 G 极波形的形状一样，但电压幅度偏差大，说明 R3/R4 变值或 Q1 的 G、S 极间有漏电元件。

b. 测量波形形状和电压幅度均正常，但频率值高达 300kHz 以上或低于 10kHz，故障指向芯片 4 脚定时电路。

c. 检测 6 脚为矩形波，但 Q1 的 G 极为"斜坡波"，则说明栅极电阻 R3、R4 电阻值严重偏大，以至于产生了对 G、S 极间电容的充电延迟现象。

5.4 在芯片 1 脚增补的软启动电路

5.4.1 经典的软启动电路（图 5-6）

注意：在芯片 1、2 脚正常的稳压控制电路之外增补的软启动电路，只在上电瞬时影响 1 脚的电压幅度，正常工作中形同虚设，并不干涉正常的稳压过程。

增设软启动电路的考虑是：开关电源上电瞬间，因为反馈电压尚未建立，芯片 6 脚输出为最大占空比的脉冲信号，开关管工作于最长的开通时间（直到 3 脚电压达到 1V 以上时，由限流动作来关断），有可能会造成输出电压过冲和增加电网侧的浪涌成分。

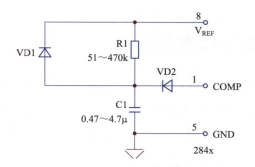

图 5-6　经典的软启动电路

工作原理简述：芯片上电瞬间，因电容两端电压不能突变，C1 端电压经 R1 充电逐渐上升，则芯片 1 脚的电压因 VD2 钳位作用也逐渐上升，芯片 6 脚脉冲占空比随 1 脚控制电压上升而逐渐加大，这就和戏剧舞台开戏前的拉幕动作一样，使开关电源输出侧电压也缓慢升高，直至稳压反馈信号建立，开关电源步入稳压轨道。此后 1 脚电压低于 C1 端电压，VD1 处于截止状态，软启动电路的任务结束。

R1 并联 VD1 的作用是，在停电瞬间提供 C1 的快速放电通路，是为了预防电源停电又瞬时来电时，C1 上电荷不能放净造成软启动失效的局面发生。

关于 VD1、R1、C1 等元件在检修中的参考取值，图 5-6 中已有标示，兹不赘述。

5.4.2　添加晶体管的软启动电路（图 5-7）

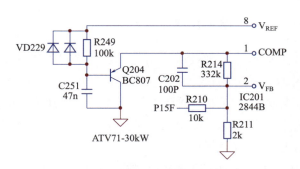

图 5-7　添加晶体管的软启动电路

这是一个施耐德 ATV71-30kW 的开关电源软启动的电路实例，芯片 1、2 脚在常规的稳压控制电路以外，又增补了由 R249、VD229、Q204、C251 等元器件组成的软启动电路。

晶体管 Q204 在工作中是射极电压跟随器的工作状态，上电瞬间，C251 端电压逐渐上升，芯片 1 脚做出跟随式上升，输出侧电压逐渐升高至电压反馈信号建立，此时因 Q204 发射极电压低于 C251 端电压（C251 充电完毕）而截止，软启动的任务由此结束。

当 C251、Q204 有漏电故障发生时，会将芯片 1 脚电压强制性拉低，造成开关管的开通、关断时间比例减小，甚至被迫处于全关断状态，使开关电源不能投入正常工作。

5.5　稳压控制电路的其他形式

在以上各章电路模型中给出 2.5V 基准电压源和光耦合器构成的前级电压误差放大器，以及由芯片 1、2 脚内、外部电路构成的后级电压误差放大器的经典稳压控制电路，而实际应用中，还有在此基础上大同小异的和差异较大的稳压控制电路的其他形式。

5.5.1　跨级式稳压控制电路（图5-8）

开关电源的模型电路中，是电压反馈信号先输入至芯片的 2 脚（内部放大器的反相输入端），经放大处理后，由输出端 1 脚输出，去控制 6 脚输出脉冲占空比的大小。

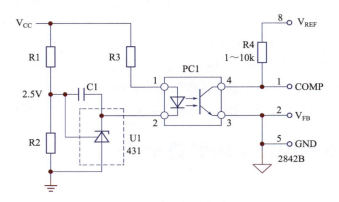

图 5-8　跨级式稳压控制电路

图 5-8 所示电路，则将芯片 2 脚接地，由光耦合器 PC1 实施对芯片 1 脚电压的直接控制，进而控制芯片 6 脚输出脉冲的占空比，实现稳压控制的目的。实际上是跨过了芯片 1、2 脚内部的电压误差放大器，让电压采样反馈信号直接控制开关管的开通、关断时间比例。据说此电路的好处是使控制环节减少，稳压控制速度上升了一个数量级。作者对此说法尚持有保留意见：控制性能得到优化了吗？

当此种控制方式遭遇输出电压的滤波电容的电容量取值偏大（多数滤波电容量在千微法量级），维修过程中开关电源又处于空载时，因供电电源回路时间常数过大，控制过程恰好又太过急促，图 5-8 电路的 PI 特性很难适应电源空载的工况，故上电后开关电源出现"打嗝"的"故障现象"：这种开关电源不宜空载，检修人员容易做出存在过载故障的误判断，把"正常表现"当作"过载故障"来检修，结论是怎么也找不出电路的坏件来，就悲剧了。

解决空载时的"打嗝"现象，方法是暂时在电压采样点，如 +5V 滤波电容两端并联 30Ω、3W 负载电阻（若采样电压为 +15V，则在 +15V 滤波电容两端并联 100Ω、5W 负载电阻），以增加输出电压的稳定性，适应电路的 PI 控制特性。若输出电压能够稳定下来，则说明电路并无故障，空载时输出电压波动现象是拜"跨级式"电路形式所赐。若仍然存在"打嗝"现象，则说明开关电源有过载或欠电压故障。

5.5.2　添加放大器的稳压控制电路

（1）添加一级运放电路（PI 放大器）的稳压控制电路（图 5-9）

稳压控制电路的代表性结构为 TL431 和 PC187 光耦合器的经典组合模式，布局上非常精当。

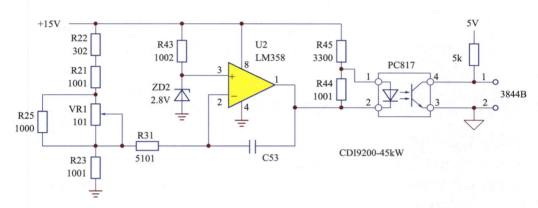

图 5-9　添加一级运放电路（PI 放大器）的稳压控制电路

本电路采用一级 PI 放大器和光耦合器处理电压误差信号，控制信号直接送入芯片的1 脚（芯片 2 脚接地，为跨级式信号输入）。电路的稳压目标为 +15V，由 R43、ZD2 取得2.8V 的电压基准，送入 U2 的同相输入端。由 R22、R23 等串联分压获取的采样信号电压（VR1 用于采样信号微调），送入 U2 放大器的反相输入端，C53 为积分电容。当采样电压等于电压基准时，说明开关电源进入稳压状态。若采样 > 基准，经 U2 控制使流入 PC817输入侧的光电流增大，3844B 芯片的 1 脚电压下降，6 脚输出脉冲占空比减小；反之，6脚输出脉冲占空比增大，达到稳压控制的目的。

该电路的常见故障表现为：

① ZD2 击穿损坏，基准电压丢失，导致稳压起控点超前，使输出电压极低；

② U2 损坏（1 脚对地漏电），导致过早的稳压起控，使输出电压极低；

③ 积分电容 C53（容量约为 0.22~1μF）失效（容量减小）或断路时，导致电源的运行噪声增大或出现"打嗝"故障现象。

（2）添加两级运放电路的稳压控制电路（图 5-10）

电路工作原理简述：U2*（TL431，2.5V 基准电压源器件），当 U2 的 K、R 端短接时，为"理想 2.5V 稳压二极管"，取得 2.5V 的电压基准经 R4 输入至 U1-2* 的同相输入端 3 脚；由 R10、R11 采样电路取得的输出电压采样信号（稳压状态为 2.5V），由电压跟随器 U1-1*处理后送入 PI 放大器 U1-2* 的反相输入端。电压基准与采样信号相比较，经 U1-2* 放大器形成 PC1 输入侧的光电流控制输出侧 3、4 脚等效电阻的变化，直接控制 U2* 电源芯片1 脚电压的高低，从而实现对 +15V 的稳压控制。

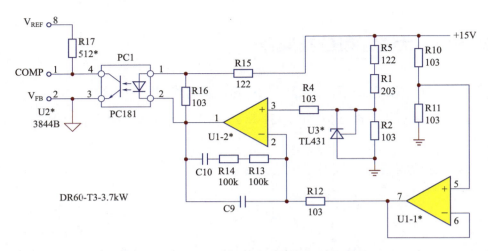

图 5-10　添加两级运放电路的稳压控制电路

电路异常时的检测步骤：

① 在 R10、R11 采样端上 +16V 电；

② 测 U1-2* 的同相输入端 3 脚是否为 2.5V。否，查 U3* 及外围电路。R4 上有明显电压降，U1-2* 芯片坏。

③ 测 U1-1* 输出端 7 脚输出电压是否略高于 2.5V。否，查 U1-1* 及电压采样电路的好坏。

④ 测 PC1 的 1、2 脚已有 1.2V 动作电压，测 PC1 的 3、4 脚电阻值远大于 1kΩ，PC1 坏。

5.5.3　反馈电压信号取自芯片工作电源

如果电压反馈的采样信号为电源芯片的工作电源，因稳压反馈信号与芯片电源"共地"，故不必采用 2.5V 基准电压源和光耦合器构成的电路，只采用简单的分压电路就能取得采样信号送入芯片的 2 脚。电路优点是结构简单可靠，缺点是输出侧 +5V、+15V 等都不再是"嫡系电源"，可能与额定值有较大的偏差，故在输出侧通常采用三端稳压器来保障 +5V、+15V、−15V 等电压的稳定与数值上的精准。

（1）反馈电压信号取自芯片工作电源 1

图 5-11 中，供电绕组 N1 的输出经 VD1、C1 整流滤波后取得电源芯片 U1 的供电电源；供电绕组 N1 的输出经 VD2、C2 整流滤波，负载电阻 R1 起到减弱电压波动的作用，由 R2、R3 分压电路取得电压采样信号，送入 U1 的 2 脚，控制 1 脚电压变化进而实现 C2 端电压的稳压，由 R2、R3 的阻值比例可知，当采样电压为 2.5V 时，C2 端电压（稳压的控制目标）为 15V。

VD1、VD2 是在 N2 绕组的同一点上并联整流后输出，供电电源与采样反馈是并联模式。

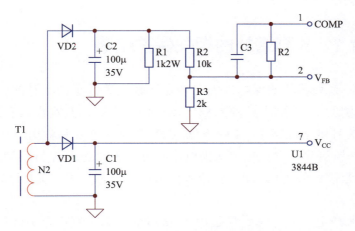

图 5-11　供电电源与采样反馈是并联模式

（2）反馈电压信号取自芯片工作电源 2

与图 5-11 不同的是，图 5-12 中供电电源与采样反馈是串联模式，VD6、C56 整流滤波后的直流电压，经 R62、R63、W1 分压调整后，作为电压反馈信号送入 U8 的 2 脚，实施稳压控制；隔离二极管和滤波电容 C30 取得的直流电压，则作为 U8 的工作电源，送入 U8 的 7、5 脚。

图 5-11、图 5-12 所示的稳压反馈控制电路的一个通病（以图 5-12 为例）：

当滤波电容 C56 失效，C30 仍然正常时，造成 C56 端电压的"虚低"。为满足 C45 端电位 15V 的正常，电源芯片增大输出脉冲占空比，其他各路输出电压被动升高，致使稳压二极管 ZD1 击穿损坏，造成开关电源停止工作的故障现象，而故障的根源在于 C56 失效！

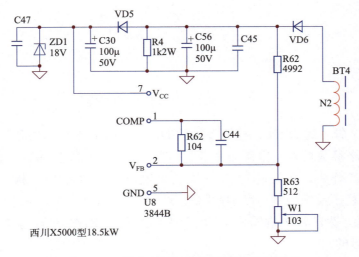

图 5-12　供电电源与采样反馈是串联模式

5.6　从芯片1、3脚增补的相关保护电路

应该说，284x系列芯片的保护性能已经是比较完善的了，增补的保护电路是保护功能上的"备胎"。例如1、2脚内外部的稳压反馈控制电路，其实也具有过电压保护功能，即2脚输入反馈信号电压过高时，1脚将低至1V以下，使6脚输出脉冲被停止；7脚和8脚内部，设有电压监测和欠电压锁定保护电路；另外3脚既是电流检测信号输入端，其内部电路也能产生过流保护动作，即3脚输入信号电压峰值达1V以上时，将强制产生关断开关管的控制动作。

增补过电压保护电路是考虑到当芯片1、2脚的控制反馈电路失效时，有可能稳压失控，发生输出电压大幅度升高的危险故障现象，此时增补的过电压保护电路"冲上一线"发挥作用，使电路处于保护停振状态（间歇振荡的"打嗝"状态或停止工作状态）。

5.6.1　变过压保护为过流动作电路1

把过电压信号引入电流检测输入端3脚，即将过电压保护变成了过电流动作。增补的过电压保护电路即图5-13中的虚线框内电路。

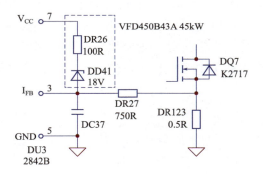

图5-13　"精简版"的过电压保护电路

在芯片供电7脚，经DR26、稳压二极管DD41的串联电路，为芯片3脚引入过电压保护信号。由电路参数可知，电源芯片5、7脚的供电电压高于19V左右时，DD41具备击穿条件。正常工作中，电源芯片5、7脚的供电电压一般为12~16V，DR26、DD41处于"休闲期"。当稳压反馈控制电路因故障失效，发生稳压失控时，芯片5、7脚电压达到DD41的击穿条件，为芯片3脚输入1V以上的"过电流"动作信号，强制关断开关管，达到过电压保护的目的。

电路易发生故障：

当DD41有漏电故障，或者击穿电压值变低时，开关电源上电后即在芯片3脚形成1V以上的信号电压输入，导致电源处于过载保护的故障状态之下。测各路输出电压为0V。

此时脱开 DD41，开关电源即能恢复正常工作，证明由 DR26、DD41 引入了错误的过电压保护信号。

5.6.2　变过压保护为过流动作电路 2

哲学上的结论，大概也能和电路的状态相符合，任何事物／电路总是表现为多样性，不会以单一的偶然的面貌来呈现。同一功能的电路，有"精简型"的电路形式在先，大概其就必有"复杂化"的电路形式在后，似乎也是个必然的和自然的规律吧。从软启动和过电压保护电路的电路形式上，均可以找到相对应的类型。

采用图 5-13 中 DR26 和 DD41 的电路形式，能将过电压信号引入 U1 的 3 脚。图 5-14 中添加 Q8、Q9 两只晶体管电路，也达到了同样的目的。正常工作状态下，ZD1、Q8、Q9 处于关断状态，不影响 3 脚正常电流检测信号的输入；过电压故障发生时，ZD1 击穿，Q8、Q9 相继导通，将 7 脚的高电位引入 3 脚，使电路产生过载（实质上是过压）保护动作。

当 ZD1、Q8、Q9 等元件有一个不良时，只要产生了流经 Q9 的"动作电流"，都会使 3 脚电压升高，由"过电压故障"引发电路的过载保护动作。

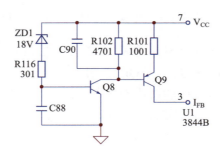

图 5-14　"复杂化"的过电压保护电路

5.6.3　"过压锁"电路

不采取额外的特定的措施时，284x 系列芯片的内部结构决定了，当欠电压、过电压、过电流的任意故障发生时，必然导致"故障信号发生→中止脉冲输出→故障信号消失→电源再度工作→故障信号发生……"的无尽的循环状态发生。具体表现为电源的间歇振荡，也就是俗称的电源"打嗝"现象。

消除故障发生时的"打嗝"现象，让开关电源在故障发生后保持静默，需增补"过压锁"或"过流锁"一类的，能将故障信号在时间上"保持得住"的控制信号，如将芯片 1 脚保持低于 1V 的低电平状态，在此过电压信号保持时间之内，开关电源将保持"噤声"，不再"打嗝"。图 5-15 所示为稳压反馈控制电路之外增补的"过压锁"电路。

特意消除"打嗝"现象的考虑是：

① 故障保护起控动作中带来的输出电压波动（也有可能产生电压过冲），对负载电路会带来不良的冲击，最好避免这种不良冲击。

② 这种"打嗝"毕竟是令某些设计人员生厌的现象，还是让故障中的开关电源"闭嘴"为妙。

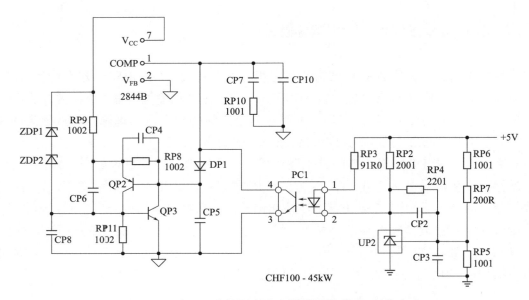

图 5-15　稳压反馈控制电路之外增补的"过压锁"电路

如图 5-15 所示，UP2、PC1 及外围电路构成了跨级式稳压反馈控制电路，略过不提。

稳压二极管 ZDP2、ZDP1 和晶体管 QP2、QP3 及外围电路构成"过压锁"电路。CP8、CP6、CP4、CP5 为消噪电容，CP8 的取值为数微法级，其他电容取值为百皮法至千皮法级。

晶体管 QP2、QP3 的集电极、基极互连方式，构成晶闸管效应电路，这是使过电压信号能够产生锁定效果的原因。动作过程简述如下：

正常工作过程中，CP8 等电容吸收上电期间的冲击和干扰信号，保障 QP2、QP3 处于良好的截止状态，曰源芯片 1 脚的电压完全受控于稳压反馈电路。

当稳压失控现象发生时，ZDP2、ZDP1 击穿（二者串联击穿电压值为 18V 左右），QP2、QP3 因产生雪崩式正反馈作用导致两只管子处于饱和导通状态，将芯片 1 脚电压钳制和保持在 1V（QP3 饱和电压降加上 DP1 的正向电压降）以下，芯片 6 脚停掉脉冲输出，开关电源因而保持静默。

要解除芯片 1 脚的过电压锁定状态，机器需要断电再重新上电，才能达成。

诚然，增补的"过压锁"电路有许多优点，但保护电路是双刃剑，正常时起到良好的保护作用，异常时起的是捣乱破坏作用，有时候电路的反作用甚至大于正作用：保护电路的加盟增加了电路的故障概率。

QP2、QP3 构成的"晶闸管效应电路"说明了电路的特点：

① QP3 的输入信号是脉冲式触发信号，瞬时信号足以使电路开通。

② QP3 的发射极接地，信号从基极进入的电路结构，说明即使是 1V 以下小幅度的干扰信号的输入，也容易使电路产生错误的锁定动作。QP3 发射结电路的消噪能力要足够强才行。

该电路导致的故障往往有"疑难色彩"：查无异常，停电在线测量 ZDP2、ZDP1、

QP2、QP3、DP1 等均表现正常，但开关电源上电后芯片 1 脚低于 1V，已经处于过电压锁定状态。

此时若脱开二极管 DP1，则开关电源的工作恢复正常。

原因：

① 电容 CP8 失效，或设计电容量偏小，如电容量设计值小于 1μF；

② ZDP1、ZDP2、QP2、QP3 等元件中有轻微漏电，上电后电路产生锁定动作。

③ 电路中 CP8 等消噪电容不良，导致电路易受干扰信号而触发。

5.6.4　"过流锁"电路

过流故障发生时的"打嗝"，是开关电源的常见故障，电路设计中增补的"过流锁"电路，则能在过载故障发生时，令电路进入稳定的静默状态。

（1）"过流锁"电路 1（图 5-16）

控制动作说明：

① 开关电源工作后，若 V_{CC} 供电电压已经正常建立，光耦合器 TLV1 处于持续导通状态，晶体管 T4 继续保持导通状态，晶体管 T6 则失去导通条件。此时由 TLV1 将采样电压信号送入 U4 芯片的 2 脚，进而实施稳压控制。

② 当过载故障发生时，V_{CC} 电压跌落至 TLV1 关断，T4 截止。U4 的 8 脚 5V 经电阻 E9E、R96、R93 为 C52 充电，经稍许延时晶体管 T6 导通，将 U4 芯片的 1 脚拉低为 1V 以下，6 脚脉冲电压停止输出，实现了过载停机保护控制。

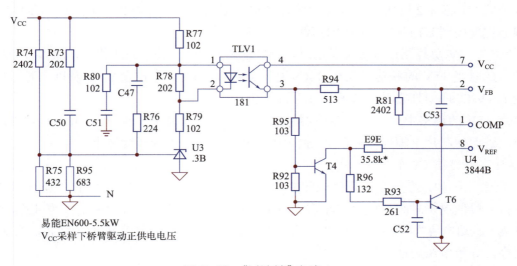

图 5-16　"过流锁"电路 1

开关电源停止工作后，若 U4 芯片的 5、7 脚电压不低于 10V，8 脚即能保持 5V 输出，T6 即能维持导通状态，电路从而锁定于由过流信号引发的过电压停机保护状态之中，不会出现"打嗝"现象。

"过流锁"电路本身故障会导致的故障现象：

① T1断路或T6漏电故障，均导致上电后U4芯片1脚电压低于1V时，电源停止工作；1脚电压偏低时，导致开关变压器次级输出电压普遍偏低的故障现象。

② 单独为U4芯片的5、7脚上电时，因光耦合器TLV1无导通条件，T6导通使1脚电压低至0V，U4会停止脉冲输出。此时可将T4的集电极和发射极暂时短接，"破坏"T6的导通条件，从而令U4进入"工作区"，便于检测U4及外围电路的好坏。

（2）"过流锁"电路2（图5-17）

"过流锁"电路的控制动作，和"过压锁"电路一样，最终将控制动作落实于芯片的1脚。其实，再加上各种形式的软启动电路，也要搭在1脚外围，造成芯片1脚外围电路的"庞杂"现象。

如上文所述，增补的各种控制电路，多数是和电源芯片的1脚产生关联。这给对芯片外围电路进行原理和故障分析，带来了"难度"。

如图5-17所示的电路，是一块"振荡小板"电路。因为在U1芯片的1脚增补了两种控制电路，落实这两种电路的工作原理以及身份，就有了一定的挑战性。

这也不要紧，饭要一口一口地吃。可以先行确定R1、C1、Q1、VD1的电路身份。稍加分析确定，Q1及外围元件组成的是软启动电路。剩下的Q2、C9电路，就可以独立分析了。

Q2、R4、C9电路身份的确认：

① "振荡小板"的1、2端子脚，为输出电压采样端，从R5、R6电阻的取值来说，稳压目标为+5V。正常工作中，光耦合器U2处于持续导通的状态，Q2随之处于导通状态，形成了将U1芯片2脚接地的效果。此时光耦合器输出端的4脚接于U1芯片的1脚，U2的导通程度控制U1的1脚电压的高低，实现稳压控制。

② 当+5V负载侧过载故障发生时，+5V的跌落使U2进入关断状态，晶体管Q2随之关断。此时当+5V的跌落时间至R4C9时间常数以后，C9充电至2.5V及以上时，1脚电压变为1V以下，U1芯片的6脚停止脉冲输出。

③ +5V的输出中止，U2、Q2的持续关断，使C9最终充电至5V，并保持住5V的高电位，进而使芯片1脚也保持在1V低电平的状态。开关电源持续静止。

U1芯片2脚C9电容的作用：

① 上电瞬间，在输出电压尚未建立，U2、Q2未及开通之前，C9的充电能使U1的2脚维持一段低电平时间，1脚故能有较高的电压输出，以达到电源起振工作的目的。C9又可称为"启动电容"。若C9失效或开路，上电瞬间2脚即为5V高电位，则芯片将失掉工作机会，导致电源启动失败。

② 单独检测图5-17所示"振荡小板"电路时，须先将C9暂时短接，以提供U1芯片的工作条件，便于检测U1芯片的好坏。

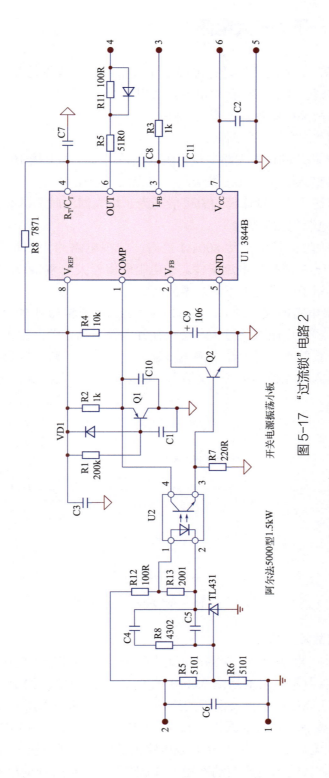

图 5-17　"过流锁"电路 2

5.7　专门说一下"三大电源"

检修电路故障，一般的常识是：电路工作失常，必有故障元件，找出（并代换）故障元件，故障必然修复。常识在任何情况下都适用吗？

有些开关电源故障的结论是：查无坏件，但工作失常。

先说一下何谓"三大"开关电源。

① 2844B 振荡芯片的供电支路串接电阻的阻值过大，如串接 10~91Ω 电阻（图 5-18 中的 R2）。常规电路整流滤波后直接供给，一般无限流电阻串入。供电支路串联电阻 R2 过大以后，增大了电源内阻（设计者初衷可能是为了增大滤波时间常数，使电源电压更加稳定），由此增大了电源起振失败率！

② 启动电阻的阻值偏大，达 800kΩ 左右，常规电路约为 200~750kΩ（图 5-18 中的 R1），以满足 0.5~1mA 的起振电流条件。该电阻取值若大于 800kΩ，则可判断起振成功的概率大大减小，甚至于造成上电不能起振的故障。

③ 开关管栅极电阻的取值过大，达 390Ω~1.5kΩ（图 5-18 中的 R3）。常规电路此电阻值约为 30~150Ω。栅极电阻取值过大，会迫使开关管出离开关区进入放大区，加剧开关管的工作损耗。更严重的影响是使输出侧电压建立迟滞甚至失败，因反馈稳压信号丢失，电源芯片仅靠 3 脚输入电流检测信号"说话"，实施了强制开关措施，造成电源的"打嗝"故障现象。

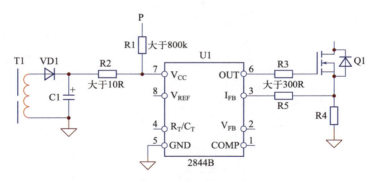

图 5-18　"三大电源"示意图

由此所造成的故障现象：

① 上电后测输出电压为零。电源不能起振工作，测各路输出电压为 0V，查无异常。

② 电源带载能力差。上电后测 2844B 的 5、7 脚供电电压约 10.8V，感觉偏低一些。开关电源空载（断开 MCU 主板及面板的连接）时，各路输出电压（如 +5V、+15V、−15V 等）为正常值；带载后，各路电压值偏低，如 +5V 降为 +4.3V、+15V 降为 +13V。面板显示 88888 或 ----- 或无显示。显然 +5V 负载电路因供电电压低不能正常工作。

③ 出现"打嗝"（输出电压波动不稳）的故障现象。按常规的检测手段对开关电源电路进行"通盘检查"，都不能找出问题所在。检修者如果将有疑点的电容、二极管、开关

管换新，往往也无效果。甚至于将开关电源电路的所有元器件全部换新（真有这么干的），仍然不能令其起死回生。

"三大电源"在故障表现上的"三大"特点：

① 故障检修过程中，未能确定哪怕一个的故障元件。

② 上电后测振荡芯片 284x 的 5、7 脚供电电压过低，如 7.6V 或较低的波动电压。操作显示面板不亮，测各路输出电压为 0V，显然开关电源没有正常工作。当 2844B 的 5、7 脚供电电压低至 10V，即欠电压锁定的临界点（如实测为 10.8V）时，会出现电源带载能力差的现象。

③ 电路不是"病了"，而是存在"亚健康"状态。不是需要代换性的"手术"，而是需要"调理"。

对于"三大电源"的诊治方法无它，变"三大"为正常，即为根本修复方法。其步骤是：

① 如果电路中存在 R2，直接将其短接。故障就此修复的概率最大。

② 有改善，但未彻底解决问题，进一步调整 R1 为 500kΩ 左右。可能就此修复。

③ 故障状况虽有改善，如"打嗝"现象变轻，或带载能力略有上升，继续调整 R3 为 75Ω 左右。将故障彻底修复。

"调理"成功后的开关电源，测量芯片 7 脚供电，多能恢复至 14V 左右。

"调理"的作用是改善微循环，改善电源芯片的工作环境，解决"系统管路的堵塞状态"，让工作能量流通起来，是从根本上彻底解决故障问题。

5.8　添加了各种"增补电路"的开关电源电路实例

图 5-19 给出一个开关电源的电路实例，比之电路模型，该电路实例增补了以下电路内容：

① 在芯片 7 脚增补了 Q4 电路，用于启动电压和供电电压的切换控制；

② 在芯片 1 脚增补了 R161、C109、VD38 的软启动电路；

③ 在芯片 1 脚增补了 VD37、Q6、Q7、VD36 等元器件构成的"过压锁"保护电路；

④ 在芯片 6 脚外围增补了"开通、关断各行其道"的 Q1 的控制信号回路。

增补电路的添加，从缺点方面看，是增加了故障隐患和故障概率。当检测电路模型中的"主干部分"没有发现问题，但电路仍然出现不能起振、输出电压偏低等现象时，应考虑到故障可能发生在增补电路部分。对于增补内容比较多的开关电源电路的故障诊断，可采用逐一脱开增补电路的方法，判断故障所在：

① 解除"过压锁"控制，脱开 VD36 后电路工作恢复正常，故障为"过压锁"电路不良；

② 摘除 Q4 后电路能正常起振，说明 Q4 电路不良；

③ 摘掉 C109 后电路输出电压升高至额定值，说明软启动电路不良。

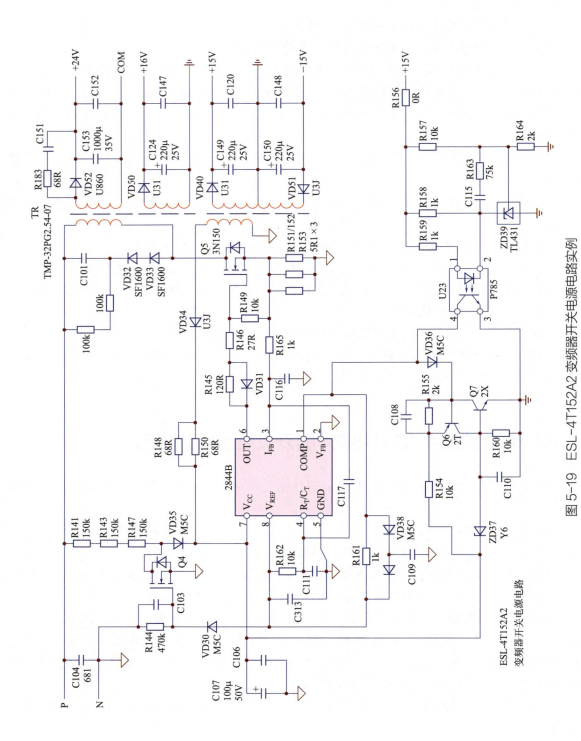

图 5-19　ESL-4T152A2 变频器开关电源电路实例

　　本章有关开关电源的增补内容暂且说到这儿。随着电子技术的发展和新的电子元器件的出现，以及新设备的出现和新的设计理念的形成（单就电路举例来说，本书或许会有过时的一天），关于电路的增补内容，似乎是永远也无法终结的课题。发现和总结，掌握和处理，是唯一的应对方案。我们总是行进在发现新的电路，接受新挑战的征程中，而这也正是研究和检修开关电源电路的魅力所在吧。

第 6 章

开关电源故障诊断 35 例

本章主要以变频器设备的开关电源电路的检修实例为主，说明对以 284x/384x 系列芯片为核心构成的单端他励反激开关电源电路的故障诊断方法。因为这些电路非常具备代表性。其实，凡是由 284x/384x 系列芯片为核心构成的开关电源，都是同一个类型的开关电源，电路的构成和工作原理、故障检测方法都是一样的。

实例 1

H3000 型 2.2kW 变频器开关电源不工作

故障表现和诊断 上电操作显示面板不亮，测变频器的主电路端子，整流和逆变电路的正、反向电阻值正常；测 MCU 主板控制端子的 24V 和 10V 控制电压均为 0V；测变频器主接线端子的 P、N 电压为 500V 左右。判断开关电源没有工作。

电路构成 为方便叙述，将开关电源的相关振荡回路简化成图 6-1。电路构成分析如下。

测量开关变压器 T1 的一次侧工作电流回路 N1、Q1、R1 等均正常，并检测负载回路，无明显短路故障，判断开关电源处于停振状态。

开关电源起振的正常工作过程简述：

变频器上电后，DC 500V（维修电源）经 R2 启动电阻，为 IC1 的供电 7 脚提供不小于 1mA 的起振电流，随后 8 脚 V_{REF} 端产生 5V 基准电压输出，R3、C1 定时电路与内部电路构成的振荡器电路得到 5V 电源而起振工作，在 4 脚产生锯齿波振荡信号，作为 6 脚输出频率的时间基准。6 脚输出 PWM 激励脉冲信号，开关管 Q1 导通，产生流经 N1、R1 的 I_D 电流，N2 产生感应电动势，经 VD1 和 C2 整流滤波后供给 IC1 的 7 脚，形成 IC1 的稳定工作电源。N2、VD1、C2 等元件，构成振荡芯片的自供电电路。

R1 为启动电路，只提供 IC1 起振工作的"触发电流"，使电路起振。而 IC1 的正常工作电流，则依赖于 N2 绕组及 VD1、C2 电路所提供。

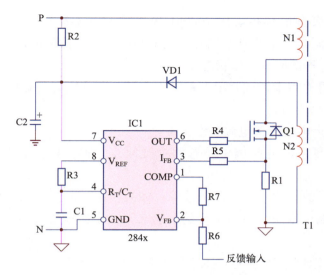

图 6-1 开关电源振荡回路的简化电路

看一下振荡形成的基本条件：

① N1、Q1、R1 工作电流通路是"通畅无阻"的；

② R1 启动电路是好的；

③ IC1 芯片是好的，4 脚外围定时电路是好的。

④ 输出电压侧 / 负载侧电路是好的，没有过载故障发生。

如果以"能量"的角度来看，在由起振到正常工作过程中，IC1 从电源吸取的约 1mA 的启动电流，仅仅是芯片待机状态的"准备电流"，启动动作所需的能量依赖电容 C2 放电所提供，此后若无 N2、VD1、C2 工作电源进行及时的能量补充，则无法保持 IC1 的持续工作和 Q1 的持续导通。表现为测量 IC1 的 7 脚供电电压，在 6~12V 之间摆动，测量 8 脚电压为零点几伏，6 脚输出电压为零点几伏。

故障分析和检修 测量 IC1 的供电 7 脚基本上为稳定的 15V，测 8 脚和 6 脚为 0V。此时 7 脚的电压是否正常，尚存疑：正常工作中的 15V 可视为正常，但上电瞬间电压若低于 16V，则不能越过芯片的 16V 起振阈值而导致电源不能正常起振。但此 15V 的出现，已经说明启动电路是正常的。

停掉 DC 500V 供电，单独在 IC1 的 7、5 脚之间施加 DC 17V 电源，检测 8、4、6 脚的电压值加以判断。检测结果为：8 脚输出稳定的 5V（正常）；4 脚为 2.3V（振荡电路工作正常）；6 脚输出电压为 8V 左右（此时因无反馈电压建立，输出脉冲占空比最大达 50%），输出激励脉冲电压正常。结论是：IC1 芯片及外围定时电路均是正常的，电路不能正常起振原因可能为 IC1 的自供电电路故障。

注意以下检测过程：

停电，检测 VD1 的正反向电阻均正常，拔下电容 C2，用指针式万用表检测其充电能力（表现为指针摆幅）均正常。依此判断结果，往下的维修方向就要调整了，不用再在自供电电路上下功夫了。

正好数字万用表有电容挡，用 2000μF 电容挡测量 C2 容量时，显示 0.33μF，换用 20μF 挡位测量时，同样。依此判断结果，是 C2 失效，无法为 IC1 补给充分的驱动能量，使电源处于停振、起振的间歇工作状态。

又掉过头来，再次用指针式万用表将同样容量的正常电容与 C2 测量摆幅相比较，C2 仍有"正常的"充放电能力！

更换电容 C2，上电后开关电源工作正常。

故障虽然是修复了，但此例中还有两个疑问点，揭开疑问，具有实际的检修引导意义。

① 对 C2 电容量的检测差异。本例故障，如果仅用指针式万用表检测，电容 C2 既有充放电指示，又无漏电电阻，应该是好的。那么下一步的检修就会南辕北辙，越走越远，钻了牛角尖儿。

但用数字万用表的电容挡测量，则得出 C2 失效的判断。

将两表的测量方法对比：前者相当于用直流电源，提供充放电电流；后者用一定频率的交变电流，测试电容的容量（性能）。可见，后者对电容容量的检测方法，要较前者为优。检测结果，是 C2 对交变电流的"容电能力"已经丧失。手头有两种万用表，对比测试会有令人惊奇的体验，能积累检修者的经验。

本例电容用指针式万用表和数字万用表测量电容量，所得出的截然不同的结论，这是应用性能不同的检测仪表或工具时所应当注意的问题！

② 7 脚电压的静态和动态。

a. 当从外部施加 17V 直流电源，电源能充分满足 IC1 输出能力的需求时，表现为 7、8 脚为稳定直流电压（4 脚振荡电压也是稳定的）。而一般情况下，PMW 脉冲输出端 6 脚因反馈电压尚未建立，其输出为最大占空比脉冲，测试直流电压可高达 6~8V。

6 脚脉冲电压的大小和有无，取决于 1、2 脚稳压控制和 3 脚的限流动作，当 6 脚输出电压为 0V 时，并不能因此判断无 PMW 脉冲电压输出，振荡芯片就已经坏掉。同时测量 1、2 脚（内部放大器）电压值，可以作出辅助判断，当测量 1 脚电压低于 1V、2 脚电压高于 2.5V 时，因达到内部电路的过压保护上限，导致 6 脚电压为 0V。或 3 脚电压高于 1V，过流起控也导致 6 脚脉冲电压为 0V，此时应对 1、2、3 脚外部电路进行检查。

上电期间，当 IC1 的 7 脚电压上升为 16V 起振阈值之后，8 脚输出 5V 基准电压，振荡电路具备工作条件，此时若起振能量不足，6 脚驱动电流的输出拉动 7 脚电压使其快速跌落（低于 10V），则表现为间歇振荡现象，此时测 7、8、4、6 脚电压，均为波动电压，并且幅值较小。

测量 7 脚电压虽然较高，哪怕已达 15V 以上，但尚未到达起振阈值，振荡电路没有工作，IC1 芯片不从电源吸取启动电流，表现为 8 脚的 5V 电压为 0V，7 脚的供电电压较为稳定。

确定芯片是否已经振荡工作，可用测量 7 脚供电电压是波动的还是稳定的，8 脚有无波动电压输出这两点加以辅助判断。若测量 7 脚为波动电压，虽测量 7 脚直流电压的最大幅度未达到 16V，8 脚电压仅为零点几伏，但可以确定 U1 芯片及外围振荡电路环节，都是好的。若测量 7 脚为稳定电压（但低于起振阈值），8 脚电压为 0V，则说明停振故障是由供电电压跌落（起振能量不足）所引起。

通常，R1 称为启动电阻或启动电路，实际上，供电端 7 脚所接电容 C2 也是启动电路的一部分。因 R1 电阻值较大（一般为 300~750kΩ 之间，芯片最小起振电流为 0.5mA，一般以启动电路提供 1mA 启动电流为宜），C2 较小的漏电电流（即使其漏电电阻在几百至上千欧姆），即形成对启动电压 / 电流的分压 / 分流，从而使启动能量严重不足。当其电容量严重下降时，使启动动力"后劲不足"而启动失败。而往往电解电容的容量下降与轻微漏电，二者又是同步出现的。

284x 的供电端 7 脚电容，相比于其他电路的电解电容，好像更容易"失容"或"失效"，作者在维修过程中已碰到过多例，说明这不是一个偶然的现象，其背后一定有更为深层次的原因。

b. 如果测量振荡芯片的 7、8、4、6 脚都有波动电压形成，哪怕 7 脚供电端的波动电压为 3~8V 以下，也说明芯片及振荡回路大致是好的，那么电路不易形成正常振荡的原因大致有两方面：一是芯片电源所提供的振荡能量不足，如启动电阻阻值变大或设计取值偏大（大于 700kΩ），自供电电路整流二极管或电容不良；二是因负载电路存在过流故障，引发芯片的过电流保护动作。前者的 7、8、4、6 脚波动电压幅值较低，后者的电压幅值较高。

如果配合测量电流采样信号输入端 3 脚电压值，可作出更为准确的辅助判断。当测量 3 脚近于 0V，则说明间歇振荡不是由过流原因所引起，检修重点在起振电路；若测 3 脚电压达 0.2V（用示波器检测，信号峰值达 1V）以上，说明故障系由负载电路过流所引起，检修重点在开关变压器二次侧整流滤波电路和后级负载电路。

将本例故障检修归纳为以下 3 点：

① 停振故障，单独为 284x 芯片提供 17V 直流电源，检测 7、8、4、6 脚电压，可快速确定芯片好坏及故障范围，是一个高效的好方法。

② 停振故障，先焊下 7 脚电解电容，测其容量（或直接代换试验），再检查其他环节，也不失为一个高效率的修复方法。

③ 8、4 脚电压正常情况下，6 脚无输出脉冲电压，1、3 脚为关键测试点——1、3 脚的电压状态决定 6 脚脉冲电压的有无和高低。

微能 WIN-9P 型 15kW 变频器电源 "振荡小板" 的检修

电路构成 图 6-2 所示电路为作者在故障检修中，据实物测绘出的 WIN-9P 型 15kW 变频器开关电源电路，虚线框内为 "振荡小板" 内部电路。从图 6-2 中可以明显看到，"振荡小板" 作为一个独立部件，为 6 线端元件，其中 VG+、VG− 为振荡芯片 3844B 的供电电源引入端，+5V、GND 为输出电压采样信号引入端，G 和 IF 则为脉冲信号输出端和电流反馈信号引入端。

故障分析和检修 以光耦合器 U1 的输入侧和输出侧为分界线，分为输入侧和输出侧两部分电路，在线或脱机状态下，分别提供 U1 输入侧电路和输出侧电路的供电电源，单独完成对 "振荡小板" 的检修和故障确认。

从 VG+、VG− 端接入 17V 的直流电源，以满足振荡芯片的起振工作条件。注意，若在脱机状态，必须将小板的 IF 端与供电地短接，以防因 3 脚悬空形成静态高电平，导致内部电流保护电路动作而禁止 6 脚脉冲信号的输出！此时若振荡芯片 U2 及外围电路元件是好的，则采用直流电压挡，能测到以下工作电压：

① 首先，能在 U2 的 8 脚检测到稳定的 5V 电压；

② 继之，在 U2 的 4 脚检测到 2.1V 左右的振荡（稳定）电压输出；

③ 随后，在 U2 的 6 脚检测到值为供电电源电压值一半左右的脉冲信号电压输出。

以上检测，若步骤①、②检测都异常，先换掉 U2 再试。若步骤①、②检测正常，在 6 脚无法测到脉冲电压的输出，首先确定 3 脚是否为 0V 低电平（不为 0V 时，应查 R7、R151、R135、R136 有无断路），继之检测 1 脚电压若低于 1V，检查 1、2 脚外围电路，有无漏电或短路元件。排除 1、2 脚外部故障后，则 1 脚电压上升为 4~7V 以内，随之将会在 6 脚测到正常的脉冲信号输出。

一般经过步骤①～③，便可以找到故障原因或确定振荡电路的好坏了。

光耦合器 U1 的输入侧电路，如图 6-3 所示。这是一个输出电压采样与处理电路，从整个电压反馈处理电路来看，U1 输入侧与输出侧（即振荡芯片 U2 的 1、2 脚内、外部电路）构成了一个电压反馈放大器电路。若以线性稳压的眼光来看，输出 +5V 高低的变化，导致了 U1 输入侧光电流的变化，引起输出侧 3、4 脚导通电阻的变化。

在 +5V、GND 端送入 0~6V 的可调直流电压信号，以满足图 6-3 电路的电压采样条件，观察 U1 输出侧电阻或电压的变化，可大致判断电路是否处于正常状态。

稳压反馈回路（图 6-3）的检测方法：

① 在停掉 VG+、VG− 端供电的情况下，可以检测 U1 输出侧 3、4 脚之间的电阻值。

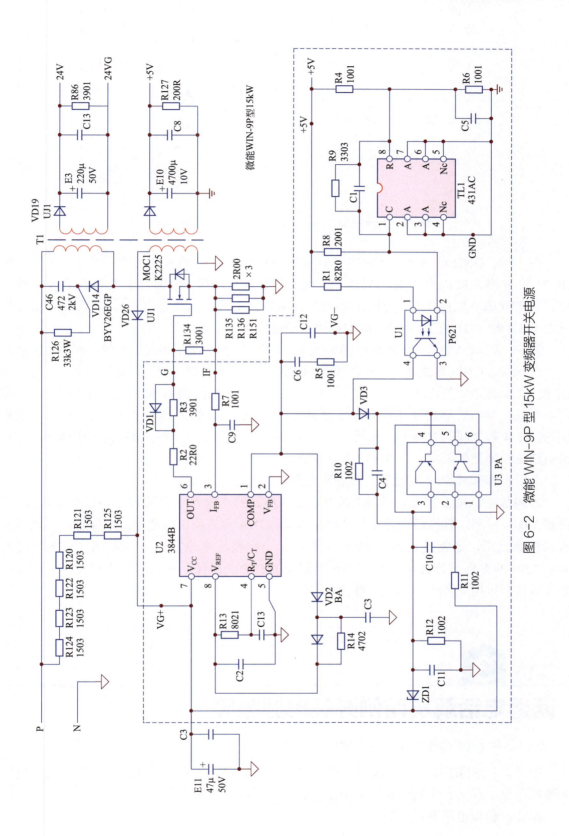

图 6-2　微能 WIN-9P 型 15kW 变频器开关电源

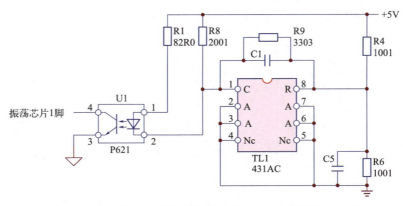

图6-3　开关电源的输出电压采样电路（稳压回路之一）

在 +5V、GND 端送入 0~6V 的可调直流电压信号，当输入信号电压低于 5V 时，测 U1 的 3、4 脚之间的电阻值，指针式万用表黑表笔接 4 脚（数字万用表红表笔接 4 脚），应为数千欧姆且保持不变（万用表类型和电路设计不同，此值会有差异）。当输入信号电压大于 5V 时，U1 的 3、4 脚之间的电阻测量值应小于 1kΩ。

② 在 VG+、VG− 端引入供电的情况下，可以检测 U1 输出侧 3、4 脚之间的电压值。

在 +5V、GND 端送入 0~6V 的可调直流电压信号，当输入信号电压低于 5V 时，测 U1 的 3、4 脚之间的电压值，应在 5~7V 之间。同时，检测振荡芯片 6 脚的脉冲信号，应在正常输出状态。若测量电压异常，更换 U1 后再试。当输入信号电压大于 5V 时，测量 U1 的 3、4 脚之间的电压值，应低于 1V，此时检测 U2 的 6 脚输出脉冲信号电压变为 0V，说明稳压控制是生效的，图 6-3 电路是好的。

采用步骤①或步骤② 检测，都能确定图 6-3 电路的好坏。

本例故障，依上述方法检测"振荡小板"是好的，检查重点转移至小板外围电路上，查到 VD14 短路，代换后电源工作正常。注意 VD14 为高反压高速整流二极管，不能用普通二极管代用，通常选用耐压 1000~1600V，正向整流电流值为 1A 或 2A，反向恢复时间 ≤ 75ns 的器件进行代换。本例采用直插型 HER205 器件，两只串联进行代换。若采用贴片器件，可用 ES1M 等类似器件代换。

实例 3

两通电话解决两例开关电源故障

（1）芯片 4 脚电容坏掉导致输出电压极低

甲学员：2844B 开关电源故障，输出电压极低，+5V 为零点几伏，+15V 为二点几伏。无过载现象，和另一个同学查了半天了都找不到原因，想请教老师。

作者：稳压电路查过了吗？

甲学员：查过，一些怀疑的电解电容、TL431、光耦、开关变压器等都换过，无效。

作者：为什么要换？！确认都已经坏掉吗？！

甲学员：……

作者：用示波器测过 4 脚振荡波形吗？

甲学员：测过，波形为锯齿波，电压幅度也够。

作者：频率值是多少？

甲学员：未注意。

作者：测波形不看频率值，快找个山沟沟，麻溜儿地把示波器扔了吧。

甲学员：老师等会，马上测。…… 4 脚频率值为 684kHz。

作者：好的，把芯片 4 脚电容焊下来测下。

甲学员：老师，焊下来电容是两瓣儿的，已经断路了啊。

作者：行了，找个合适的电容换上去，回复我。

甲学员：好了老师，输出电压都正常了。为何电容断路了，4 脚和 6 脚还有波形呢？

……

（故障原理分析可参见本书第 3 章 3.2 节）

（2）稳压反馈电路中采样电路的接地分压电阻断路，导致 +5V 变为 3.1V

乙学员：开关电源输出电压偏低，但是检查不出异常。

作者：开关电源的工作频率测过吗？是否有过载故障存在？芯片 3 脚电路有问题吗？

乙学员：以上都查过。老师，是不是稳压反馈控制电路的问题？

作者：难道不是上手就要先查一下稳压电路的吗？

乙学员：查过，感觉不对，只是换了 TL431，仍然无效。

作者：+5V 输出电压确定是 3V 左右吗？故障指向 TL431 的 R 端接地电阻开路，查下。

乙学员：对的老师，R 端接地电阻标注为 512，在线测量都大于 20kΩ 了。

作者：换掉告诉我。

乙学员：已经恢复正常。

……

（故障原理分析可参见本书第 3 章 3.2 节）

实例 4

赛斯 SES800 型 55kW 变频器电源"负载异常"

< 故障表现和诊断 用户反映：机器在应用中发出爆响，上电后无反应。原计划返厂家维修，可能由于某些原因未能谈妥，后转送我处维修。

检查：观察制动开关管连接铜排处，有闪络造成的铜珠，但细查逆变模块、整流模块与制动开关管（也为 IGBT 模块）均无损坏。

清除电弧闪络造成的氧化物，对相关线路进行绝缘强化处理。

电路构成 如图 6-4 所示。开关变压器 TR1 的初级绕组、开关管 Q1 和 S 极串联（电流采样）电阻 R44、R45，构成开关电源的主电路；U11 振荡芯片和外围器件构成脉冲生成电路，其中芯片 7 脚和 1 脚之间由 Q2、Q3、C29、VD9 等元器件构成的"过压锁——晶闸管效应"电路，起到稳压失控时停止开关电源工作的过电压保护作用；稳压控制电路，仍为基准电压源加光耦合器的经典组合电路。

本电源提供整机控制电路的 10 路左右的电源电压供给，图 6-4 中只画出了 +5V 整流滤波电路。

故障分析和检修 观察开关电源电路，U11（开关电源芯片）已被前维修者拆除。据外围电路判断，应为 UC284x 系列芯片。检查外围电路，颜色正常，好像除拆掉电源芯片处，其他元器件问题不大。试测量 Q3、Q2、ZD1 等元器件，感觉不对头，除 Q2 短路外，其他元器件都似乎处于开路状态，如 VD9 明显是个二极管器件，在线测量正、反向电阻均极大。为慎重起见，最后拆下光耦 PC1，测量 PC1 的输出侧也已经开路。

由此索性将 U11 外围所有元器件细测了一遍，更换 ZD1、Q2、Q3、PC1、VD9（似乎稳压控制环节所有晶体管元器件无一幸免）以后，试换 UC3844B，上电试机，测 +5V 输出，在 3.2~4.1V 左右变化，偏低，不稳定。细听开关变压器发出细微的"吱、吱"声。测量 +15V 输出，更低，在 1~2V 左右变化。

本电路的稳压及脉冲生成电路都已检查，并换过坏件。又下手将各负载电路检查了一遍，未发现明显过载现象。

后细致观察线路板上元器件，发现开关变压器初级绕组上并联的吸收电路中的 C4 外观有变化，拆下观察，电容上已有了裂纹，测其电阻，为 3kΩ 左右。

用耐压 2kV，容量标称为 103 的电容代换，试机正常。

检查过载故障，如果将视线仅仅局限于各个供电支路，如 +5V、+24V 和驱动供电支路等，是不够的。其实，从电路的整个布局看：

① VD2、VD3、C4 和 R5、R10 仍旧是开关变压器 TR1 初级绕组的负载。

② 如果排除一切负载电路后，开关变压器则为开关管的负载。当变压器发生绕组短路或匝间短路故障时，也会表现出输出电压偏低且波动的过载现象！

故上述二者，也应归于负载电路过载的故障范畴之内。

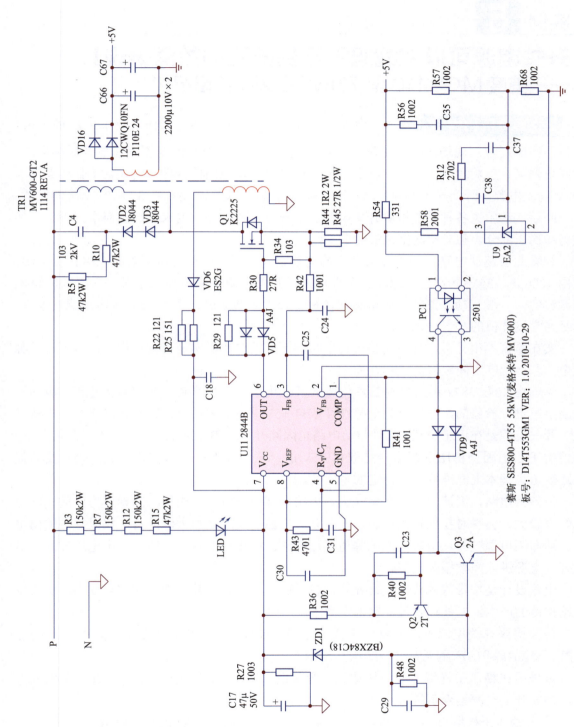

图 6-4　赛斯 SES800 型 55kW 变频器开关电源

实例 **5**

开关电源可以空载吗？不是故障的故障表现！
——美度 MCS410 型 75kW 变频器检修纪实

<　**故障分析和检修**　修理一台 MCS410 型 75kW 变频器，工作现场上电后跳 Eroc1 故障，不能复位。现场测主电路没有问题，判断故障出在驱动或电流互感器及后续电路。拆回机器后，就将电源/驱动板拆下，想先行检测驱动电路的问题。为电源/驱动板送入 500V 直流电源，听到开关电源发出"唧、唧"声，测 +5V 输出电压在 3.8~10.5V 之间摆动。

此后，动用了各种手段检测开关电源，未查出坏的元件，也未查到是何电路不良，如振荡和稳压部分，独立检测全是好的。

细看此板驱动电路，一大片大个头的电解电容，原来驱动电路所需的六路正负电源，皆由 1000μF、35V 电容进行滤波。个人以为，开关电源本来是高频电源，无须大容量电容滤波的，一般驱动电路的滤波电容取值很少超过 470μF 的；再看 +5V 等电源滤波电容，也是通常设计值的 3~5 倍以上。

实在检查不出异常，又想起整机连接状态下开关电源明明是正常工作的，拆下后单独上电，怎么就产生间歇振荡了呢？

修理由 284x/384x 系列振荡芯片构成的开关电源，一般来说，是可以为电源/驱动板独立上电进行检修的，稳压反馈信号往往取自 +5V 供电，在与 MCU 断开连接时，也就是说，开关电源是在近乎空载（此时驱动电路也因断开与 IGBT 的连接，而处于空载情况下）的情况下。也因为稳压反馈信号是取自 +5V 的，从道理上讲，即使是空载，+5V 及其他各路输出也基本上能维持一个稳定的电压值。

但该例电路，因滤波电容容量较大，电路全部空载时，二极管瞬间导通形成的充电电流幅度较大，会瞬时拉低输出电压，此时开关电源的反应是加大脉冲占空比以提升输出电压。随即因电源空载，电容上充电峰值又远远超出稳压起控点，故造成输出电压过冲，引发开关电源进入间歇振荡状态。

电路设计是按带载模式下设计元器件参数的，其电路参数不能匹配空载状态，故引发间歇振荡的产生。非故障表现，实为电源空载所致。

单独检修开关电源时，为稳压采样电路，如果提供一定的适度的负载，是否能避免"输出不稳故障"的产生呢？

可采用在稳压采样端（如 +5V 滤波电容两端，或 +15V 滤波电容两端）并联负载的方法，判断开关电源是否正常：

　① 若稳压采样取自 +5V，可在 +5V 供电端，并联 30Ω、3W 的负载电阻；

　② 若稳压采样取自 +15V，可在 +15V 供电端，并联 100Ω、5W 的负载电阻；

　③ 若稳压采样取自 24V，可在 24V 供电端，并联 200Ω、5W 的负载电阻。

目的是提供 100~200mA 左右的负载电流，减弱稳压反馈信号的波动，使输出稳定。

找到一只 20Ω、3W 电阻，接到 +5V 输出端，上电测 +5V 输出电压，非常稳定了，电源也不再产生异常的"唧、唧"声。在排除 Eroc1 故障电路后，连接 MCU 面板及显示面板，可以正常显示与操作运行了。

检修小结

虚惊了一场。开关电源原本是好的嘛。开关电源不能空载的电路，至今碰到了两例。空载出现间歇振荡，而又查不出故障原因时，可以为其加入负载再试，也许就解决问题了。同时要形成一个观念，变频器开关电源也是需要带载的，空载时可能无法正常工作！莫把正常当故障，反之，就钻牛角尖了。

实例 6

德力西 CDI9200 型 30kW 变压器开关电源输出电压低

故障表现和诊断　德力西 CDI9200 型 30kW 变频器，上电操作显示面板不亮，测控制端子 24V 仅为 2.4V，端子 10V 调速电源近于 0V。判断为开关电源故障。

电路构成　该电路同上述由 284x 构成的开关电源电路大致相似。稍有不同的是稳压反馈，采用运放和光耦合器的组合电路，与基准电压源 + 光耦合器的模式稍有不同，但在控制原理上，仍然是一样的。如图 6-5 所示。

稳压控制原理简述：

由 R43、ZD2 形成 2.5V 的比较 / 基准电压，与 R22、R23 等元件构成的采样电路输出电压相比较，当采样电压高于 2.5V 时，U2 输出端 1 脚变低电平，光耦合器导通，振荡芯片 1 脚电压随之降低，其输出脉冲占空比减小，输出电压回落。反之输出电压回升。

故障分析和检修　为图 6-5（a）电路单独外加 0~16V 电压试验，同时监测 U2 的 1 脚或 PC817 的 1、2 脚电压：

① 测 U2 的 3 脚 2.5V 比较基准正常；

② 测 U2 的 2 脚采样电压正常，当供电电源为 15V 时，此点电压为 2.5V；

③ 但测 U2 的 1 脚电压，在其 3 脚电压低于 2 脚电压时，一直处于较低电平，测量 R45、R44 电阻均无断路，由此判断运算放大器 U2 已经损坏。代换 U2 后故障排除。

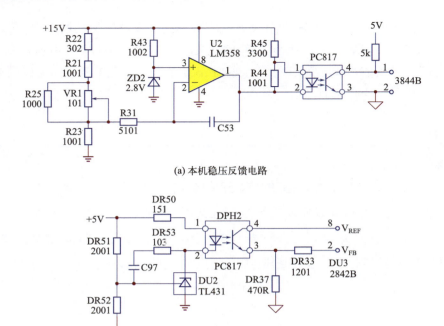

(a) 本机稳压反馈电路

(b) 常见稳压反馈电路的形式

图 6-5　本机稳压反馈电路与常见稳压反馈电路形式

实例 7

德力西 CDI9200 型 22kW 变频器开关电源稳压失控

故障表现和诊断　接手的这台变频器，开关电源处于间歇振荡状态，测各路输出电压都极低且不稳定，如 +5V 仅为零点几伏，+15V 输出仅在 2V 上下波动。由故障现象分析，该电路芯片及振荡环节应该没有问题，排除负载电路方面的原因后，判断故障根源在稳压电路（图 6-6）。

故障分析和检修　为确定电压信号反馈电路是否正常，单独给 U2、PC817 提供 0~17V 可调电源，用指针式万用表的电阻挡同步测量 PC817 的 3、4 脚之间的电阻值（黑表笔搭 4 脚）。正常情况下，在未加电或供电电压低于 15V 时，3、4 脚呈现高阻值（如 5kΩ）；当供电电压高于 15V 时，3、4 脚之间变为 1kΩ 以下的低阻值，如 300Ω 左右。

　　检测结果如下，只要给图 6-6 电路送入供电电压，哪怕此电压低至 3V，PC817 的 3、4 脚即变为低阻，说明稳压电路实现了"超前的误稳压控制"，强制使电源进入间歇振荡状态。详细检测后发现 R21 在线检测电阻值远远大于 1kΩ，拆下测量，该电阻已经断路。该电阻的断路，使 U2 反相输入端 2 脚的电压为 0V，3 脚基准电压总是高于反相端采样信号，

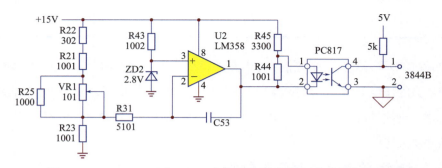

图 6-6 CDI9200 型 22kW 变频器开关电源电路中的稳压电路

故 U2 的输出端 1 脚一直保持高电平，PC817 失去得电条件，开关电源处于稳压失控状态。

若上述分析成立，PC817 将丧失得电开通条件，开关管将以最大占空比输出，会出现输出电压超额定值，大部分电路烧毁冒烟的情况。但故障表现却为输出电压偏低——而且实测 PC817 的 3、4 脚电阻在采样电压远远低于 15V 时，就产生了误导通现象！结论是还另有故障元件存在。

用 1kΩ 电阻代换 R21 后，检查 U2，已为前维修者代换过，为了解除疑问，直接用网购的贴片 LM358 进行了代换，然后对图 6-6 电路施加 0~17V 可调电源试验，随供电电压的变化，U2 的 1 脚也有相应的输出电压变化。

为开关电源引入 DC 500V，还是间歇振荡，且 +15V 输出电压幅度较低。将这部分电路测绘了一下。测量 U2 的 3 脚 2.5V 基准电压和 2 脚输入采样信号电压，都是正常的。从电路的静态看，U2 就是一个电压比较器的接法，输出状态就是 2、3 脚电压逻辑比较的结果。测 1 脚电压随输入电压有变化，但不是比较器输出状态，似乎进入了线性放大区。怀疑的重点在 C53 身上！若 C53 有漏电，则相当于在 U2 的 1、2 脚之间并入了反馈电阻，则电路便由电压比较器（或动态积分放大器）变身为反相放大器了。用烙铁焊下 C53，上电后故障依旧。判断 U2 损坏。用贴片 LM358 代换，连换三片，竟是都不能正常干活！并且三次代换后，出现了三次不同的电压输出状态，要么在 2 脚电压高于 3 脚时，变为 6V 或 7V，但不能变为 0V，要么是保持一个 12V 高电平不变。这就不对头了，只要芯片是好的，三次代换应该是一个结果才对，产生了两个甚至三个不同的结果，只能说明购得的这批芯片质量不佳，不能应用！手头另有 47358（宽体芯片），以前用过，质量没有问题的，代换后上电，故障排除了。

检修小结

由此引出下文所涉及的几个问题：

① 网购 IC 器件，即使是新的，也未必是好的。在确诊故障后，新换芯片不能正常干活，有必要用同型号或同类型芯片另行替换。不要认死理儿：新换的一定是好的！如此检修会进入死胡同，不但劳而无功，而且会失去检修方向。

② 如图 6-6 所示电路，静态时为典型的电压比较器电路（虽然 C53 的引入对电路动态而言有积分的作用），输出是对两路输入信号进行逻辑比较的结果，这是确定无疑的，静态测量如果出现线性放大的结果，则是一种电路的异常状态，不是外围电路坏掉，就是放大器本身质量欠佳！

③ 普通运放电路的单电源应用的表现问题。

大家都知道，LM358 运放电路适用单电源供电（同时也适用双电源供电）。在单电源供电（如 15V）且又用作电压比较器时，输出端只有两个状态，要么是高电平，要么是零电平，两者的电平状态非常鲜明，不存在低于 13V 和高于 0V 的中间状态。

通常，双电源运放器件，如 LF353，当采用单电源供电且用作电压比较器时，输出状态的转换就不是那么干脆了。如本例电路，当采样电压低于 15V 时，输出电压为接近电源电压的高电平。但当采样电压高于 15V 时，输出电压回落，但不能回落至 0V，输出端仍有 5~7V 电压的存在。这是其内部电路结构所决定的。与单电源运放确实有较大的差异。故应用时，不宜用双电源器件代换通用型器件。

实例 8

开关电源的噪声来源

> **故障表现和诊断** 开关电源的各路输出电压都正常，也能正常操作运行，但电源工作时发出较大的噪声，是比较令人挠头的事情。这种电源噪声，轻者是不稳定的"咝咝"声，重者是"哧啦哧啦"（形同拉弧）的声音，虽然临时看来，电源尚能正常工作，但心底总有一种不踏实的感觉存在，总是觉得这种噪声也是一种潜在的故障，电源在勉力工作着，开关变压器和开关管一定是承受着不能承受之重，并不是"愉快"地在工作。也确实如此，有这种异常噪声的电源，有时会毫无征兆地，开关管就爆裂了（有时波及振荡芯片外围大面积元器件的损坏）。

此种故障当然出在开关电源本身，有元器件已经不良了。

> **故障分析和检修** 开关电源好的工作状态是上电时有"唧"的悦耳的一声，提示电源已经正常起振，然后从面板的正常亮起、电源无声工作的表现上，说明开关电源在正常工作中。如果非得在相对寂静的环境下细听，也能听出细微的"咝咝"声。但如果不是特意去听，基本上不会有明显噪声。

作者的检修实践中碰到过多例此类故障，有些是转修来的机器，检修者往往对电路中的无极性小容量电容关注不足。

先看图 6-7、图 6-8 的电压采样与反馈（稳压）电路，图中的 C53、C288 电容，对开关电源的噪声抑制和控制过程起到至关重要的作用。

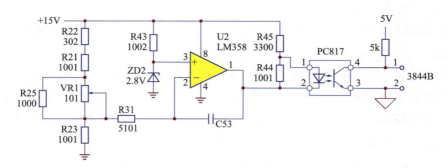

图 6-7　CDI9200 型 22kW 开关电源的稳压电路

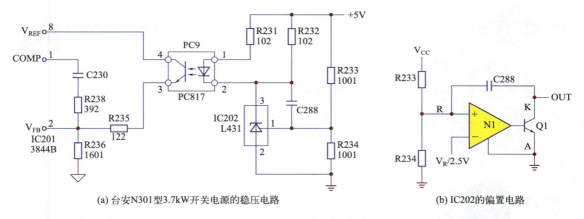

(a) 台安N301型3.7kW开关电源的稳压电路　　　　(b) IC202的偏置电路

图 6-8　台安 N301 型 3.7kW 开关电源的稳压电路及 IC202 的偏置电路

将图 6-8 电路中 IC202 内部电路画出［见图 6-8（b）电路］，则可看到电容 C288 的作用。基准电压源 L431 的偏置电路如图 6-8（b）所示，当 K、R 之间没有关联时，为一设定值为 2.5V 的电压比较器，此时放大倍数接近于无穷大，输入信号的微弱变化，即引发输出端的剧烈开、关式变化。将稳压控制作为一个控制系统时，需考虑三个量的平衡，即常说的 P（比例系数）、I（积分时间常数）、D（微分时间常数）参数要适中。当 I 值过小时，导致控制过冲出现，引发剧烈动荡。所以衡量一个放大器的好坏，灵敏度高不一定是首选，稳定度才应放在首位。系统误差处理速度过快，可能会矫枉过正，而在一定时间内逐渐减小误差，则是实现系统稳定的好方法。

所以在 IC202 的 R 和 K 端并联 C288，使电路由比较器变身为积分放大器（近似完成了 D-A 转换），达到使控制过程柔和化的目的，有效消除因控制过冲引发的电磁噪声。

图 6-7 和图 6-8 中的 C53 和 C288 多采用贴片电容，无标注容量。据作者翻阅相关资料，该电容的取值范围一般在 0.1~1μF 之间，更多时候该电容值不是由设计计算所决定，而由

试验结果来取值。根据维修经验，怀疑此电容不良时，可用 0.1μF 电容并联试验，若未达理想效果，可照 0.1μF 的增量累加试验。

就图 6-8 电路而言，当 C288 容量取得过大时，输出电压值则在额定值上下"飘动"；取值过小时，则噪声变大。当噪声小到听不到，而电压又极为稳定时，则说明取值适宜。而 C288 有开路故障存在时，PI 放大器变身为电压比较器，会按采样电源/负载电路的固有时间常数，强制控制开关管的通、断，导致开关电源出现严重噪声或"打嗝"的故障现象。

此故障在检测上的典型表现是：当测量芯片 6 脚低于 10kHz——6 脚输出频率不再依赖于 4 脚基准频率的控制，而"听命"于芯片 1、2 脚反馈电压信号的控制时，说明反馈电路中的电压误差放大器由于积分电容失效，而由积分放大器变身为电压比较器。控制电路的积分效应弱化，电路由闭环工作进入了开环工作区！

此外，当 +5V（采样电压）滤波电容不良时，也可能会引发工作噪声。

本例故障，当在 C288 上并联 0.1μF63V 电容以后，工作噪声消除。

检修小结

"短路找 IC，噪声找电容"。输出电压正常但有异常噪声时，没必要在开关管、开关变压器、IC 器件上大费周折（以上器件若有问题，不会有正常的稳压输出）。

实例 9

开关变压器初级绕组并联尖峰电压吸收回路元件损坏

电路构成 先看图。图 6-9 为开关电源的电路模型之一；图 6-10 是摘取开关变压器 N1 绕组及并联尖峰电压吸收电路的图例，共有 3 种电路形式。

图 6-10 为并联在开关变压器一次绕组 N1 两端的电压吸收网络，也称为尖峰电压吸收电路，图（a）、图（b）、图（c）为常见的三种电路模式（如复合式等，都是作者为叙述方便暂时命名），其目的是提供开关管的反向电流通路，抑制开关管截止期间漏/源（或集电极/发射极）极间反向电压的幅值，保护开关管的安全。

图 6-10（a）电路：在开关管截止期间，N1 绕组感生电压下正上负，此时 D3A1、D3B1 承受正向电压而导通，N1 感生能量由 C29 所吸收；在开关管导通期间，D3A1、D3B1 反偏截止，C29 所储存能量由 R44、R105 进行泄放。

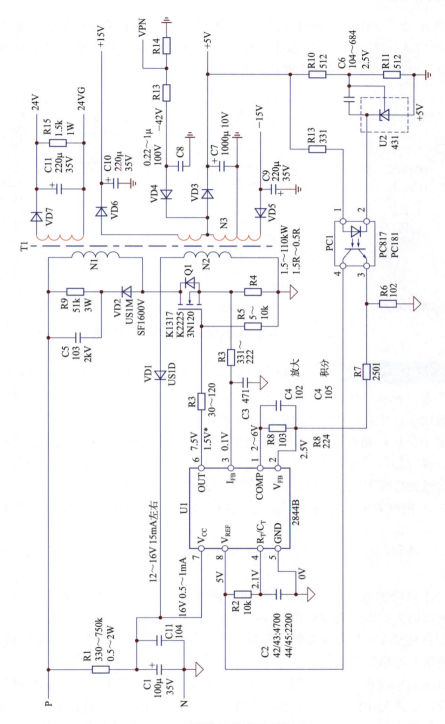

图 6-9 开关电源的电路模型之一

图 6-10（b）电路：此为鉴别感生电压幅度，达某一值后（通常 ZD1~ZD4 串联反向击穿电压值约为 450V）才开通的泄放回路。可称为感生电压可控释放回路。

图 6-10（c）电路：为（a）电路和（b）电路的复合模式电路。在开关管截止期间，N1

绕组感生电压低于 ZD101 击穿值之时，比较微弱的能量由 C118 储存，通过并联电阻 R113 等进行泄放；当 N1 感生电压能量较高，超过 ZD101 击穿值时，由 ZD101 进行后续式能量释放。ZD101 为"后备式"能量释放回路。

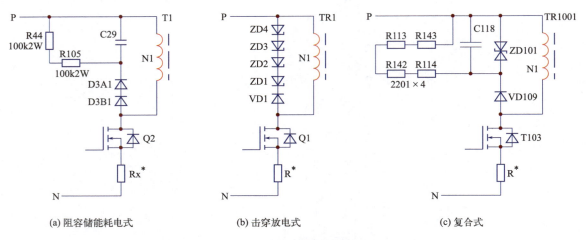

(a) 阻容储能耗电式　　　(b) 击穿放电式　　　(c) 复合式

图 6-10　开关变压器绕组两端的电压吸收网络

故障分析和检修　开关电源上电后出现"打嗝"故障，测各路输出直流电压均极低，且不稳定。先从负载电路查起，无损坏元件。后来重点检测 N1 绕组所并联的电压吸收网络，感觉未有异常。检修一时之间陷入困境。

冷静下来分析：遇有以上所述 N1 绕组并联尖峰电压吸收回路中的电容漏电、击穿，或二极管击穿、稳压二极管击穿或漏电之时，相当于 N1 负载电路短路，导致开关变压器过载，其次级绕组感生电压降低，开关管因流过较大电流而发烫。

以图 6-10 电路为例，N1 尖峰电压吸收回路故障会产生两个动作，引发电路的间歇振荡现象。

① 因 N1 回路的过载，导致开关管 S 极串联限流电阻上的压降有可能超出 1V，引发过流起控动作；

② 因 N1 回路的过载，使次级绕组感生电压降低，当 U1 的 7 脚供电电压低于 10V，引发芯片内部的欠压保护起控动作。

二者都会造成 U1 芯片 6 脚停止脉冲输出，然后故障信号消失，电路重新起振工作，由此形成电路的间歇振荡动作。

而该故障的难度在于，故障器件并非处于彻底击穿或短路状态，比如器件不良，有一定的漏电流，表现为电阻值变小，当其漏电电阻达数千欧姆时，很容易被万用表电阻挡检测所忽略；当图 6-10（b）电路的 ZD1~ZD4 击穿或漏电，但其击穿电压值仍达数十伏以上（大于万用表内部供电电池电压，超出万用表的测量能力）时，器件已经不良，但超出万用表的测量能力，测量过后也不会有确切的结论得出！

以图 6-10（a）中 N1 两端并联的电路为例，当 C29 的漏电电阻达数千欧姆时，如果用数字万用表的二极管挡（将表笔搭于 C29 两端）正、反向测量两次的话，显然，其中一次测量结果是 D3A1、D3B1 的正向串联导通压降，另一次测量显示为无穷大"1"（D3A1、D3B1 的反向电阻值），是无法得出 C29 已经漏电的准确测量结果的。

　　综上所述，当图 6-10 中的 C29、ZD1 ～ ZD4、ZD101 等元件损坏后，事实上是我们已对该元件进行了检测，但仍为测量结果所蒙蔽时，这时候的判断往往会左右检修思路的方向——向一个不会有结果的方向走去，如果没有其他措施证实 N1 并联尖峰电压吸收回路的好坏，其检修结果几乎是可以预见的。

　　故障检测方法：

　　直接向开关电源芯片的 7、5 脚接入 DC 17V，在开关电源的 DC 530V 电源输入端接入 DC 100V，上电后，电路起振工作，一会儿，图 6-10（c）电路中的 ZD101 开始冒烟。观察此电路为复合式电压吸收电路，ZD101 两端尚并联有阻容吸收电路，临时摘掉 ZD101 后，测各路直流输出电压值恢复正常值。

　　用 3 只 160V1W 稳压管串联代替 ZD101，上电试机，开关电源工作恢复正常。

检修小结

遇有不易确诊的故障电路或故障元件时，①在线 + ② 上电，是最佳检测条件，能实施准确测量并得到确切的检测结果——让故障元件自行暴露出来！

实例 10

不会"打嗝"的开关电源之一
——"过流锁"电路异常

故障表现和诊断　送修客户反映，机子应用中突然停机，操作失灵，面板不亮了。

　　该机为阿尔法 5000 型 1.5kW 变频器，测主电路的正、反向电阻无异常，上电后测 P、N 直流母线电压正常，MCU 主板控制端子电压为 0V，判断开关电源未正常工作。

电路构成　开机检查，测开关电源的各路输出电压都为 0V，开关管的 D、S 极间电压为 500V，判断开关电源没有工作。

　　如图 6-11 所示，振荡芯片 U1 的外围增设有 Q1 软启动电路和 Q2、C9 等元件组成的"过流锁"电路，故本例故障检测的思路和方法，也要产生相应的变化。

　　下面仅就"过流锁"电路的动作机制进行简述：

　　众所周知，采用 UC384x 系列振荡芯片制成的开关电源，其典型过载 / 过压 / 欠压的故障特征即是"打嗝"（间歇振荡）。原因是过载或过压 / 欠压故障信号将引发电路的停振

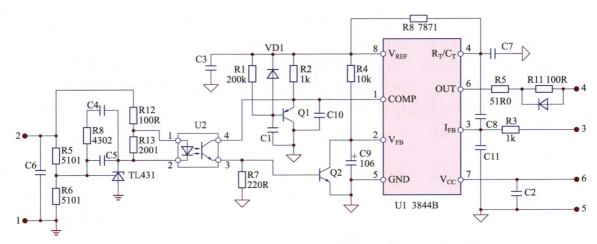

图 6-11　阿尔法 5000 型 1.5kW 变频器开关电源小板测绘电路

动作，而停振又导致故障信号消失，因而重新引发新一轮的振荡。如此周而复始，即出现所谓的"打嗝"现象。为了使开关电源在故障动作后能保持"安静"，一些设计人员想方设法增设外围电路，消除故障动作后的间歇振荡，如"过压锁"和"过流锁"保护电路的增补设计，即是出于此种目的。

> **故障分析和检修**　本例故障，检测开关电源的主电路（小板外围元件均无异常）

正常，故障锁定于如图 6-11 所示的小板电路，单独给小板电路送电检修时，平常极好用的方法居然失灵了。此时检测 U1 的 2 脚电压为 5V，1 脚电压为 0.9V（低于 1V 过电压报警阈值），6 脚无脉冲电压输出。

　　将小板从电路上取下，将小板端子的 3、5 脚暂时短接，以屏蔽过流检测。从小板端子的 5、6 脚上电 17V，测 U1 芯片 6 脚仍无输出。此时只有分析图 6-11 电路，才能从中找出检修契机。

　　当开关电源起振，+5V 电压建立后，光耦 U2 具备导通条件，Q2 随之导通，将 2 脚接地，此时 U1 的 1 脚受 U2 的 4 脚电压影响，实现了稳压控制。如果 +5V 电压一直不能建立，U2、Q2 无导通条件，则 U1 的 2 脚经 R4 引入 5V 为电容 C9 充电，至 2.5V 以上高电平，则 U1 即不具备起振条件。

　　C9 的作用在此时凸显：电路上电瞬间，在 +5V 电压尚未建立之际，因电容两端电压不能突变，U1 的 2 脚（因 C9 充电作用）有一个低电平的持续时刻，1 脚变为高电平，电路具备起振条件。若电路起振后，因负载回路过载等，Q2 处于截止状态，此时 U1 芯片 8 脚输出的 5V 经 R4 为 C9 充电，当过载时间稍长，即 C9 充电电平达 2.5V 以上时，芯片 1 脚低于 1V，形成保护起控动作。此时 +5V 输出被关断，U2、Q2 均处于截止状态，C9 电压充至 5V 并保持，电路则被锁定于停振状态，而不会出现如常规电源那样的"打嗝"现象。由此可知，这是一个不会"打嗝"的开关电源。C9 具有上电瞬间拉低 2 脚电位使电路起振的关键作用（可称之为启动电容），当其容量下降时，会导致电路不能正常启动。

　　单独检修电源小板时，会发现只有上电瞬间（C9 充电电压低于 2.5V 时）U1 的 6 脚有脉冲电压输出，随即处于停振状态。此时只要将 U1 的 2、5 脚（即 C9 两端）暂时短接，便可使电路顺利起振，以方便检修。

本例故障：①当短接 C9 后，U1 的 6 脚能正常输出脉冲电压，说明 U1 及外围电路均正常；② 在电源小板的 1、2 脚送入 0~6V 可调直流电压，测验稳压反馈电路动作正常；③结论为振荡小板没有问题；④开关电源的主电路——开关管、开关变压器初级绕组、开关管 S 端串联电流采样电路，均正常。

开关电源依然不工作。

此时又回到开关电源无输出电压的故障表现之初，依据图 6-11 电路进行深入分析，如上所述，当 +5V 整流滤波电路或负载电路异常时，会引发"过流锁"电路保护动作。

① 检测 +5V 电源电路的整流滤波部分，无问题；

② 在 +5V 负载电路单独施加 +5V 供电，观测 MCU 主板供电电流达 0.7A（正常 +5V 供电电流为 0.25A 左右），通电约 10 秒后，手摸主板 MCU 芯片发烫，判断已经损坏。

代换 MCU 主板后，故障排除。

检修小结

针对"过流锁"电路的设置，采用短接 C9 两端的针对措施，判断电源小板的好坏。再加上对"过流锁"电路的深入分析，最终落实了故障根源。

实例 11

不会"打嗝"的开关电源之二
——英威腾 CHF100 型 45kW 变频器开关电源上电不工作

故障表现和诊断　一台英威腾 CHF100 型 45kW 变频器，在生产线停机检修 3 天后，重新开机时，变频器面板不亮，对操作动作无反应。

测试主电路端子的正、反向电阻值，判断主电路无异常。上电 AC 380V 后，测 P、N 直流母线电压 500V 以上，测控制端子的 24V 和调速电源 10V 电压均为 0V，判断故障为开关电源没有工作。

电路构成　如图 6-12 所示，本例电路与采用 284x 振荡芯片构成"精简模式"的开关电源电路，有以下不同点：

① 开关管的信号回路，开通、关断各行其道。芯片 2844B 的 PWM 脉冲输出端 6 脚信号，经 RP15、RP16 提供开关管 QP1 的开通信号，经 RP16、DP3 提供关断信号回路。

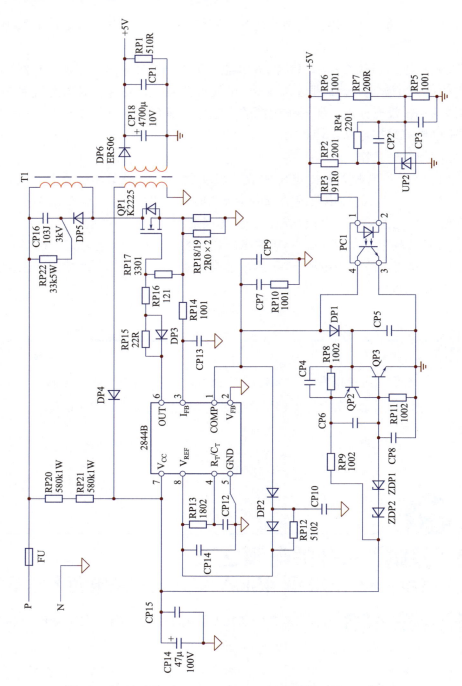

图 6-12　英威腾 CHF100 型 45kW 变频器开关电源电路图

② 外设"过压锁"电路，过电压保护后电源停止工作，不再产生间歇振荡现象。

晶体三极管 QP2、QP3 及外围元件构成具有"晶闸管效应"的"过压锁"电路。稳压二极管 ZDP2、ZDP1 未击穿前，"晶闸管效应"的 QP2、QP3 电路不具备导通自锁条件，由稳压反馈电路控制芯片 1 脚电压的高低，实现稳压控制。异常状态下，因稳压失控造成芯片 7 脚电压升高，使 ZDP2、ZDP1 发生电压击穿，晶体三极管 QP2、QP3 导通并处于自锁状态，将芯片 1 脚电压接地，使开关电源停止工作，不会出现像其他开关电源一样的因故障导致"打嗝"（间歇振荡）的故障现象。

③ 外设"软启动"电路，避免上电期间输出电压出现过冲现象。由 DP2、CP10、RP12 构成"软启动"电路，达到上电瞬间使 1 脚电压由低电平缓慢升高，控制 6 脚输出脉冲占空比缓慢增大，从而在上电期间使各路输出电压缓慢升高，避免输出电压瞬间过冲现象的出现。

故障分析和检修　本例故障，单独检测振荡芯片与稳压反馈电路均良好，直流母线上电 DC 500V，开关电源不工作。停电检测图 6-12 电路各元器件都没有发现问题。重新上电测 1 脚为 0.1V，说明由 QP2、QP3 及外围元件构成具有"晶闸管效应"的"过压锁"电路已经处于过电压故障锁定状态。试断开 ZDP2、ZDP1、QP2、QP3 等任一个元器件，电路即能恢复正常工作。但测量上述元件都正常。

那么是什么原因"触发"了由 QP2、QP3 构成的"晶闸管"呢？

疑点落在电容 CP8 身上，其并联于 QP3 的发射结上，起到吸收上电瞬时干扰，防止 QP3 误导通的作用。当其容量减小或失效时，会导致上述故障现象。CP8 为贴片电容，无标注容量，故不清楚原电路的设计电容量是多大，试用 4.7μF50V 电解电容并联在 CP8 上，上电后开关电源起振工作，故障排除。

检修小结

查无坏件，但工作失常。查无"坏件"，其实往往是忽略了对电容元件的检查。

实例 12

还是工作频率不对的问题

某网友：一台电梯变频器，原为开关电源故障，现在修好了，还有问题。

作者：说说。

某网友：不加散热风扇时，操作运行等都正常，三相输出电压也对，插上风扇，面板就显示 8888，测量 +5V 电压降低为 +4.3V 左右，好像是电源带载能力不够。

作者：都修了哪些地方？

某网友：开关管炸了，芯片也坏掉了，芯片外围电阻、电容等也换掉几个。

作者：噢。测试芯片 6 脚的工作频率了吗？

某网友：没有。因为手头暂时没有示波器。

作者：数字万用表上如果有 Hz 挡，可以测试频率值。

某网友：好的，我测下。4脚频率值为14kHz，6脚约为7kHz。

作者：故障在此了。4脚定时电容换过吗？

某网友：烫下芯片时不小心把4脚电容搞掉了，就从电路上找了一个体积一样的电容装上了。

作者：……还可以这样搞？找一个合适的电容装上去吧。也可以找一个10kΩ电阻和2200pF电容，把4脚定时电路一块儿换掉。

某网友：好的，换上试下。……咸工，换上后好了，带风扇也能正常运行了。

作者：开关电源的工作状态一定是和工作频率挂钩的，定时元件可不能乱换啊。

（相关内容可参见本书第3章3.2节）

实例 13

康沃开关电源屡烧18V稳压管的"幕后真凶"

故障表现 康沃开关电源，振荡芯片采用3844B（印字），凡工作数年以上的机器易出现电源无输出的故障，检查损坏元件，往往是接于U2供电端7脚的稳压二极管ZD6击穿短路。有时换掉稳压管，电源即能"正常"工作，但正常工作时间往往不会太长，很快变频器返修，检查又是ZD6短路。有时"修复"后上电还是会烧ZD6！有些检修者干脆去掉该稳压管或换用24V稳压管，电源工作"正常"了。测+5V、+15V和−15V，均为稳定电压。交付用户安装使用后，用不了几天又会再度返修：用户反映散热风扇不转了，变频器运行一段时间后报OH（过热）故障。

故障分析和检修 该机的开关电源见图6-13。由芯片供电绕组、整流管VD13和VD14、滤波电容C31和C30构成的U1芯片供电电源，同时又作为稳压反馈信号采样点。该路电源算是"嫡系电源"，其次级绕组输出的+8V、+18V和−18V，其稳压精度不能满足后续负载电路的要求，因而又分别用VOL1~VOL3等3只稳压器，处理为+5V、+15V和−15V，送往后级负载电路。因而当开关电源工作异常（次级绕组输出电压过高）时，若仅仅测量+5V、+15V和−15V电压，势必又是稳定和正常的。这在一定程度上掩盖了故障的真相。

U2的供电端7脚所接18V稳压管ZD6的屡被烧毁，说明了芯片供电绕组及其他次级绕组的输出电压已远远超出正常值，如24V变为了32V，+8V变成了+11V，显然开关电源的稳压出现了一定程度的失控现象。去掉ZD6，开关电源暂时好像能正常工作了，但仍然是治标不治本，没有解决根本的问题——挖出故障根源。

那么谁才是ZD6屡被烧毁的"幕后真凶"呢？掉过头来再看U2的芯片供电和电压反馈回路，二者取自同一个供电绕组，反馈信号电压由VD13整流、C31滤波，为了增加反馈电压信号的稳定性，在C31两端并接了330Ω负载电阻。U2供电则由串联VD14整流

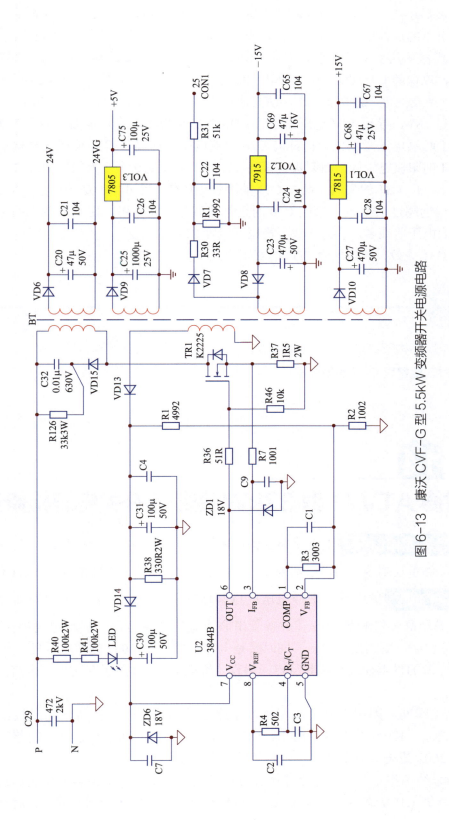

图 6-13　康沃 CVF-G 型 5.5kW 变频器开关电源电路

和 C30 滤波后供给，此处串联 VD14 也有互相隔离的作用，在一定程度了减轻了芯片工作电流变化引发的反馈电压信号的变化。当 C31 容量严重减小（或高频特性变差，此时用万用表测量其容量几乎不见减小）时，导致反馈电压信号严重跌落，U2 的 6 脚输出脉冲占空比加大，以保障 C31 两端电压的稳定电压值（约为 15V）不变。由于 C31 的失效，开关电源这一"殃及池鱼"的调整动作，使其他各绕组输出电压被动升高，VD14、C30 整流滤波电压超过 18V，导致 18V 稳压二极管 ZD6 的击穿损坏。也正是因二极管 VD14 的隔离作用，C31 两端电压是低的，而此时 C30 两端电压反而高于 C31 反馈信号电压。隔离二极管 VD14 的阳极电压低，而阴极电压高，测量中会发现这个令人纠结的现象。

实际上，因 C31 的失效，此时 C31 的测量电压值（也可认为是平均值）为 15V，但峰值电压是远远超过 15V 的，故因 C30 的正常滤波与储能作用，使 C30 两端的电压值超过 C31 两端的电压值许多，从而导致了稳压二极管 ZD6 的击穿。

电容 C31 失效，才是屡烧 ZD6 的真正原因。

由电路结构所决定，这近乎是该款产品的一个通病。遇有频烧 ZD6 故障时，要警惕 C31 的隐性损坏！

实例 14

施耐德 ATV71 型 37kW 变频器开关电源检修过程

故障表现和诊断 主电路端子的电阻测量值无异常，上电测量 P、N 端直流母线电压正常，测量控制端子的电压都为 0，判断开关电源电路（见图 6-14）没有工作。

电路构成 稳压反馈采样电压取自共地的 15V 电源，故无须用光耦合器传输采样信号；采用晶体管和场效应管的双管串联方式构成主电路；启动电路的两只 R2003、R2004 串联电阻，既为启动电阻，同时又是电容 C2001、C2002 的均压电阻，身兼两职。

开关电源的供电模式仍有其特点：增设了继电器 K100 用于开关电源电路供电来源的切换控制。

① 上电瞬间，因主电路的三相整流电路也采用晶闸管半控桥结构，故在主电路晶闸管开通之前，K100 继电器不动作，由其常闭触点引入 S202 端子进入的整流电压，经 C2001、C2002 滤波后，暂时作为开关电源的供电来源。

② 当系统工作正常，主电路晶闸管移相开通，主电路储能电容充电完毕，整机自检结束进入待机工作状态后，继电器 K100 得到动作信号，常闭触点断开，此时开关电源的

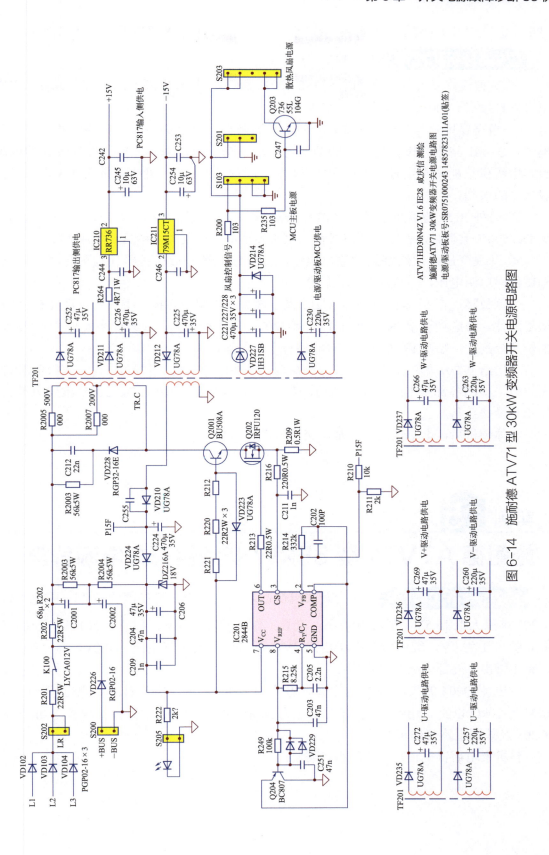

图 6-14　施耐德 ATV71 型 30kW 变频器开关电源电路图

供电电源改由 S200 端子来的直流母线电源提供，VD226 为两路电源的隔离二极管。

 故障分析和检修 方法和步骤：

① 单独检修开关电源故障时，可在 S202 端子送入维修电源 DC 500V，或者供电电压也可以直接在 C2001、C2002 两端引入。

② 当需要单独加电检测 IC201 电源芯片好坏时，因开关电源主电路的双管串联工作模式，Q2001 晶体三极管工作中的基极电流达百毫安级，需外加电源提供较大的电流供给。电流供给能力不足时，表现为间歇振荡的"故障现象"，可能会带来开关电源存在过载故障的误判。

③ 另外 P15F 电源的整流、滤波环节及稳压采样电阻 R210、R211，需细心检测，避免 DC 500V 上电时，稳压开环造成输出电压异常增高导致大面积的元器件烧毁。

④ 开关变压器次级绕组的输出电压，有数路是经三端稳压器处理再送往负载电路，测试供电电源电压，注意对三端稳压器件的检查。

本例故障，查 IC201、开关管 Q202 及引脚外接电阻全坏掉。手头暂时没有 Q202 和原型号配件，考虑到可用 IRF640 管子代换 Q202，但体积稍大，观察线路板有多余空间，将铜箔部分刮皮，贴敷 IRF640 后，顺利进行了安装与焊接。

采用给 IC201 单独上电的方法，测振荡芯片各脚电压值，判断芯片内、外部元器件有无问题，检测各部分电路工作正常后，在 C2001、C2002 两端上 DC 500V 维修电源试机，显示与操作正常。

整体装机后，上电试运行正常，交付用户。

实例 15

施耐德 ATV71 型 55kW 变频器开关电源异常

 故障分析和检修 判断为开关电源故障，电路构成可参阅实例 14 中图 6-14。为 IC201 单独上电 16.5V，限流 200mA，查看工作电流为数毫安，判断 IC201 没有起振工作。测 6 脚电压为 0V，继而测 3 脚电压为 0V，正常；再测 1 脚电压为 0.6V，测 2 脚为 0V，判断 1 脚内、外部电路有异常所在。

停电测 Q204 的集电极与发射极电阻值为 100Ω 以下，摘下 Q204，测原焊盘电阻值恢复为 10kΩ 以上。用印字为 2T（型号为 MMBT4403）的贴片三极管代换 Q204 后，测 IC201 及外围电路工作正常。

整机上电后试机正常，故障得以修复。

变频器上电后开关电源输出电压偏低

故障表现和诊断 机器上电后，感觉开关电源起振困难：操作显示面板有时能顺利亮起来，有时需停电再重新上电一次或数次，面板才能亮起来（此前已排除面板电缆接触不良的原因）。

故障分析和检修 电源工作后测输出 +15V 为 +11V，24V 为 19V，都偏低，稳压采样为 +15V，+5V 为三端稳压器处理所得，故面板能正常显示。初步判断稳压反馈电路有问题。该机的过压保护电路简图见图 6-15。

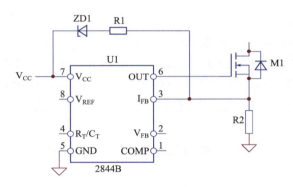

图 6-15　过压保护电路简图

示波器测振荡芯片（2844B）6 脚脉冲占空比偏小。分析原因：输出脉冲占空比偏小，与芯片 1 脚和 3 脚状态相关。1、2 脚接反馈光耦 3、4 脚，查稳压电路没有问题。3 脚与 7 脚之间接有 18V 稳压二极管，怀疑此稳压二极管不良，拆除后，开关电源工作正常。

检修小结

输出电压低，如果不是自供电不足，即是发生了稳压误控或过流起控的原因。本例为后者。

该例开关电源，增设了 ZD1、R1 过电压保护电路，ZD1 的击穿值一般为 18~22V，R1 为限流电阻，一般取值为数千欧姆。正常工作中，U1 的供电电压低于 ZD1 击穿值，过电压保护电路不动作；当发生稳压失控故障时，ZD1 击穿，使 3 脚电压高于 1V，变过电压保护为过流动作，从而引发芯片内部过流起控动作，起到停振保护作用。

实例 17

变频器上电后开关电源未工作

> **故障表现和诊断** 开关电源采用 3842B 芯片。初步检测未发现明显坏件。

① 整机连接，从 R、S、T 端上三相 380V 电源，开关电源不工作，开关电源各路输出电压都为 0V。

② 检测开关电源各部分电路未见异常，为芯片单独上电和为稳压反馈电路单独上电，检测正常。

③ 当 R、S、T 端子上三相 380V 电源和芯片供电电源 17V 一块儿上时，整机工作正常。

④ 开关电源工作正常后，撤掉外加芯片 17V 电源，开关电源能保持正常工作。

结论：开关电源的自供电电路也无问题，故障在启动电路。

启动电路的电阻阻值（680kΩ）无问题，当将电阻值减小至 300kΩ 时，仍不能正常启动。

其中：① 查无负载短路，开关管无温升；② 自供电不足原因也得以排除；③ 上电激励能力不足，将启动电阻减小后也无变化；④ 振荡芯片外围都无问题，芯片本身的问题当然也算是问题。

换 3842B 芯片后工作正常。故障为振荡芯片性能劣化所致。

实例 18

开关电源带载能力差故障之一

> **故障表现和诊断** 变频器启动时面板短暂熄灭，电路板上的继电器吸合后又释放，启动失败，面板重新正常点亮，貌似经历了一个重新上电的过程。此例故障，据说前维修者已换过开关电源大部分元器件，无果而终。

判断开关电源负载电路有短路，查驱动芯片 A3120，其中一只的 5、6 脚之间有百欧姆电阻（输出级下管漏电），启动时（上管导通）造成驱动电源短路，开关电源因过载而停振。换芯片后，启动中面板显示 88888，继电器也有动作响声。查负载电路及 IGBT 模块，俱无异常。

换一个思路：当开关电源带载能力差时，也会出现此类故障。

> **故障分析和检修** 查振荡小板供电电源（振荡芯片采用 UC384x 系列器件）电路，其 7 脚启动与供电电路，外围元器件数量多，感觉特别复杂的样子，如图 6-16 所示。

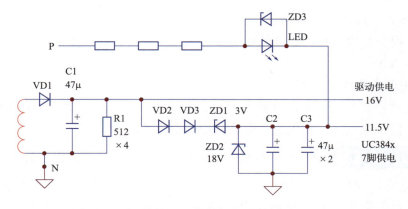

图 6-16　振荡芯片 7 脚外部启动与供电电源电路

　　检测 C1、C2、C3 容量与交流内阻均无异常，对串入 ZD1 稳压管的供电电路结构有所不解：16V 驱动供电，再经 VD2、VD3、ZD3 的串联降压，使振荡芯片 7 脚的供电电压低至 11.5V（稍高于芯片 10V 欠电压动作阈值），但对于开关管得到的驱动脉冲的峰值电压而言，芯片内部输出管的压降再加上栅极电路上的压降，输送至开关管的 G 极电压可能仅为 10V 左右，会令其开关性能大打折扣。

　　对图 6-16 中所有元器件细加检测，没有问题。

　　果断将 VD3 与 ZD1 短接（保留 VD2 实现隔离作用），上电启动运行，工作正常。

  检修小结

　　又是一个未发现故障元件，但开关电源已不能正常工作的例子。检测仪表或工具无能为力之后，最后的决断是人，修复与否还是在"我"，而非在检测仪表和配件。

　　代换元件是检修，增加元件是检修，减掉一些元件，同样还是检修，而且可能是唯一能保障检修成功的检修。本例故障即为证明。

实例 19

开关电源带载能力差故障之二

故障表现和诊断　一台机器，启动时面板熄灭，变频器停振，瞬即又恢复显示。

　　同步监测开关电源各路输出电压，同时降为零点几伏，然后又有输出电压。

　　电源停振和启动动作有关，引发电源停振的原因如下：

　　① 驱动电路如末级功率对管有问题，启动时造成对驱动电源的短路。

② 风扇损坏，启动之际得到运转条件，造成24V电源短路。

③ IGBT模块有软击穿，在维修电源限流供电模式下，导致直流母线电压严重跌落至开关电源停振水平。

④ 开关电源带载能力变差。

检修者往往容易忽略第④点，开关电源的带载能力变差，启动运行中微量增加的驱动电路的输出电流，或风扇运转电流，即造成输出电压跌落。

 故障分析和检修 检查无问题。发现开关管上电数分钟后温升异常。按经验，可能存在过载故障，而往往必定有与开关管同时温升异常的元件（如吸收回路二极管漏电），是引发开关电源过载的根源。查各路负载电流，均在正常范围以内。由此排除了过载原因。

用示波器测开关管G、S极波形，赫然显示脉冲频率为393kHz。查振荡电容，为前维修者换过。显然前维修者已查到故障点，但代换定时电容的容量不合适，导致其振荡频率严重升高。

该开关电源（振荡芯片为2842B），将定时电阻换为10kΩ，定时电容换为4700pF，测开关管G、S极间的脉冲频率约为38kHz，开关电源恢复正常工作。

检修小结

因换错定时电容，致使振荡频率上升，开关变压器感抗剧增，储能剧减，各路输出电源的供电能力变弱（电流/功率输出能力差，空载电压尚正常），开关管的开关损耗增大是温升异常原因。启动电路的投入工作形成的加载动作，使各路输出电压跌落导致面板熄灭，表现出带载能力严重不足的故障现象。

实例 20

开关电源带载能力差故障之三

 **故障表现和诊断** 一台西川XC型18.5kW变频器（开关电源电路图见图6-17），待机状态正常，启动时面板显示88888，工作表现异常。因为故障表现与启动动作相关，故首先查看两个散热风扇（供电24V额定电流0.3A）。将风扇供电端子脱开电路板后，变频器运行正常。单独加电检测散热风扇，运转正常（实际工作电流0.25A，小于标称额定电流），故排除掉散热风扇不良的原因。

脱开散热风扇供电（电源减载）后工作正常，由此判断故障为电源带载能力差。启动后因风扇运行致使MCU器件的供电电压跌落，引发系统复位动作。

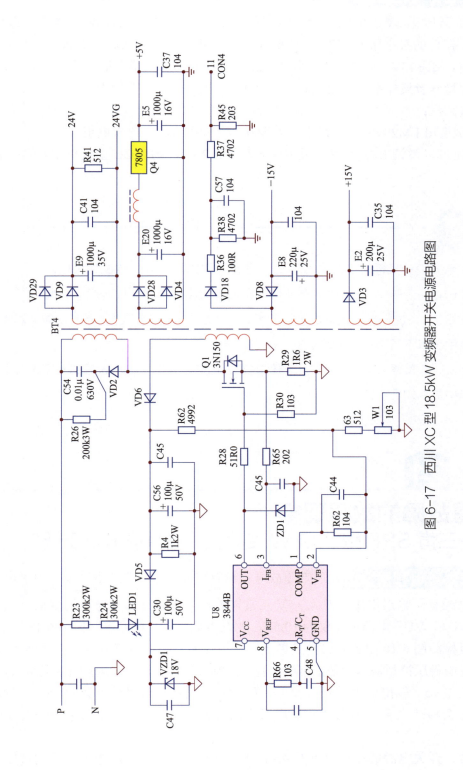

图 6-17　西川 XC 型 18.5kW 变频器开关电源电路图

◁ **故障分析和检修**　查看 +5V 供电电源，为 +6.8V 整流滤波电压，经 L7805LV 三端稳压器取出 5V。想到 78 系列稳压器为（3V）高压差稳压电源器件，查资料证实 L7805LV 器件的最小压差是 2V，对 6.8V 输入供电来说，其实就差那么一点儿。进一步测其他供电，如 +15V、−15V 等，均已达额定值以上。感觉要么是设计者对器件选型不当，要么是前检修者换件不当所致，此处应以选用低压差（1V）器件为宜。

修复方法：

① 试换用 LM2940-5.0（最小压差为 0.8V）稳压器，上电试机正常。

② 还可以微调 RP，使输出电压 6.8V 升至 7.1V，则 MCU 主板供电电压可以恢复正常值。

检修小结

换用或设计元器件工作参数不当，导致工作异常，这一点往往为检修工作者所忽略。"元器件的参数取值是设计人员的事儿，只要照原样换就成了"，这一想法若形成固化思维，必然会堵塞检修思路。另外，前检修者也可能会换用参数不当的器件，无意中"造出了"一个故障。

这说明，检修人员关注电路元器件的参数也是必要的；检修者若具备了设计思维，在检修中更能如虎添翼。

实例 21

不是故障的故障现象

——三肯 SPF 型 7.5kW 变频器"电源输出电压低"

◁ **故障分析和检修**　开关电源故障，检查修复后，电源 / 驱动板单独上电检测，开关电源已经有了输出电压，但除 +5V 正常以外，其他各路输出电压均偏低，如驱动电路所需的 VU+、VU− 电源电压仅为 10.5V，明显偏低。开关电源电路如图 6-18 所示。

反复检测图 6-18 中各元器件及单元电路，均无问题。暂停检测，需要思考一下：+5V 正常，说明稳压控制基本上是正常的，稳压控制采样自 +5V，此为"嫡系电源"，其他各路输出电压与 +5V 输出电压之间为"同升降关系"，其电压值虽然不会如 +5V 一样精准，但应该也不会偏差太多，因为开关变压器次级各输出绕组之间大致是符合电压 / 匝数比关系的。

再者，开关电源的稳压目标是保持 +5V 的恒定，其他各路输出电压的精度就鞭长莫及了。本机型 +5V 的滤波电容设计容量"特大"，总计为 3300μF（一般机型为数百微法级），

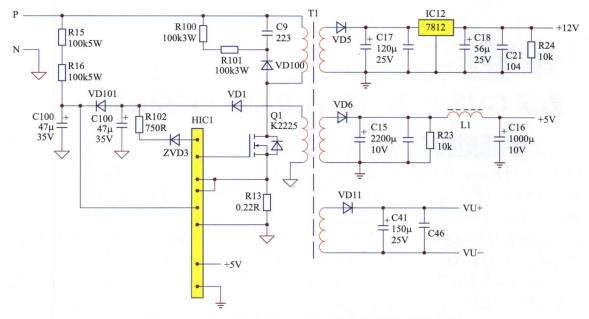

图 6-18　三肯 SPF 型 7.5kW 变频器开关电源电路简图

空载时因电容储能作用，开关管工作于极小的脉冲占空比，即能满足保持 C15、C16 电容两端电压为 +5V 的幅度，则其他各路输出因滤波电容量小，储能作用不明显，导致输出电压值统统偏低。

因而 +5V 正常，其他均偏低的"故障"为 +5V 负载电路空载所致，并非真的存在故障！

想至此，把 MCU 主板和面板与开关电源板连接起来上电，显示正常，测各路输出电压均恢复正常值。

另外一个办法，也可以确认开关电源是好的，在 C16 电容两端并联 30Ω、3W 电阻，为电源"加载"，使控制开关管的脉冲占空比拉宽，令开关电源纳入正常工作轨道，则其他各路输出电压必然也会相应升高至正常值。

检修小结

莫把正常当故障：当稳压采样点滤波电容量"特大"时，须注意该类开关电源不宜空载，若空载将导致采样控制电压正常，其他各路输出均低的"故障"现象，或引起间歇振荡的"打嗝"现象，可用正常电路连接或额外加载的方法，判断开关电源本身有无问题。

康沃 CVF-G 型 11kW 变频器上电无反应

故障分析和检修 康沃 CVF-G 型 11kW 变频器，确定为开关电源故障，电路如图 6-19 所示。为 U2 振荡芯片单独上电，发现 U2 电源电流比一般机器要大些。检测芯片的 5、7 脚供电端，无明显短路元器件。上限流电源 17V，加到供电端，电压立即跌落为 14.3V。

U2 芯片供电端并联有 ZD6 稳压二极管，用于稳压失控时的过电压保护，其击穿电压值一般在 18~21V 以内。摘下 ZD6 单独检测击穿电压值，为 14.3V，故障在此。

稳压二极管的损坏情况，一般为击穿或断路故障，较为常见，而本例所遭遇的击穿电压值"漂移"故障，稳压值由 18V 变为 14.3V，应该"存档备忘"了。

当 ZD6 击穿电压值"漂移"，导致 U2 芯片的起振电压为 16V 的工作条件无法具备，开关电源因此不能正常工作。

将 ZD6 代换为 18V 稳压二极管后故障排除。

检修小结

正常元器件的表现都是一样的，而故障元器件则有多种多样的故障表现，如开路、短路、接触电阻变大、不稳定漏电等。成熟的检修者，要洞察元器件故障表现的多样性，从而做出正确判断。

实例 23

光耦合器劣化造成开关电源输出电压升高

故障分析和检修 开关电源稳压失控故障，前维修者换过 TL431 等元件，仍旧未排除不稳压故障，上电过程中因各路输出电压过高（驱动 24V 电源升高至 42V）造成多片驱动 IC 芯片烧毁。确定故障在开关电源的稳压回路（见图 6-20）。

单独给振荡芯片 IC201 的供电端上电，测其输出脉冲信号正常后，短接图 6-20 中的光耦 PC9 的 3、4 脚，测量 IC201 的输出脉冲消失，证实 PC9 的输出侧及 IC201 的 1、2 脚内、外部电路均正常，故障局限于 PC9 的输入侧及 IC202 外围电路上。

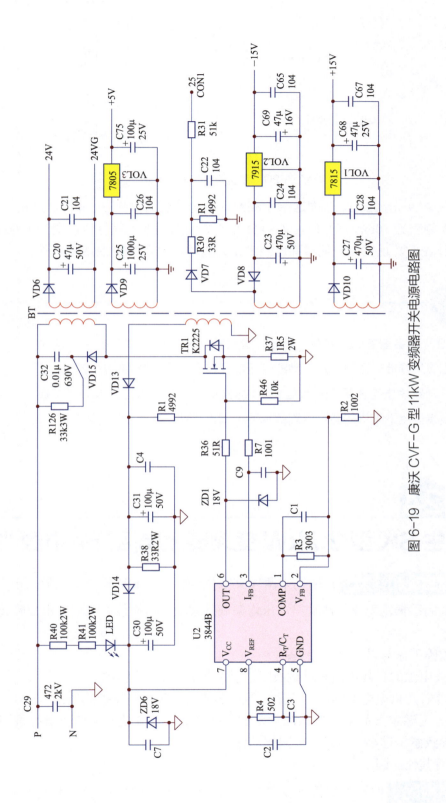

图 6-19 康沃 CVF-G 型 11kW 变频器开关电源电路图

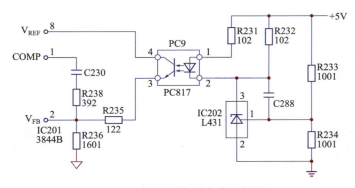

图 6-20　稳压控制电路示例图

直接从 PC9 光耦的 1、2 脚送入 10mA 恒定电流信号，测 3、4 脚之间的电阻值变化情况：输入侧未给 10mA 信号时，为 4kΩ 左右；输入侧送入信号后，变为 1.8kΩ（正常值应为 300Ω）左右。证实该光耦器件已经劣化、失效，代换 PC9 后故障排除。

 检修
小结

PC9 光耦合器衰老或劣化、低效，造成输入至 IC201 振荡芯片 2 脚的电压信号降低，振荡芯片 1 脚的电压幅度过高，开关管的脉冲占空比增大，导致输出电压飙升，大面积 IC 器件烧毁。幸而未连接 MCU 主板，否则机器基本上报废。接下来排除驱动电路故障后，试机正常。

实例 24

艾默生 SK 型 2.2kW 变频器上电后开关电源"打嗝"

故障表现和诊断　外地发来两块艾默生 SK 型 2.2kW 板子，故障为电源 / 驱动板上电后出现间歇振荡现象，测输出电压均偏低且波动。前检修者未检查出故障元件，故发来我处维修。

此种故障现象与以下因素相关：

① 开关电源的负载电路有过载故障，引发限流乃至停振动作；

② 振荡芯片供电电源的能力不足，导致芯片出现欠电压保护动作；

③ 开关电源本身故障导致振荡频率过高或过低，前者使开关变压器感抗剧增储能变少，后者导致感抗过小，引发过流限幅动作。

④ 或有其他原因。

电路构成　如图 6-21 所示，R203、R201、6Z 等构成储能电容均压电路与振荡

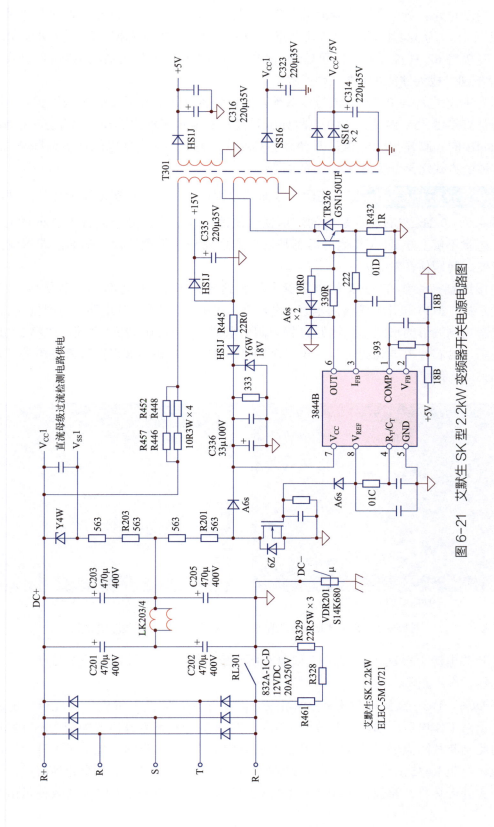

图6-21 艾默生 SK 型 2.2kW 变频器开关电源电路图

芯片的启动电路，为典型的"身兼双职"。上电期间，6Z 尚不具备导通条件，此时 R203、R201 等元件作为 3844B 芯片的启动电路，为供电端 7 脚提供起振电流。开关电源起振工作后，开关管 6Z 具备开通条件而导通，R203、R201 等元件作为启动电路的"使命"已经结束，"转业"成为储能电容的"均压战士"。

因为 +5V 电源与 P、N 直流母线共地，所以稳压反馈信号无须经光耦和基准电压源取得，而是直接由 +5V 经两只 18B 电阻分压后输入 3844B 芯片的 2 脚，实现稳压控制。

3844B 的 6 脚输出脉冲也以开通（经 330Ω）、关断（经 10Ω 电阻和串联隔离二极管）各行其道的方式送至开关管 TR326 的 G 极。

故障分析和检修 据上述四个方面的原因逐一检查，确实未发现坏的元件，电源工作频率为 40kHz 左右，也是对的。单独给振荡芯片上电，测开关管 TR326 的 G、E 极波形，感觉不够"方正"（其他机器可是很"方正"的），但测芯片 6 脚输出波形就为漂亮的矩形波。问题何在？

慢慢地疑点聚焦在 330R 的电阻身上，想到开关管 G、E 之间为电容效应，330R 电阻（后文称作 RG）和开关管极间电容（约为数千皮法），构成积分电路，若时间常数过大，可不就影响到波形的形状嘛。常见 G 极电阻的取值范围为 30~120Ω 之间，先将 330R 换为 51Ω 电阻，给芯片上电观测波形，开关管 TR326 的 G、E 极间波形图真就变漂亮了。对比波形图见图 6-22。

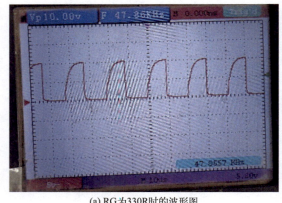 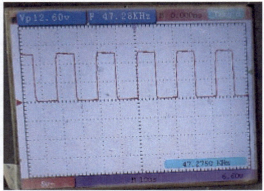

(a) RG为330R时的波形图　　　　　　(b) RG为51Ω时的波形图

图6-22　更换 330R 电阻前后，开关管 G、E 极间波形对比图

给开关电源上电试机，"打嗝"现象有所缓解，测输出电压也有一定程度的上升，但电路仍然工作不正常。

将 DC+、DC− 高压端供电和 3844B 芯片 5、7 脚 17V 低压供电一块儿上，电源输出稳定的正常工作电压，通电十几分钟，由开关管和其他电路温升情况判断也不存在过载故障。由此判断故障点仍在 3844B 芯片的 7 脚外围电路上。7 脚的供电电源由开关变压器次级绕组、电阻 R445、整流二极管 HS1J 和滤波电容 C336 等有限的几个元件组成，检测了一遍证实并无坏件。整流回路中串联 R445 的原因可能为增大滤波时间常数使供电电压纹波更小吧，但客观上却使芯片供电电源的电流输出能力降低了，于是将 R445 短接，上电试机，开关电源工作正常了，故障排除。

检修小结

作者和前检修者一样，也是未发现坏的元件，没换重要器件，只是调整了两只电阻的阻值，将其修复。其中得失，留给读者朋友们思考和讨论吧。

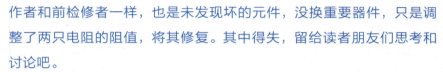

实例 25
ABB-ACS800 型 110kW 变频器上电"打嗝"

电路构成 电源 / 驱动板是从很远的外地寄来的，前检修者说是原机的开关管损坏，进行修复后出现上电"打嗝"故障，检查没有结果，寄来我处。

手头刚好有测绘 75kW 开关电源电路图，应该是同一电路结构，或非常接近的电路结构，如图 6-23 所示。

开关电源的供电取自 UDC+、UDC- 直流母线电压，经 X1 端子引入。振荡芯片采用 3844B 器件，7 脚起振电流和工作供电的引入，均由 V11 及外围元件组成的供电电路来提供。所以初看本电源有两个开关管，其实 V11 并非工作于开关状态。另外，二极管 V5，以及 V11 的 G、S 极回路元件，起到稳压控制作用，以保障振荡芯片的稳定工作。

因 +15V 电源和直流母线电压"共地"，所以直接经 R12、R14 等分压得到输出电压采样信号，输入振荡芯片的 2 脚，实现稳压控制。RZ 是指开关管 S 极接地电阻（4 只并联电阻的总阻值），将工作电流信号转化成电压信号，输入至振荡芯片的 3 脚，实现电压、电流的双闭环控制。该信号电压达 1V 时，引发 6 脚输出脉冲的限幅动作（占空比急剧减小，输出电压极低），或导致停振动作（间歇振荡）。

故障分析和检修 据故障表现，先将各负载电路检查了一遍，排除负载过载原因导致的"打嗝"；又在振荡芯片的 5、7 脚另行供入 16.5V 工作电压，排除因自供电能力不足引起的"打嗝"。至此结论已经呈现：由过载故障造成了"打嗝"。原因有三：

① 负载电路有过载现象，此点已经排除；

② 电流采样电路异常导致"打嗝"，是一种错误的过载误报警，如 RZ 电阻值变大，将正常工作电流信号"处理为"为过载信号；

③ 振荡频率严重偏低，如低于 10kHz，导致开关（脉冲）变压器 T1 感抗剧减，开关管饱和导通时瞬时流入电流值过大，引发过载起控动作。

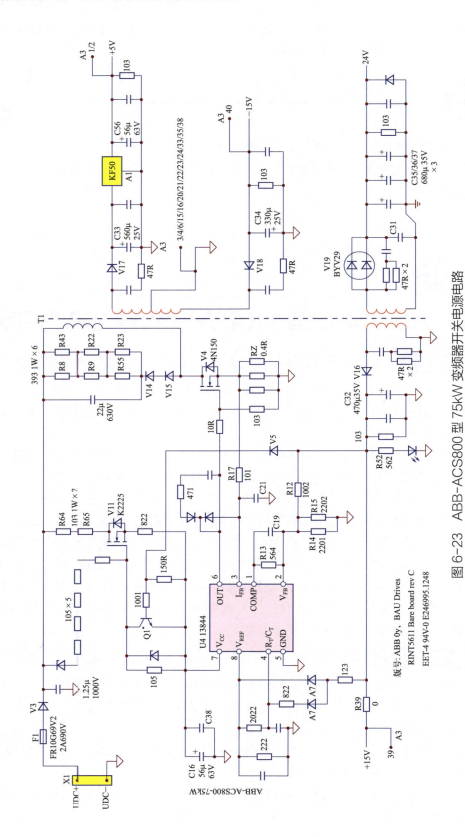

图6-23 ABB-ACS800型 75kW 变频器开关电源电路

检修步骤：

① 检测芯片 6 脚输出频率值为 7kHz，调整 4 脚定时电容为 1000pF 后，测 6 脚输出频率为 40kHz(标准值)。上电 500V 以下，"打嗝"现象缓解——"打嗝"的间歇时间变长了，"打嗝"的声音变弱了。上电 530V 以上能稳定输出。供电 500V 以下不能干活，电源仍然有问题。

② 检测开关管 V4 的 S 极电阻 RZ，在线检测电阻值达 1.3Ω，据经验，该机型开关电源的输出功率较大，此电阻有阻值变大之嫌，拆除两只贴片电阻，用一只 1Ω 电阻代换，测量 3 只电阻的总阻值为 0.7Ω，试机上电 200V 左右起振工作，输出电压稳定，故障排除。

检修小结

开关电源"打嗝"的原因牵扯电路较多，一定要思路清晰，检测到位，避免乱拆乱换造成故障扩大化。

实例 26

查不到坏件的开关电源故障之一

故障分析和检修 欧瑞 F1500 型 15kW 机器，上电闪烁显示 HF 代码，测 +5V 变低为 4.6V 确定故障在稳压控制环节（见图 6-24）。查稳压采样自下臂驱动供电正压 VN+，按分压电路 R79、R80 电阻设计值推算稳压值应为 17.5V 左右，但实测值为 14V。在线进行测量有较大误差，拆下 R80 检测正常，拆下 R79 测量阻值变小！代换 R79 后，输出电压上升为 17.5V 正常值。

以为就此修复，但连接 MCU 主板后，故障表现依旧，除 VN+ 为正常值以外，测各路输出电压虽然稳定，但都普遍偏低，面板仍然显示 HF 故障代码。检修了一通，又回到起点。

检修陷入困境，查无异常。

开关电源输出电压偏低，与以下因素相关：

① 有较轻微过载故障，尚不至于引发过载起控动作。

② 振荡芯片的工作供电能力不足。

③ 工作频率过高或过低。

④ 电流采样异常引发振荡芯片输出脉冲限幅动作。

⑤ 开关管栅极电阻变大，使开关管未充分开通。

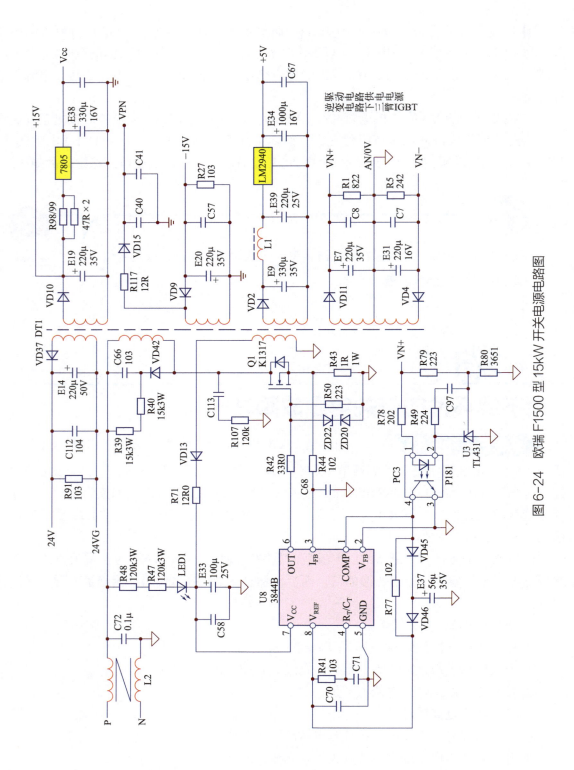

图6-24 欧瑞F1500型15kW开关电源电路图

⑥ 或有其他原因。

按上述①～⑤项检查，俱无异常。真是多亏想到了或有其他原因，即第⑥项：其他原因，到底是什么原因？！

本机开关电源的稳压目标，即保证其"嫡系" VN+ 的电压稳定，驱动电路的空载工作电流一般为 10~20mA 以内，轻者甚至为几毫安。开关管工作的脉冲占空比很小，即能满足 VN+ 的幅度要求。本例故障，除 VN+ 正常以外，其他均偏低，肯定有一个共同的原因在起作用——稳压采样的控制作用，只是为了保障轻载驱动电路 VN+ 的稳定，其他各路输出电压"受其牵连"则表现为输出电压偏低。为 VN+ 电源加载，当能提升开关管激励脉冲占空比，使各路输出电压抬升至正常值。

方法：找一只 680Ω2W 电阻，作为负载并入滤波电容 E7 两端，测其他各路输出电压上升为正常值，上电试机正常，故障排除。

检修小结

稳压采样电源空载或轻载，会导致"嫡系"电源正常，而其他输出电压偏低的故障。为采样电源"加载"是"扭转不利战局"的有效办法。该例故障仍然是查无坏件，通过调整手段修复，这一点还是希望读者诸君再思之！

实例 27

查不到坏件的开关电源故障之二

故障分析和检查 普传 8018F3 型 18.5kW 变频器开关电源（见图 6-25），原为开关电源故障，前检修者将电路中的关键元器件如 U1、U2、U3 和开关管、脉冲变压器、滤波电容等都已换过后，输出电压偏低，上电面板显示 8888，检查不出故障所在。

上电检测，如送修者所述，测 MCU 主板 +5V 电源，低至 4.5V，测 Q2（LM2940-5低压差三端稳压器）输入侧电压为 5.2V（正常应为 5.7V 左右），致使 MCU 器件工作条件不满足，面板显示 8888。

为振荡芯片 U1 单独上电进行检测，尤其是注重对工作频率和驱动能力方面的检测，没有问题。

单独上电检测由 U2、U3 及外围元件构成的稳压控制电路，发现外加供电为 5V 左右，光耦合器 U2 即已经处于导通状态，检测 R24、R25 分压（输出电压采样）电路却没有问题。故障原因是 U3 和 U2 的"超前导通"！怀疑 U3 不良，代换后无效。

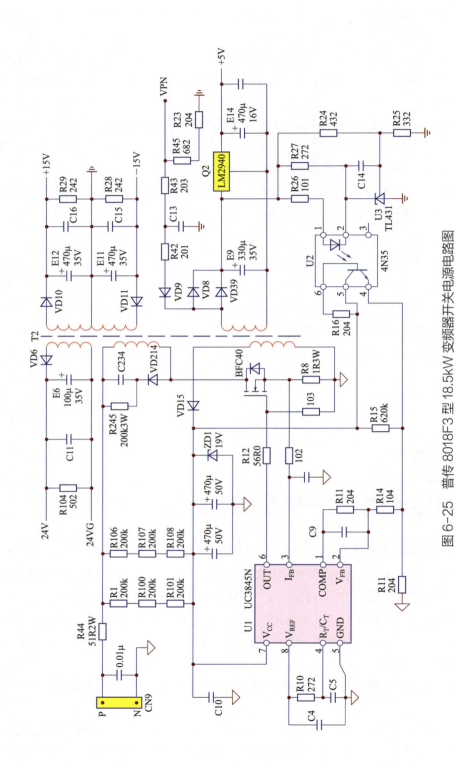

图 6-25 普传 8018F3 型 18.5kW 变频器开关电源电路图

一时无解，找不到损坏或者劣化的元件。按上例所述①～⑥细查，也得不到明确结论。

查无坏件，但工作失常，这种情况在开关电源电路的故障检修中，较其他电路（如驱动、检测等电路），出现概率最高，这与其电路构成和特性相关。试图靠找出坏件来修复的想法，一般故障情况下是管用的，但到了开关电源的特殊故障表现，如本例，就表现得过于天真了。

问题仍然出在稳压控制回路，对哪一个元件动一下，能发生牵一发而动全身的效果，使电路的"工作之轮"由滞涩转变为"欢快运行"呢？

图 6-25 中的 U3、U2 可视为振荡芯片 U1 的外部电压误差放大器，U1 的 1、2 脚内部则可称为内部电压误差放大器。R11 可称为 U1 的外部电压误差放大器的负载电阻，阻值偏大时，放大器的动作灵敏度偏高，表现为 U3 和 U2 的"超前导通"。要想使其正常工作，须相应降低放大器的灵敏度，即减小 R11 的阻值，或许能从根本上解决问题。

试将 R11 调整为 22kΩ，约缩小至原值的 1/10，上电试机，正如预料之中，面板显示正常了，测各路输出电压已为正常值，故障排除。

检修小结

用"调整法"修复查不到坏件的开关电源故障，在本章中已有数例，若明此，开关电源即不存在"疑难故障"。检修上，一忌乱动，二忌不敢动。该动的地方一定要动。哪里能动，能动到什么程度，宜深思之。

常规检测与换件无效之后，启用中医思维进行电路参数的调整，才是"起死回生"之途。

实例 28

四方 E380 型 55kW 变频器上电无反应

故障分析和检修　上电无反应，测 P、N 直流母线电压正常，控制端子的 24V 和 10V 电压为 0V，判断为开关电源故障。

本机型共有两个独立的开关电源电路（如图 6-26 所示），其中脉冲变压器 BT1 次级绕组输出电压，主要为六路驱动电路提供电源供应，以及为 MCU 主板、显示面板提供 +5V 工作电源；BT2 次级绕组输出电压，主要提供电压、电流、温度检测电路所需的 +15V、−15V 工作电源，以及散热风扇、继电器线圈所需的 24V 供电。两组电源的稳压反馈采样信号，均取自振荡芯片供电电源。

检测六路驱动电路的供电电源均为 0V，判断脉冲变压器 BT1 没有工作。测振荡芯片 IC1 供电端 5、7 脚电阻极小，近于短路状态，摘下 ZD1 后电阻值正常，将 ZD1 换新后

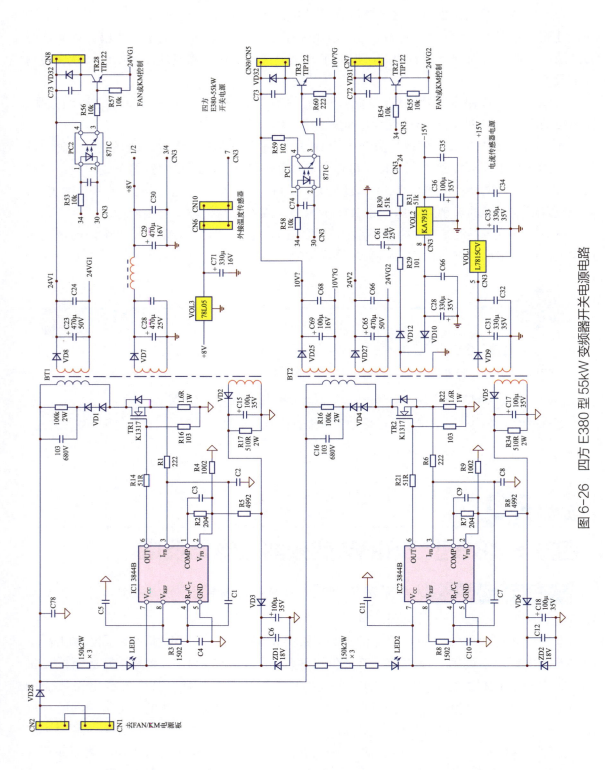

图 6-26　四方 E380 型 55kW 变频器开关电源电路

上电试机，面板亮一下，熄灭。测驱动电路的供电电压又变为 0V，再度检测稳压二极管 ZD1，又已经处于击穿状态。

检测各个部分大致上无问题，拆下 ZD1，P、N 母线送入 DC 100V，IC1 芯片 5、7 脚送入 17V 供电，开关电源能起振工作，测六路驱动电源都为 30V（感觉偏高，正常 24V 左右），测三端稳压器 VOL3 的输入端电压达 10V（也是感觉偏高，一般以 8~9V 为宜）。测 IC1 的 5、7 脚供电电压，达到 22V，击穿 ZD1 的原因在此。测隔离二极管 VD3 的两端电压，不禁让人大跌眼镜：VD3 的负极电压为 22V，正极电压为 14.8V，VD3 貌似处于反偏截止状态（显然又不成立，芯片工作电流是如何得到的呢？）！

稳压反馈采样于振荡芯片供电电源，电路的稳压目标是保持滤波电容 C15 两端为稳定的 14.8V。当 C15 失效之际，其负载能力变差（R17 为负载电阻），振荡芯片会自动提升输出脉冲占空比，以保障 R17 两端的稳压值不变，其他各路供电电压则会被动相应升高，以致 ZD1 被反复击穿。

摘下电容 C15，测量其容量和 ESR 值，均为坏的表现，代换 C15 后上电，测振荡芯片 IC1 的 5、7 脚供电电压已为正常的 14.2V，故障排除。

检修小结

故障中测量 VD3 的两端电压降，真是既有"问号"又有"感叹号"。而实质上当 C15 失效，为保障其直流 14.8V 不变，开关管会主动加大开通时间，C15 两端峰值电压已超过 22V，故经后续电容滤波达到 ZD1 的击穿值以上使其损坏。

类似本机设计模式的开关电源，当机器运行数年后，屡烧 ZD1 稳压二极管成为常见故障现象。

实例 29
电流检测电路的故障最后找到了开关电源的身上

故障分析和检修　一台 ABB-ACS550 型 22kW 变频器，上电后显示故障代码 F0021，意为电流检测故障。本机的电流检测前级电路如图 6-27 所示。

A1-1 是一级 1.5 倍的同相放大器，取自开关电源芯片 8 脚的 5V 基准电压作为输入信号，经放大后取得 A1-2~A1-4 等 3 组单电源供电的反相放大器所需的 V_R/7.5V 基准电压，在 IU、IV、IW 点取得 7.5V 的"零电流信号"送入后级电路。对于 F0021 的故障指向，图 6-27 是首要检查的电路部分。

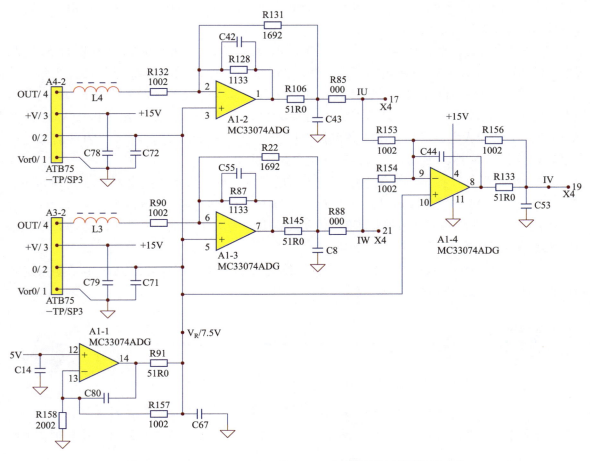

图 6-27 ABB-ACS550 型 22kW 变频器电流检测前级电路

测排线端 X4 的 17、19、21 脚电压，严重偏低于正常的 7.5V，并且 3 路信号的电压幅度相等，故障出在供电电源或共用的基准电压身上。测 A1-1 输出电压为 5.8V，进而测 A1-1 的同相输入端的 5V 变为 3.9V。电流检测电路的基准电压"变质"，是 F0021 的报警原因。

顺 5V 的来源往前查，此信号竟然来自开关电源电路、A2 电源芯片的 8 脚，见图 6-28 所示的开关电源电路。

随后一想也就释然：本机电流检测电路和开关电源都与直流母线共地，故电流检测电路的基准电压，直接取自电源芯片 8 脚输出的现成的 5V，也算是顺势而为了，并没有什么不妥。

本例开关电源电路，A2 芯片 8 脚输出的 5V 基准电压，除作为 A2 芯片本身 4 脚振荡电路的供电，还增派了更多的任务：

① 8 脚输出 5V 直接送往电流检测 A1-1 基准电压发生器，进而取得电流检测前级电路所需的 $V_R/7.5V$ 基准；

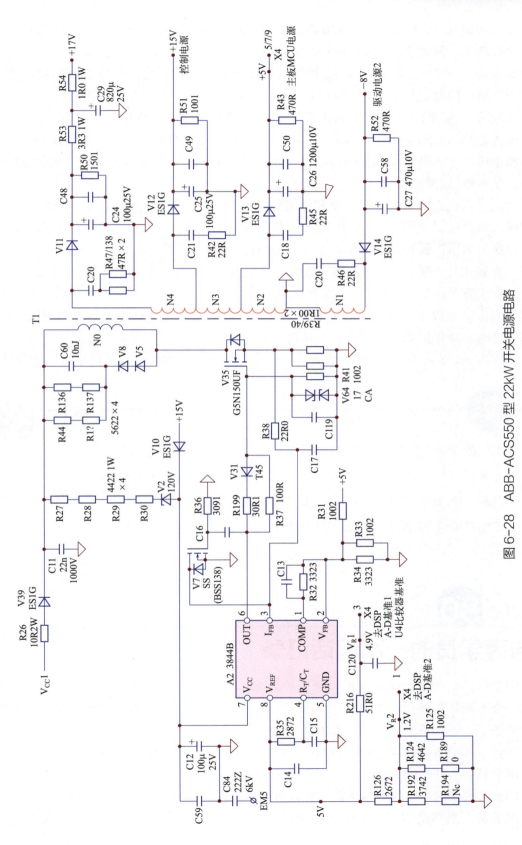

图 6-28 ABB-ACS550 型 22kW 开关电源电路

② 8 脚输出 5V 经 R216、C120 滤波处理，得到 V_R1 基准电压，送入后级比较器电路作为比较基准，同时送往 DSP 的基准电压输入引脚，作为 A-D 转换参考基准 1；

③ 8 脚输出 5V 又经 R126、R125 等分压处理得到 V_R2，送入后级温度检测电路，作为比较基准，同时送往 DSP 的基准电压输入引脚，作为 A-D 转换参考基准 2。

电源芯片 A2 的 8 脚电压不为正常的 5V，芯片还能正常工作吗？

电源芯片 A2 的印字为 3844B，在 8 脚内部设有 3.6V 的参考基准，与 8 脚 5V 相比较，在 8 脚电压高于 3.6V 时，电路可以正常工作。若低于 3.6V，A2 内部才会产生欠电压锁定动作，使 6 脚脉冲停止输出。

我们可以设想 8 脚内部有一个和三端稳压器 7805 差不多的稳压电路，当 5、7 脚供电正常时，该稳压器便产生 5V 稳压输出。当内部稳压器不良，使输出电压降低为 3.9V，但恰好尚在欠电压的保护动作阈值之上，故能维持"正常的工作"。

8 脚电压"变质"，对于开关电源本身来说，这种变质程度是可以容忍的，尚可以维持"正常的工作"。但对于电流检测电路来说，基准电压的严重偏离，造成了错误的过流信号输出，导致了上电后 DSP 检测输入电流信号异常，从而给出了 F0021 的报警提示，变频器进入故障保护的锁定状态，不能投入正常运行。

判断为 A2 芯片不良，代换 A2 芯片后，变频器上电后操作运行恢复正常，故障排除。

 检修小结

本例故障中，因电流检测与开关电源"共地"，故电流检测与开关电源芯片不良的故障挂起钩来。故障的追踪由电流检测电路到了开关电源电路：故障的发生在意料之外，而又在情理之中。

这也是检修进口变频器电路故障所表现的特点之一。

实例 30

与丙学员的一次通话记录

丙学员：上电后电源不起振，原芯片为 2844B。测 5、7 脚供电为 13V 左右，就是振不了。查不到坏的元件。没办法，就换了一片起振电压为 8.2V 的 2845B，测 5、7 脚电压反而更低了，还是不起振啊，头都大了。

作者：你把事情想反了啊，2844B 不起振，换上 2845B 更振不起来！

丙学员：为什么呢？

作者：启动汽车，用容量大的蓄电池好启动还是容量小的蓄电池好启动？

丙学员：当然是用容量大的蓄电池好启动。我明白老师的意思了，5、7 脚电容充电至 16V 以上电源芯片起振，当然比充电到 8.2V 起振的劲头要大多了，确实是我想反了。那么这个故障怎么下手呢？测过电源工作频率也对，查过负载电路也无问题。尖峰电压吸收回路也没有问题。再查哪里呢？老师给个思路吧。

作者：自供电能力不足这个方面查过吗？7 路供电电源，整流滤波后进 7 脚，有没有串联电阻？5、7 脚滤波电容查过吗？

丙学员：查过 7 脚供电电容不太好，换新的了，至于串联电阻，好像串了一只。

作者：马上落实。

丙学员：有串联电阻，供电端串联一只 56Ω 电阻到 7 脚。

作者：短接 56Ω 电阻再试。

丙学员：好的老师。……短接电阻后，开关电源工作正常了，谢谢老师！

作者：不用客套的。还有事儿吗？

丙学员：还有个问题，刚才为了排除故障原因，把软启动电路给脱开了，这个电路不用行吗？

作者：这个嘛……尽量还是要照电路原样给恢复。该变动的要变动，该恢复的要恢复。对于设置软启动电路的必要性，2842B 的必要性大一点，因其输出脉冲占空比接近 1，易造成输出电压过冲，严重时引发间歇振荡；2844B 的最大占空比为 0.5，上电过冲现象就会差一些，所以有些电源就未增设软启动电路。

丙学员：好的老师，我明白了。

实例 31

"开关管" V11 的真实身份

接手一台 ABB-ACS800 型 75kW 变频器，开关电源没有工作。检查该电路（参见图 6-23），发现有两个"开关管"，首先确定 V4 是真正的开关管，而 V11 的身份是什么呢？

经过"跑电路"和分析，和别的开关电源有所不同，电源芯片 U4 的供电完全由 V11 支路提供启动电压 / 电流，采用 V11 的目的，是将启动电路电阻的功耗"转移"到带散热片的 V11"开关管"的身上来。

电源正常工作以后，由二极管 V5 将芯片供电电压经 150Ω 电流采样电阻引入 U4 供电端。此后 V11 和 V5 两路供电形成竞争关系：V11 向芯片提供轻载电流，由 V5 提供的工作电流在 150Ω 电流采样电阻上的电压降接近 0.5V（流通电流大于 3mA）时 Q1* 导通，V11 供电支路被关断，此后改由 V5 向 U4 提供电源。

看来，V11 支路实际上只提供了 U4 芯片的起振工作电流，V11 及附属电路，是一种启动电路的"高成本设计"了。在设备的后续产品中，已经更改为由串联电阻提供启动电压 / 电流，+15V 提供 U4 工作电源的"常规电路"了。

上电测芯片 7 脚供电接近 0V，V11 的 G、S 极电压为 0.3V，V11 不具备导通条件，原因如下：

① V11 的 G、S 极间并联稳压二极管击穿；

② V11 的 G、S 极间并联 Q1* 损坏；

③ V11 的 G、S 极间短路性损坏；

④ V11 的栅极接供电正端的串联稳压二极管和电阻支路，有元件断路故障；

⑤ V11 的漏、源极间串联电阻元件有断路现象。

按照以上分析，针对①~④原因对电路进行了详细检测。本例故障，系 Q1* 击穿，破坏了 V11 在上电期间的导通条件，电源芯片 U4 无法获取启动电压 / 电流，因而电源处于停止工作状态。代换 Q1* 后，开关电源恢复正常工作。

软启动器上电后电源有"打嗝"现象

故障表现 上电在线测 +7.5V 采样电压波动不稳，且有电压过冲现象，有时到 +8.5V 后产生回落。

故障分析和检修 384x 系列芯片构成的开关电源（见图 6-29），在没有采取特殊措施（如增设过压、过流动作的锁定电路）之下，典型的故障表现即为"打嗝"。

一般情况下，电源"打嗝"（间歇振荡）现象由以下几种原因所引起：

① 由过载故障引发，负载电路有短路故障，或整流二极管击穿短路，在 R36 上产生 1V 以上的电压降，引发过流保护动作；

② D26、E6 供电电源电路中元件不良，如电容 E6 失效等造成的供电能力不足，使 7 脚电压低于 10V 时，内部电路产生欠电压保护动作；

③ PC1 的 2 脚输入电压高于 2.5V，使 1 脚电压低于 1V，引发过电压保护控制动作。

本例故障，查以上电路都无问题，单独给稳压控制电路上电检测，光耦合器的 3、4 脚电阻变化也正常，一时之间未发现故障元件。

工作中监测电源芯片 1、2 脚电压有波动现象（正常情况下 2 脚的 2.5V 是非常稳定的），疑点马上落实到 TL431 的 K、R 端并联电容 C4 上。当 C4 失效时，TL431 及外围电路组成的 PI 放大器变身为电压比较器，使柔和适宜的稳压调节过程变得剧烈化，产生过犹不及的控制动作，造成电源"打嗝"现象。用一只 0.22μF 电容并联在 C4 上，故障现象消失，测采样点 +7.5V 变为稳压电压，故障排除。

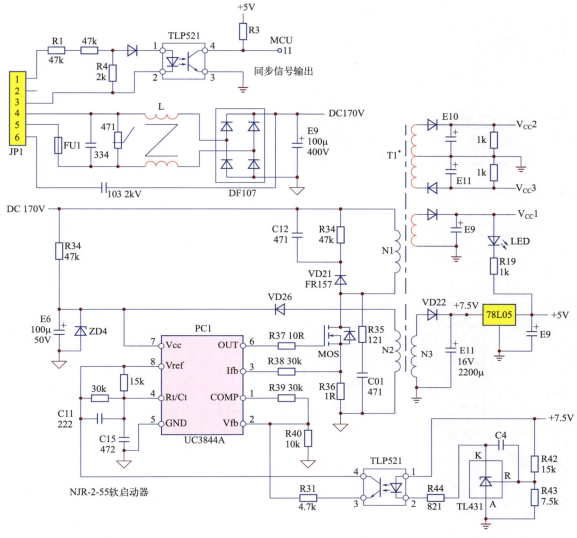

图 6-29　NJR-2-55kW 软启动器开关电源

实例 33

欧陆 590-75kW 直流调速器开关电源不起振故障

> **故障分析和检修**　电路如图 6-30 所示，送修者反映该电路主要元器件已经换过，

如开关管 Q1*、TL431、PC1*、电源芯片等已经代换，就是不起振，也查不出坏件来，至于输出侧整流二极管和滤波电容，不是拆开测过就是已经换过了。检修步骤如下。

第一步，先把前维修者换过的元器件全测量了一遍，好在对电路基本上没有改动的地方，将脱开的整流二极管全部复原。

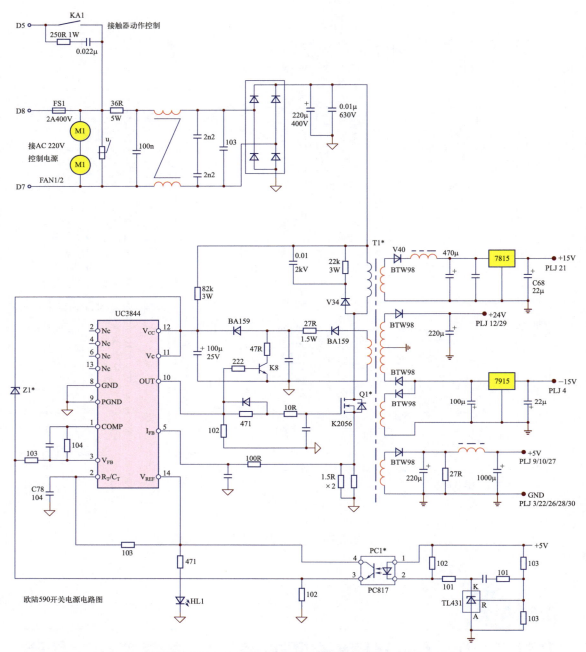

图 6-30　欧陆 590-75kW 直流调速器开关电源

　　第二步，将稳压控制电路部分上电检测了一遍，确认正常。

　　第三步，单独给电源芯片上电，测芯片输出端 10 脚没有脉冲电压输出。除芯片本身的原因以外，通常和芯片振荡端、电压反馈和电流反馈信号输入端的状态有关，测芯片的 3 脚电压高于 2.5V，是电源不起振的原因所在。在线测 Z1* 正反向特性明显，摘下 Z1* 后电源恢复正常工作。代换 Z1* 后检修工作结束。

实例  34

ABB-DCS400-55kW 直流调速器开关电源不起振故障

故障分析和检修 电路如图 6-31 所示，又是从别处转送我处的故障机器，观察电路板，前检修者已动过了，更换过大部分元器件，显然下了不少的功夫。

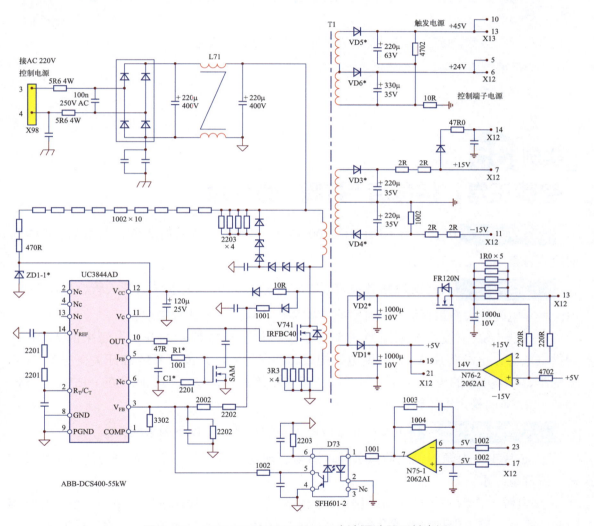

图 6-31　ABB-DCS400-55kW 直流调速器开关电源

将电路复原，重新测量新换的元件，有问题的重新换过。单独给电源芯片上电 17V（限流 30mA），发现上电后电压跌落至 14V，电流已达 30mA（正常工作电流为 15mA 左右）。试着将电流给大一点，但供电端的 14V 基本是不变的。

查供电端接有 ZD1-1* 稳压二极管，摘掉后供电电压上升至 17V，工作电流也归于正常的 15mA，测 10 脚已有脉冲电压输出。

此处的 ZD1-1*，应选用击穿电压为 18~21V 左右的稳压二极管。测 ZD1-1* 稳压二极管的正、反向特性明显。加电验证，其击穿电压约为 14V——ZD1-1* 的击穿电路值"走低"，将启动电路供给的启动电压钳制于 14V——在芯片的起振工作电压之下，导致上电不起振。前检修者换过电路中的重要元件，也在线测过 ZD1-1* 的二极管特性，但（单纯对万用表的依赖）恰恰使坏的元件漏网。

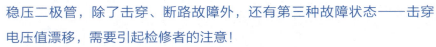
稳压二极管，除了击穿、断路故障外，还有第三种故障状态——击穿电压值漂移，需要引起检修者的注意！

实例 35

空载正常，带载后"打嗝"的故障

故障表现 接手一台 ABB-ACS800-75kW 变频器，空载时正常，带载后"打嗝"，前检修者查无异常，转送我处。

电路构成 询问前检修者检修经过，原故障为机器进水导致开关管、电源芯片、电流采样电阻等大面积损坏，将坏件全部换新后，就出了上述故障现象。

变频器 DSP 主板开关电源如图 6-32 所示。从图 6-23 所示的开关电源来的 24V，作为供电电源。电源芯片 A9 和外围电路构成脉冲发生器，开关管 V54 和开关变压器 T1 初级绕组、4 只并联的电流采样电阻组成主工作电流通路，从而得到隔离的 +15V、−15V、+5V、+3.3V 的稳定电压输出。

故障分析和检修 电源存在带载能力差的故障，和以下因素相关：

① 芯片工作电源的供电质量欠佳，通常表现为供电引脚外接滤波电容的高频特性变差，或容量缩水。

② 电源工作频率严重偏高或偏低，振荡端定时元件在代换时取值错误，或定时电容断路故障等。当工作频率严重升高时，会导致开关变压器感抗剧增，电 - 磁转换能量不足；工作频率严重下降时，又会导致流过开关管的瞬态电流过大，由电流检测引发输出脉冲的"限宽动作"。二者都会造成电源带载能力变差的故障现象。

③ 开关管源极串联电流采样电阻的取值错误，如将 1Ω 错换为 10Ω，会导致正常电流

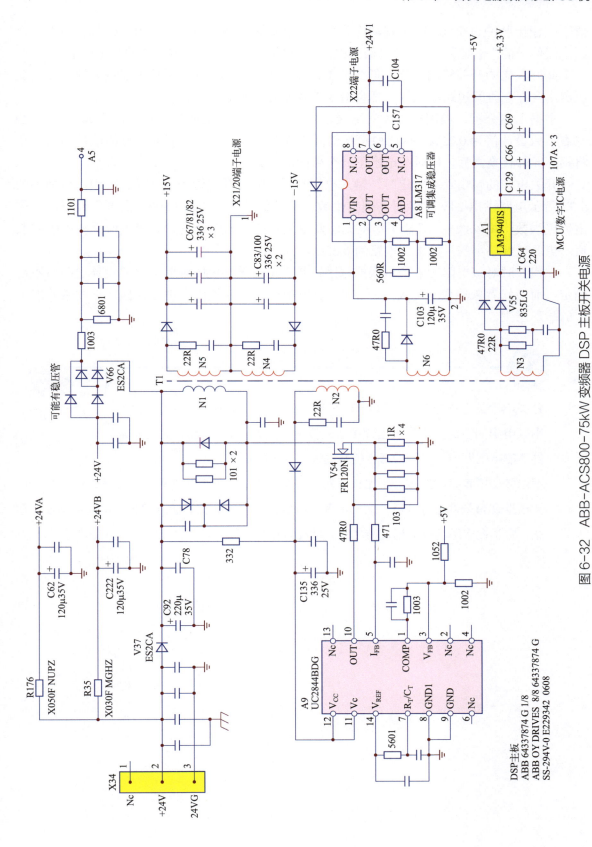

图 6-32　ABB-ACS800-75kW 变频器 DSP 主板开关电源

值变为输出脉冲占空比的"限宽动作"值。另外电流检测信号输入端 R、C 取值不当，会因电流信号的"超前起控"，导致输出占空比的"限宽动作"，导致同样的故障现象。

此外，比如开关管的劣化、低效严重，使开关变压器的电 - 磁转换能量欠缺，开关变压器本身存在匝间短路故障等，都会造成带载能力差的故障现象。

根据上述分析，当测量开关管源极 4 只并联电阻的总阻值时，竟然显示测量值为 1Ω 左右！原设计值为 0.25Ω，这比原设计值高出 3 倍。显然前检修者对元件的取值不当，在将损坏元件代换之后，同时又造出了一个新的故障。

开关电源的输出功率一定时，输入电压越低，流过开关管的电流越大，因而单独为图 6-32 所示电路供电 24V 电源时，须提供数百毫安级的输入电流（500V 供电条件下，工作电流仅为数十毫安级），峰值工作电流还要更大一些，因而开关管源极电流采样电阻的取值，更要适度放小些，如本例电路的 0.25Ω。

在代换时对该电阻的取值错误的原因，是在电流采样电阻烧断后，原设计电阻值不易确定，前检修者依然根据开关电源 500V 供电条件下的取值参考进行代换，造成带载能力差的故障发生。

检修
小结

开关电源的工作条件——输出电源电压变低——变化了，开关管源极串联电阻的阻值，也应该出现相应的变化，生硬"套用"500V 工作条件下的电阻取值，是前检修者检修失败的一个重要原因。

理论数据或者经验数据，都是在相对条件下得出的"非绝对数据"，具体情况具体分析，要根据现有条件进行判断，给出合理的取值。检修者的脑筋活泛起来，灵活利用参考数据，会根据实际情况适当调整数据，才成啊！

第 7 章

两只开关管的开关电源

284x 系列芯片构成的单端他励反激开关电源电路，特点是主工作电流通路的配置简单，30~100W 以内的小功率电源，仅需一只开关管就能完成任务；对于 100~500W 的开关电源，采用串联式两开关管、并联式两开关管等方式，由两只开关管完成功率和耐压的分配，提高工作可靠性，实现了较大功率的输出。

7.1 开关电源的主工作电流通路的构成形式

图 7-1 为两管开关电源的主工作电流通路的不同形式。

电路构成和工作原理简述如下。

图 7-1（a）电路，为 MOS 管和晶体管串联式。两只管子的工作参数：

Q1：IRFU120，V_{DS}=100V，I_D=7.7A；Q2：BU508A，V_{CEO}=900V，I_c=5A，P_D=100W。

两管为串联方式，分担了耐压和功率。电路特点：

① Q1 为主动管，Q2 是从动管。Q1 导通时，Q2 被动导通。

② Q1 为双极型晶体管，因此芯片供电电源需要提供较大的百毫安级的 Q1 驱动电流，在故障检测过程中要给够工作电流，否则造成电源"打嗝"现象，可能会做出电源存在过载故障的误判。

图 7-1（b）电路，为两只 MOS 并联工作模式，以增大电源输出功率，MOS 管的自均流特性优良，自动形成了功率分配。

电路特点：当一只开关管断路时，可能并不能表现为故障。

图 7-1（c）电路，两只开关管的串联位置移到了开关变压器输入绕组 N1 的两端，Q1 与 Q2 同步开通与关断，形成 T1 变压器的输入电流。因 Q1 与 Q2 驱动信号不能共地，Q1 的驱动电路需要自举电源和隔离电路，采用光耦合器传输驱动信号。

电路特点：Q1 驱动 / 激励电路和自举供电电源，为故障高发区。

图 7-1（d）电路，系两开关管和两开关变压器的配置结构。增加推动变压器 T2，将 2844B 的 6 脚输出脉冲信号，经 T2 变换成两路不共地的脉冲信号，同步控制开关管 Q1、Q2 的开通与关断，实现逆变输出。虽为两管和两变压器的结构，但仍为单端他励反激开关的工作模式（较低供电电压时和输出电压路数少时或许也有个别电路设计在正激模式

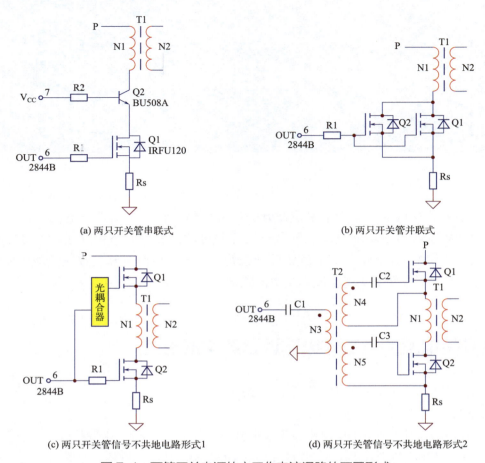

(a) 两只开关管串联式

(b) 两只开关管并联式

(c) 两只开关管信号不共地电路形式1

(d) 两只开关管信号不共地电路形式2

图 7-1　两管开关电源的主工作电流通路的不同形式

下）。电路中 C1、C2、C3 为隔直电容。T1 也称为输出变压器。

　　电路特点：开关管的激励脉冲传输环节增多，脉冲传输回路对"信号流"的损耗需要注意，易由于传输异常形成开关管的欠激励故障，造成电源"打嗝"或输出电压偏低的故障现象。

　　综述之，两只开关管无论串联或并联，也无论串联电路中开关管的位置如何摆放，也无论是分压式还是分流式，最终还是形成了功率分担，满足了电源输出较大功率的要求。

7.2　两开关管串联式开关电源

7.2.1　电路构成和工作原理简述

（1）开关电源的供电来源（图 7-2）

　　图 7-3 给出了施耐德 ATV71-30kW 变频器开关电源的电路实例，主工作电流通路的配

置同图 7-1 中的（a）电路形式，为 MOC 管与晶体管的直接串联的连接方式。本机三相输入电流整流电路，采用了 3 块晶闸管半控桥（一只二极管与一只晶闸管串联封装）组装而成。上电期间，由二极管 VD102、VD103、VD104 和晶闸管半控桥内 3 只二极管构成三相桥式整流电路，经 S202 端子、R201 和 R202 防冲击电阻、继电器 K100 的常闭点，"暂时"作为开关电源电路的供电（可参见图 7-2 和图 7-3）。

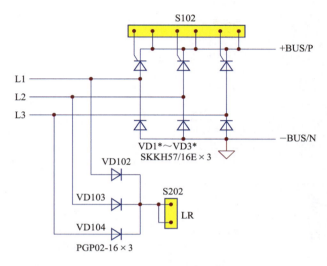

图 7-2　开关电源的供电来源

开关电源工作后，电源/驱动板的 MCU 如检测三相同步电压信号正常，并得到主板 MCU 工作指令，主电路晶闸管从 S102 端子得到开通信号，直流母线从而建立正常的 P、N 电压。

此时，K100 继电器动作，常闭触点断开，开关电源的供电改由 +BUS、−BUS 经隔离二极管 VD226 来的直流母线电源供电。

（2）电源芯片 7 脚的启动和供电电路、稳压控制电路、软启动电路

启动电路的两只 R2003、R2004 串联电阻，既为启动电阻，同时又是电容 C2001、C2002 的均压电阻，身兼两职。

开关电源起振成功以后，由供电绕组、VD210、VD224、C206 等构成的供电电源回路为芯片提供工作电压。

同时，芯片供电电源 +15V，还由 R210、R211 输出电压采样电路，取得电压反馈信号输入芯片 2 脚，实现稳压控制。

IC201 电源芯片的 1 脚，设有由 R249、VD229、C251、Q204 等元器件组成的软启动电路，实现在上电瞬间使芯片 6 脚输出脉冲占空比逐渐加大，避免输出电压过冲的自动控制。

（3）输出电源

控制板所需的 +5V、−15V 是由三端稳压器 IC210、IC211 处理后得到；+15V 则采用芯片供电电源；唯一一路与 N 不共地 24V（冷地）电源，为散热风扇供电，以及送入控制端子板作为开关量输入、输出信号的工作电源。

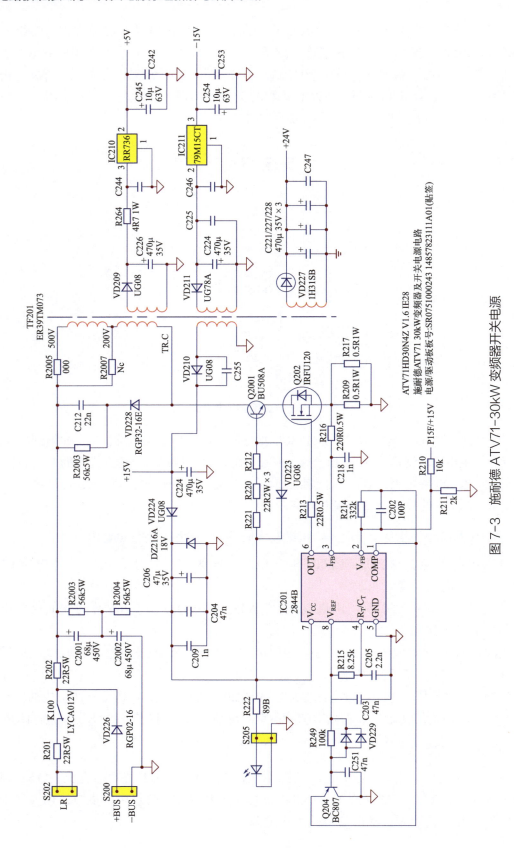

图7-3 施耐德 ATV71-30kW 变频器开关电源

7.2.2　图 7-3 电路故障实例

实例 **1**

施耐德 AVT71-30kW 变频器上电后无反应 1

< **故障表现和诊断**　主电路端子的测量值无异常，上电测量 P、N 端直流母线电压正常，测量控制端子的电压都为 0，判断开关电源电路没有工作。

< **故障分析和检修**　方法和步骤：

① 单独检修开关电源故障时，可在 S202 端子送入维修电源 DC 500V，或者也可以直接在 C2001、C2002 两端引入维修电源。

② 当需要单独加电检测 IC201 电源芯片好坏时，因开关电源主电路的双管串联模式，Q2001 晶体三极管工作中的基极电流达百毫安级别，需外加电源提供较大的电流供给。电流供给能力不足时，表现为间歇振荡的"故障现象"，可能会带来开关电源存在过载故障的误判。

③ 另外 P15F 电源的整流、滤波环节及稳压采样电阻 R210、R211，需细心检测，避免 DC 500V 上电时，稳压开环造成输出电压异常增高导致大面积电路的元器件的烧毁。

④ 开关变压器次级绕组的输出电压，有数路是经三端稳压器处理，再送往负载电路，测试供电电源电压，须注意对三端稳压器的检查。

本例故障，查 IC201、开关管 Q202 及引脚外接电阻全坏掉。由于手头暂时没有 Q202 原型号配件，考虑到可用 IRF640 管子代换 Q202，但体积稍大，好在线路板有多余空间，将铜箔部分刮皮，贴敷 IRF640 后，顺利进行了安装与焊接。

采用给 IC201 单独上电的方法，测振荡芯片各脚电压值，判断芯片内、外部元器件有无问题，检测各部分电路工作正常后，在 C2001、C2002 两端上 DC 500V 维修电源试机，显示与操作正常。

整体装机上电试运行正常后，交付用户。

实例 **2**

施耐德 AVT71-30kW 变频器上电后无反应 2

判断为开关电源故障，电路构成见图 7-3。为 IC201 单独上电 16.5V，限流 200mA，查看工作电流小于 10mA，判断 IC201 没有起振工作。测 6 脚电压为 0V，继而测 3 脚电压为 0V，正常；再测 1 脚电压为 0.6V，测 2 脚为 0V，判断 1 脚内、外部电路有异常状况。

停电测 Q204 的集电极与发射极电阻值为 100Ω 以下，摘下 Q204，测原焊盘电阻值恢复为 10kΩ 以上。用印字为 2T（型号为 MMBT4403）的贴片三极管代换 Q204 后，测 IC201 及外围电路工作正常。整机上电后试机正常，故障得以修复。

IC201 芯片 1 脚外围的软启动电路异常，Q204 漏电损坏后，造成 1 脚电压低于 1V，使 6 脚脉冲电压停止输出，开关电源没有工作，发生上电后无反应的故障现象。

7.3 两开关管并联式开关电源

普传 PI500-132kW 变频器开关电源——FAN、KM 专用电源板，如图 7-4 所示，开关电源的主工作电流通路采用两只开关管并联式的电路配置，以增大输出功率。为了更好地激励开关管，在电源芯片 U1 和开关管 Q2、Q3 之间还增设了一级电压互补式功率放大器，由晶体管 Q4 和 Q5 构成。

7.3.1 电路结构的简要说明

（1）主工作电流通路

开关变压器 T1 的输入绕组、开关管 Q2 和 Q3，以及 R29/R30/R31 工作电流采样电阻，构成开关电源的主工作电流通路。

（2）增设的相关保护和控制电路

① VD6、R20、Q1 等电路功能：电源起振工作后，芯片 8 脚 5V 电压建立，Q1 开通，将启动电压信号接地。电路的动作清楚，但具体作用先暂且存疑吧。

② 从芯片 7 脚经 R33/R34、稳压二极管 ZD5 引入芯片 3 脚的过电压检测信号，当稳压失控造成 7 脚供电电压升至 20V 左右时，3 脚产生高于 1V 的电压输入，完成了变过电压保护为过流动作的停电保护。

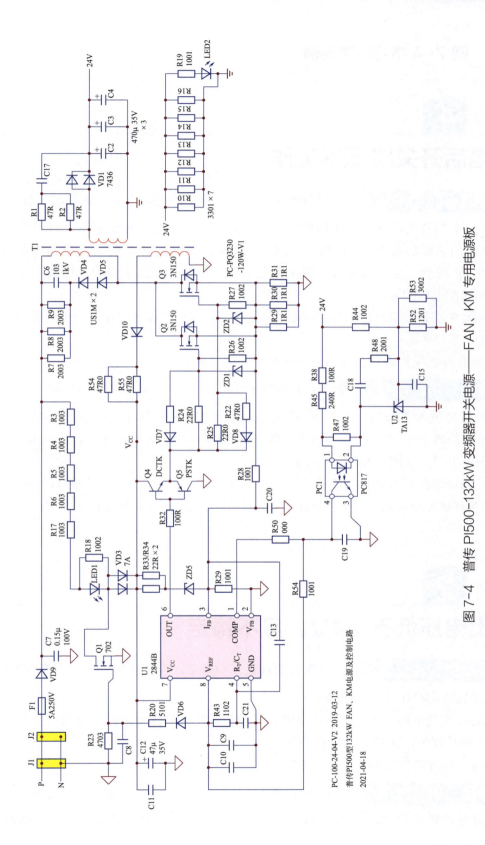

图 7-4　普传 PI500-132kW 变频器开关电源——FAN、KM 专用电源板

7.3.2 图 7-4 电路故障实例

实例 1

上电后开关电源不工作

故障表现和诊断 检测开关电源的主工作电流通路，没有发现坏的元件。单独给电源芯片 U1 的供电端施加 17V 的检修电源，测 6 脚脉冲输出电压为零。

测 U1 的 8 脚已有 5V 电压输出；4 脚有 2.1V 的振荡电压，说明频率基准信号正常；测 1 脚为 7V 左右，是正常表现；测 3 脚为 3.4V。芯片处于过载保护的控制状态，故在 6 脚测不到脉冲电压的输出。

停电测 3 脚外接 R28、R29/R30/R31 等元件都正常，3 脚出现异常的电压的原因如下：

① U1 芯片坏掉；

② 或有外部保护电路，将异常信号电压送入 3 脚。

故障分析和检修 "跑"了 3 脚外围电路，有一个增设的 R33/R34、ZD5 的将 7 脚过电压信号引入 3 脚的"变过压保护为过流动作的"保护电路。在芯片供电电压为 17V 的情况下，ZD5 应该处于非击穿状态，即 ZD5 两端电压应该等于 17V，现在测量 ZD5 端电压为 10V 以下，判断 ZD5 已经损坏。

ZD5 的漏电损坏，造成将 7 脚正常供电引至 3 脚，形成过电流信号输入的异常故障状态。用 1N4146A 稳压二极管代换 ZD5，上电后开关电源恢复正常工作。

实例 2

输出电压低于 24V，且不稳定

故障表现和诊断 输出电压波动且低于额定值，应该从以下几个方面着手检修：

① 首先落实稳压控制电路是否正常；

② 从芯片供电能力不足的方面来看，重点是芯片 7 脚供电电源电路的检查；

③ 3 脚外围的电流检测电路是否异常；

④ 落实芯片的工作频率是否偏高或偏低。

故障分析和检修 在 24V 电源输出端施加 0~25V 限流 100mA 左右的检修电源，加上检测电源后观察电流值达到 50mA 以上，查看 24V 供电输出端并联"假负载"3kΩ

电阻 7 只，以抑制电源空载时的输出电压波动。检测电压给到 20V 以上时，形成的 50mA "负载电流" 是正常的。

同时监测光耦合器 PC1 的 3、4 脚电阻值，当 24V 供电端调至 15~18V 左右时，PC1 的 3、4 脚电阻有变小现象。回头检测采样点——R44 和 R52 分压点——的电压，也在 2.5V 左右有摆动现象。

停电焊下 R52 和 R53，测量 R52 电阻值变小且阻值不稳定，代换 R52 后电源恢复正常工作。

7.4　用光耦合器传输激励脉冲的两开关管电源

7.4.1　开关管激励脉冲电路的特点

开关管的激励脉冲电路如图 7-5 所示。电路实例如图 7-6 所示。开关电源主工作电流通路，是采用串联于开关变压器初级绕组两端的两开关管电路，因 MF1、MF2 两只开关管输入激励脉冲回路不共地，所以上管 MF2 采用自举电源和光耦合器来传输激励脉冲。主电路的配置同图 7-1 的（c）电路是一样的。

将图 7-6 中开关管 MF1、MF2 的激励脉冲电路，专门摘取出来，即图 7-5（做了适度简化，电阻、二极管序号做了重新标注），以供行文分析之便。

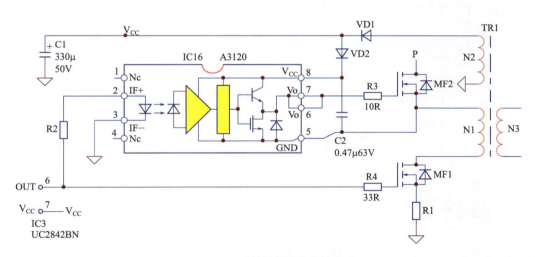

图 7-5　开关管的激励脉冲电路

工作过程简述：

开关管 MF2、TR1 的输入绕组 N1、开关管 MF1、电阻 R1 组成主工作电流通路；N2、D1、C1 是电源芯片 IC3 的供电电源；VD2、C2 为自举电源，VD2 为隔离二极管；IC16 为光耦合器，为开关管 MF2 提供隔离的激励脉冲信号。

IC3 的 6 脚发送脉冲期间，MF1 先行开通，此时 C2 获得由 V_{CC}、VD2 经 N1、MF1、

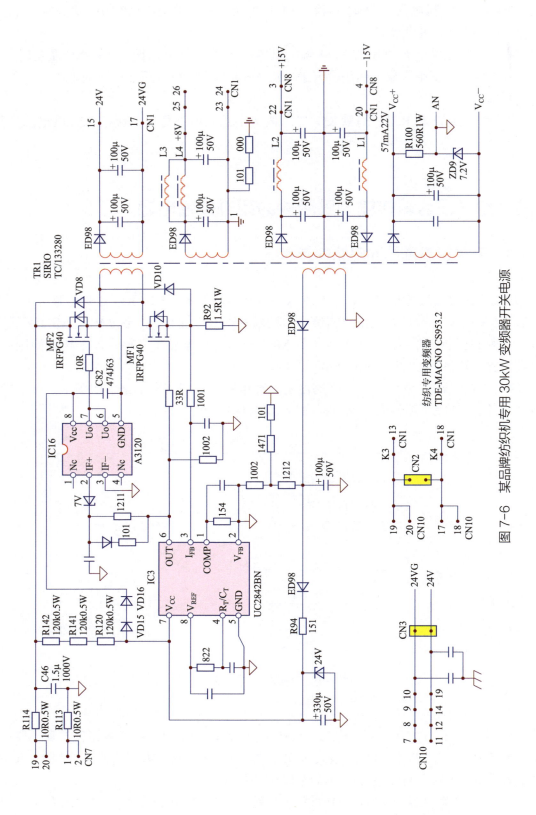

图 7-6 某品牌纺织机专用 30kW 变频器开关电源

R1 电路构成的充电回路，C2 端电压建立至一定幅度后，光耦合器 IC16 输出侧的供电条件成立；此时 IC16 的输入侧发光二极管在脉冲作用下处于点亮状态，IC16 的 7、8 脚内部三极管导通，C2 上的储存电能经栅极电阻提供 MF2 的开通电压 / 电流，MF2 随之开通，N1 输入电流而储能。IC3 的 6 脚脉冲停掉后，C2 上储存电荷经 IC16 的 6、7 脚内部输出级下管释放掉（但此时因 IC16 的供电电压也在跌落中，C2 会存有一定的残余电荷）。IC3 的 6 脚脉冲再度到来，重复以上 MF2 的开通过程。

电路特点：

从 MF1 开通至 MF2 开通期间，为 C2 充电时间，MF2 开通后为 C2 放电时间。实质上形成了 C2 充电有所不足（很难充到 V_{CC} 水准）、放电有所不净（IC16 的供电跌落会中止放电进程）的不利局面，对 C2 的高频特性要求高，但对 C2 的利用率不高，这将导致 MF2 很容易进入欠激励工作状态。工作中 MF2 的温升高于 MF1 的现象证实了这一点，同时 MF2 损坏的故障率也较高。

7.4.2　图 7-6 电路故障实例

实例 1

设备停止工作，相关指示灯也不亮

故障表现和诊断　主电路端子的正、反向电阻测量值无异常。上电测直流母线电压正常，测开关电源电压输出侧的各路输出电压都为 0V，判断为开关电源故障。

故障分析和检修　目测 MF2 开关管的焊盘附件，有长期发热后变色现象，测 MF2 开关管已经断路，MF2 的栅极电阻出现阻值变大现象，光耦合器 IC16 的 5、6 脚之间出现数百欧姆的电阻值，测量 IC16 光耦合器已经损坏。

检测开关变压器 TR1 各绕组电路无异常，MF1 外围电路正常。检测电源芯片 IC3 的工作状态是正常的。

代换 MF2、MF2 的栅极电阻、光耦合器 IC16 后，测开关电源的各路输出电压都为正常值。

但设备工作数分钟后，手摸开关管 MF2，比 MF1 的温升高很多，有异常的发烫现象，从电路结构特点出发，考虑到可能是 MF2 因故处于欠激励状态。停电检测自举电源电路的 VD15、VD16、C82 等元件，也没有发现明显的问题。

挑选一只 10μF 50V，ESR 值小的电解电容，代换 C82 后上电试机，工作数分钟后，手摸 MF2 温升，虽然仍稍高于 MF1 的工作温度，但已经有了明显下降，C82"增容措施"的效果还是明显的。

检修小结 使 MF2 的温升完全等同于 MF1 的温升，是不现实的，二者的工作条件本来就是不对等的。

实例 2

开关电源不工作

① 检查主工作电流通路，没有异常。

② 用直流电桥测量供电电路的 100μF 和 330μF 电容，发现有不同程度的 ESR 值变大和损耗值增大的现象，如 1kHz 测试频率下，ESR 值达 3.4Ω，损耗值 0.4 以上。

换掉两只电解电容，上电试机，开关电源恢复正常工作。

实例 3

上电后听到开关电源明显的"打嗝"声

故障表现和诊断 目测开关电源输出侧有数只滤波电解电容有鼓顶现象，已经损坏。将损坏电容换新，并检查电源芯片的 1、2 脚电压采样等电路无异常后，上电试机，电源仍处于"打嗝"的故障状态，输出电压在额定值以下有较大幅度的波动。

开关电源的"打嗝"现象和以下因素有关：

① 负载电路出现过载现象，引发过流起控动作；

② 7 脚供电质量不高，出现欠电压锁定的故障状态；

③ 芯片 2 脚电压采样反馈电路异常引起过电压起控动作；

④ 其他在 1、3 脚外围增设的相关保护电路动作。

故障分析和检修 直接采用高、低压一块儿上电的办法，排除了原因②、④，通过"跑电路"又排除了原因③。上电后仍然"打嗝"，只剩下原因①。

在各负载电路分别供给额定电压，观测负载电路的工作电流，当在 +15V 与地之间施加 12V（限流 100mA）的供电电压时，显示电流值 100mA，电压跌落至 1V 以下，拔掉由 +15V、−15V 供电的电流传感器以后，工作电流恢复至 50mA 左右的正常值。

换掉故障传感器，开关电源恢复正常工作。

开关电源各路输出电压都偏高，如 +15V 变为 +18V

检查电源芯片 1、2 脚的电阻元件均无异常，电压采样与稳压控制电路貌似无问题。

测供电滤波 100μF 电容端电压为 20V 左右，据采样电路电阻值估算，是对的，电路尚在稳压状态。但测芯片 7 脚 330μF 滤波电容端电压达 29V（5、7 脚 24V 稳压二极管已被前检修者拆除）！

停电用 ESR 电容表测试 100μF 电容内阻值，达 10Ω 以上。换掉该电容上电试机，各路输出电压恢复正常值。

100μF 电容失效后，开关电源为了满足 20V 稳压目标的实现，被迫加大输出脉冲占空比，造成其他各路输出电压被动升高的局面。

7.5　两开关管和两变压器的开关电源之一

7.5.1　电路工作原理简述

图 7-7 是采用推动变压器来进行磁耦合、隔离、生成两路同相的脉冲信号，来激励两只不共地开关管的电路，因两路脉冲既是相互隔离的，又有同样的"传输质量"，两只开关管的工作条件相同，故电路中开关管 Q4、Q6 的工作一致性优于图 7-6 电路。

开关管关断期间，开关变压器输入绕组产生的感生电压能量，经 C1、R192、VD3 和 C19、R85、VD13 两个反峰值电压吸收网络来吸收和消耗掉。若剩余电压幅度仍然高于 P、N 端供电电压，则 VD7、VD11 电源电压钳位二极管导通，将感生电压钳位在 P、N 直流母线电压的水准上，避免感生电压超出开关管的安全耐压区。

另外，在推动变压器 T2 输入绕组上设置的 ZD9、R94，为脉冲关断时的反向电压抑制电路，U8 电源芯片为单电源供电，但输出端驳接的负载为电感 / 变压器，电流关断时会有较高幅度的负向电压出现，对 U8 芯片带来安全威胁。增设 ZD9、R94，是可以将芯片脉冲输出端的负向电压钳制在 1V 的电平水准以内。

C3 为隔离电容，避免异常的直流电流流经电感时，造成输出短路而损坏芯片。

C4、C5 则启动脉冲信号的加速作用（电容的电流相位超前于电压），以提升脉冲波形的质量。

本例电路的稳压控制目标为 +5V，采用光耦合器和 2.5V 基准电压源的经典配合电路，来完成输出电压采样和稳压控制的目的。

除两只开关管和两只变压器的结构形式外，其他电路与常规电路并无不同，故障检修可参阅下文。

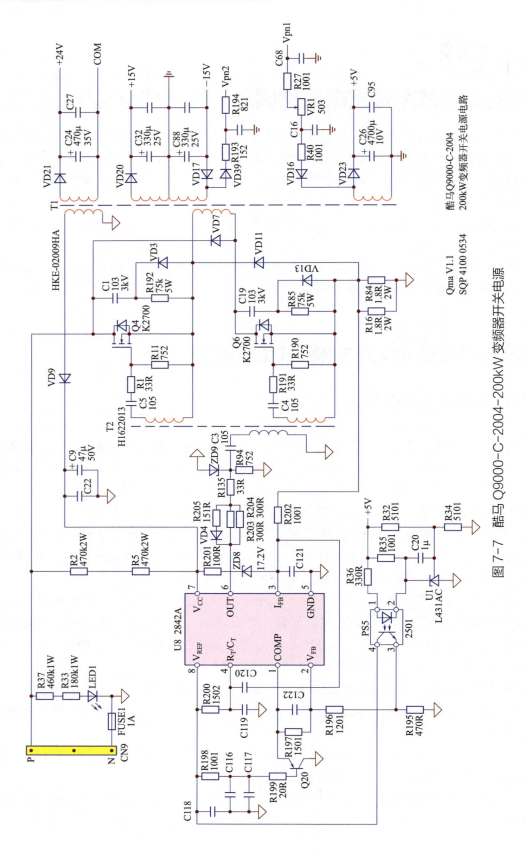

图7-7 酷马 Q9000-C-2004-200kW 变频器开关电源

7.5.2　图 7-7 电路故障实例

上电后变频器无反应，测控制端子电压为零，直流母线电压 500V，说明故障出在开关电源。

检测开关电源输出侧供电电压都为 0V，判断电源芯片 U8 没有起振工作，单独为 U8 上电进行检查，测 3 脚电压高于 1V，6 脚无脉冲输出的故障原因即在于此了。

芯片上电为 16.5V，ZD8 应处于反向阻断状态，端电压应为 16.5V，现在测量 ZD8 的端电压为 8V，说明 ZD8 已经损坏。

用 18V 稳压二极管代换 ZD8，故障排除。

7.6　两开关管和两变压器的开关电源之二

东元 7300PA 300kW 变频器开关电源电路，如图 7-8 和图 7-9 所示，是典型的两开关管和两变压器的主电路结构，前者提供故障检测电路、MCU 及外围电路的工作电源，后者提供 IPM 功率模块的供电电源。两个开关电源共用直流母线供电，而且 U2 和 U1 芯片的供电，也同时取自开关变压器 T3 的次级绕组，图 7-9 的电源芯片 U1 的供电自 a 点引出。

关于两路开关电源的工作原理，读者可参考上文自行分析，此不赘述。

图 7-8、图 7-9 电路故障实例：操作显示均正常，但在 U、V、W 输出端测不到输出电压。

故障表现和诊断　一台东元 7300PA 300kW 变频器，启动运行后，操作显示面板上有输出频率指示，但电机不转，用指针式万用表的 500V 交流挡，测不到交流电压的输出。表面看起来，该机的开关电源电路"肯定工作正常"，问题可能出在驱动电路或 MCU 主板的 6 路脉冲电路环节。根据维修经验，应该重点检测 6 路 PWM 脉冲传输环节。

电路构成　东元 7300PA 300kW 变频器的开关电源电路，大致上可分为两部分：其中之一为图 7-8 所示电路，输出 MCU 主板、操作显示面板、控制电路所需的各路电源，以及控制端子所需的两路辅助电源等；其中之二为图 7-9 所示电路。因本机型的逆变电路采用大功率 IPM 逆变模块，驱动电路可共用一路 15V 直流电源，故采用图 7-9 所示开关电源电路，单独为 IPM 功率模块提供直流驱动电源。

故障分析和检修　拆机检查，对 6 路 PWM 脉冲传输通道进行检查，MCU 引出脚及前级传输电路的输出脉冲信号，均正常。说明脉冲传输通道的前级电路没有问题，问题可能存在于后级电路——IGBT 模块的驱动电路。

检测逆变主电路，采用三块 IPM 大功率智能模块，驱动电路在模块内部。测量 IPM 模块的驱动供电电压为 0V。驱动电路的供电由一个独立的开关电源来提供，该电源的振荡芯片的工作电压是由开关电源电路（图 7-8）的 a 点引入的。

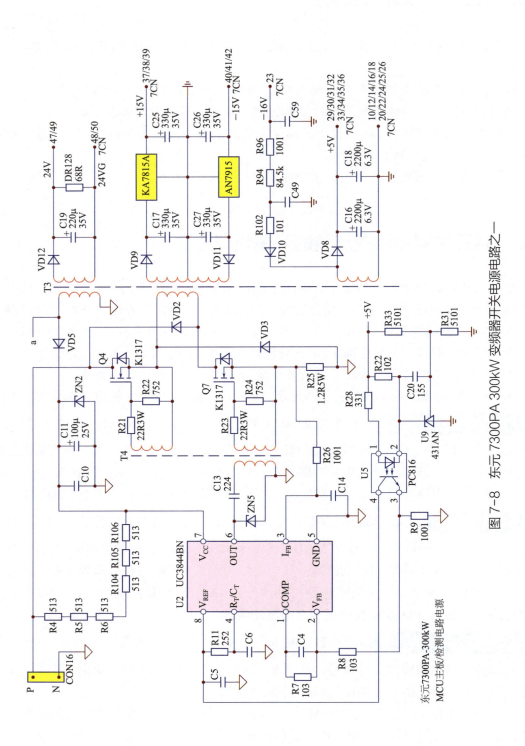

图7-8　东元7300PA 300kW 变频器开关电源电路之一

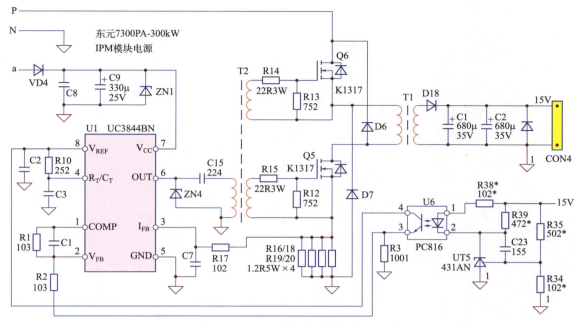

图 7-9　东元 7300PA 300kW 变频器开关电源电路之二

经详细检查，发现 a 点铜箔条因潮湿而霉断。用导线连接后，IPM 驱动电路的 17V 供电恢复。变频器输出正常，电机运转。

检修小结

面板有输出频率显示，而在变频器的 U、V、W 输出端测不到输出电压，一般检修思路是检查脉冲传输通道有问题，故障多出在前级脉冲传输电路上。但该机型的逆变电路不工作，故障出在这一路 17V 供电电源上，这是由供电电路的特殊性引发的特殊故障现象。

7.7　两开关管和两变压器的开关电源之三

本机开关电源系两开关管和两变压器的结构配置，见图 7-10，和图 7-1 中的（d）电路结构相同。DU3（PWM 发生器芯片）输出的开关脉冲电压经推动变压器 DT2 隔离后产生两路同相但不共地的脉冲电压信号，同时对开关管 DQ7、DQ8 实施开关控制。DT1 为输出变压器。此类电路适用于 100~500W 功率的开关电源，由两只开关管串联接法分担耐压和功率。稳压控制仍采用 2.5V 基准电压源和光耦合器的经典电路。

DD3、DD4 是 P、N 电平钳位二极管，为开关管截止期间初级线圈产生的感生电压（超过 P、N 电平时）提供能量释放回路。

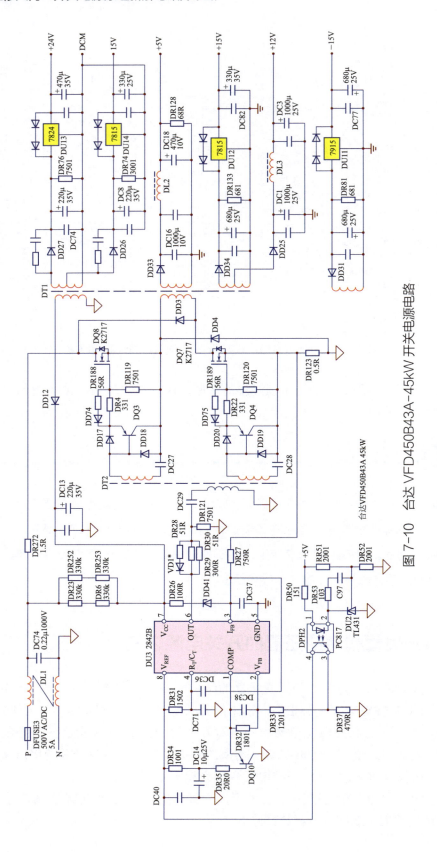

图 7-10 台达 VFD450B43A-45kW 开关电源电路

在电源芯片 1 脚增设了由 DR34、DR35、DC14、DQ10 等元器件构成的软启动电路。其余的电路内容，则和前几章所述的电路模型并无不同，兹不赘述。

7.7.1 开关管的开通和关断回路

需要关注的地方是推动变压器次级至开关管 G、S 极间的电路，若看不出"暗藏"了电路原理图中不会出现的 C_{GS} 电容（开关管 G、S 极间的寄生电容），则晶体管 Q2 的设置作用则无从谈起。图 7-11 将此脉冲电流回路成图以供分析。

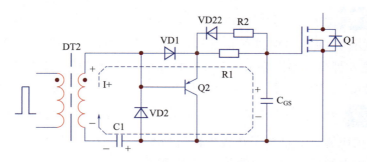

图 7-11   开关管 Q1 的开通信号回路

在电源芯片发送脉冲期间，DT2 感应电压为上正下负，I+ 开通信号电流经 VD1（此时 Q2 处于反偏截止中）、R1（此时 VD2 处于反偏截止中），为串联 C_{GS}、C1 充电，Q1 获取能量而开通。在 C_{GS} 和 C1 的串联回路中，谁的端电压最高呢？和容量/容抗的参数相关，因 C1>>C_{GS}，在 C1 上形成的电压降较小（不损失脉冲电压），在 C_{GS} 两端形成较大的电压降，以保障 Q1 的可靠开通。

如图 7-12 所示，在电源芯片输出脉冲的低电平时刻，DT2 感应电压为上负下正，VD2 承受正向电压而导通，提供了 C1 上储存电荷的放电通路；此时 VD1 承受反向电压而截止，Q2 的发射结和 VD22、R2 的串联电路形成正向电压而开通，从而形成 C_{GS} 的放电通路，开关管 Q1 因之关断。这一动作为 C1、C_{GS} 实施了"库存清零"的行动，为下一轮的 C1、C_{GS} 的再度充电（C_{GS} 的充电即是 Q1 的开通，C_{GS} 的放电即是 Q1 的关断）做好了准备。

在 Q1 关断期间，形成了 C1、C_{GS} 的两个独立的放电小回路，这是能关断 Q1 和可靠开通 Q1 的保障条件。

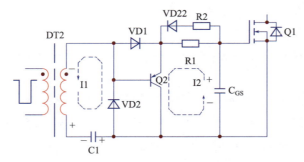

图 7-12   开关管 Q1 的关断信号回路

7.7.2 图 7-10 电路故障实例

实例 **1**

开关电源无输出电压

> **故障表现和诊断** 接手故障机器，查 DQ7、DQ8 两只开关管损坏，查电流采样电阻 DR123 和栅极电阻 DR4、DR22 等都坏掉，DU3（2842B）芯片损坏。全部换新后，为芯片上电 16.5V，测 6 脚脉冲电压为 13V 左右（稍偏低，正常值应达 15V 左右）。又加电测试稳压反馈电路（DU2、DPH2 等），反应正常。说明电源芯片及外围电路大致都是好的。

> **电路构成** 台达电源为双开关管、双开关变压器结构，与其他电源稍有不同。采用此种类型的开关电源，原是为了在较大输出功率下，减轻开关管的负担。但其小功率机型，也有采用这种电源模式的。电路如图 7-10 所示。

> **故障分析和检修** DC 500V 正常上电后，测各路负载电压均极低，如 +5V 为零点几伏，测两只开关管的 G、S 端有 2.5V，说明脉冲信号已经到达开关管的 G、S 极。检查负载电路无过载故障，证实负载电压为 0V 非过载所引起。用示波器测试 DU3 的 4 脚振荡频率竟高达 806kHz！焊下 DU3 的 4 脚振荡电容 DC71 已经有碎裂现象，4 脚接 8 脚电阻为 15kΩ，试用 332 瓷片电容两只串联，为 DU3 单独上电测振荡频率约 40kHz，此时测 6 脚输出脉冲电压变为正常值。为开关电源送入供电 500V，工作正常。装机试运行正常。

各路负载电压均极低的故障原因：当芯片 4 脚定时电容 DC71 断路后，定时电阻 DR31 和线间等效电容（线路分布电容，或称寄生电容，其电容容量极小，约为百皮法级）充电形成振荡，因而测得令人惊诧的振荡频率。在此频率下，开关变压器一次绕组的感抗数十倍上升，其流入电流值极其微小，所以二次负载电路的电压近乎为 0V。开关电源的能量输送路径：输入绕组为"进水口"，其他次级绕组为"出水口"。此时因振荡频率升高，开关变压器感抗剧增，"进水口"的"水流"极小，"出水口"——次级绕组——则无电流流出，故开关电源虽在"工作"中，但输出电压近于 0V。

检修小结

电容和电感器件的工作状态，均与其工作频率有关，故有容抗和感抗一说。而且振荡电容 DC71 断路后，并非就会处于停振状态，此时线路寄生电容（分布电容）参与进来，电路照常处于振荡状态（这是纸上谈兵所无法推演的事件），给故障判断带来一定的难度。

实例 **2**

从"能量供应"角度出发，检修开关电源不起振、"打嗝"和输出电压偏低等故障

故障表现和诊断　开关电源的故障为"打嗝"，输出电压偏低且有波动现象，前维修者已经将开关电源"啃了"好几天，几近崩溃，心中狂呼：坏件在哪里？！看相关技术论坛发帖，大多数人反映该机的开关电源检修难度非常大，一旦产生故障，鲜有能修复者（多为半途而废，无结论而终）。因而有人提议：遇有该板的开关电源故障，最好换新板修复，否则太浪费时间了。

故障分析和检修　本例机型，有两路独立的开关电源，结构形式相同，一为驱动电路提供所需的六路供电，一为如图 7-10 所示的提供检测电路、DSP 主板等电源供应的电路。

像过载、开关管击穿、芯片损坏等故障，比较直观易查。上电不易起振，或起振后"打嗝"，或输出电压偏低，是开关电源常见故障，若测无坏件，往往使人茫然无绪，感觉无从下手。如经验相对丰富的维修人员初遇本例故障也是查无结论，最后换了思路，才得以修复。将图 7-10 中开关管的激励回路简化成图 7-13 和图 7-14 电路，从"能量供应"角度分析故障所在。

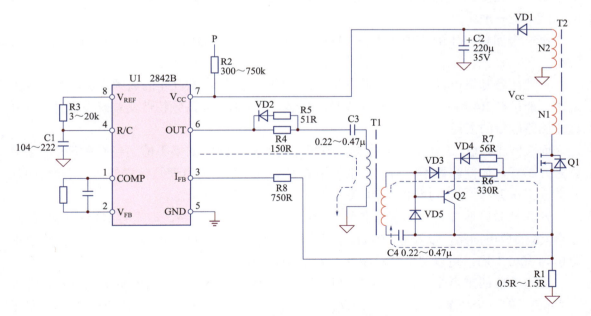

图 7-13　开关管激励脉冲的开通能量传输回路

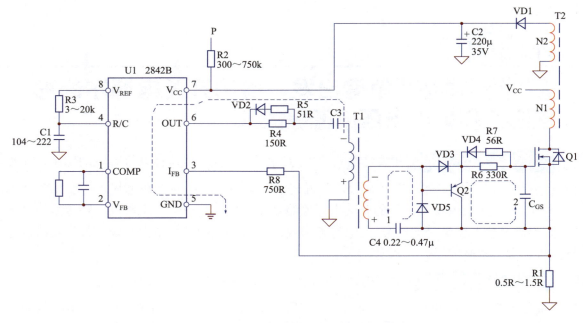

图 7-14　开关管激励脉冲的关断能量传输回路

　　上电不起振、"打嗝"、输出电压偏低等故障，在排除负载过载故障和欠电压因素以后，如果单纯从电路元器件的好坏检测入手，似乎已经无路可走。冷静下来，此三种表现，最终可以归结为图 7-13 中开关管的开通或激励能量不足所致。图中画出了两个虚线回路，即 Q1 的激励能量回路。

　　第一个回路：U1 振荡芯片输出脉冲电流的走向：U1 的 6 脚→R4（150Ω）→C3 → T1 的初级绕组→地。

　　第二个回路：T1 的次级绕组→ VD3 → R6（330Ω）→ Q1 的 G、S 极→ C4 → T1 次级绕组。

　　从此两条脉络可以清楚看出阻碍能量流通的因素：因 C3、C4 的高频容抗较小，视为通路，能量在 R4 和 R6 上产生较大损耗。当然，当 C3、C4 高频特性变差或失容时，同样造成回路能量的损耗。

　　而实际上，Q1 工作于开关状态，关断控制的能量回路如果不够通畅（关不好的结果就是开不好，如同容器不能清空，也就不能重新装入东西的道理是一样的），同样会导致开关管工作失常。图 7-14 给出 Q1 关断期间的能量传输回路示意。

　　开关管激励脉冲的关断能量传输回路，一共有 3 个小回路，即电容 C3 的放电回路、电容 C4 的放电回路，以及 Q1 的 G、S 极间等效电容 C_{GS} 的放电回路。因串联回路中的电阻值为 50Ω 左右，可以忽略其对能量传输的阻碍作用。

　　故障检修的重点是关注图 7-13 中开通能量的传输回路，R4 和 R6 形成能量传输通道中"堵塞"的一个环节。当用两只 51Ω 贴片电阻代换 R4 和 R6 后，开关电源的工作恢复正常，故障排除。

　　R4 和 R6 阻值调整前后的开关管 G、S 极间波形，产生了显著的变化，如图 7-15 所示。

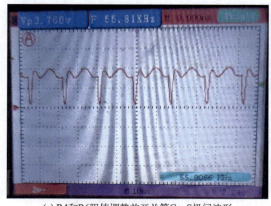

(a) R4和R6阻值调整前开关管G、S极间波形

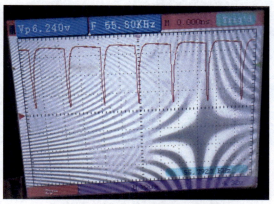
(b) R4和R6阻值调整后开关管G、S极间波形

图 7-15　R4 和 R6 阻值调整前后的开关管 G、S 极间波形图

遭遇上电不起振、"打嗝"、输出电压偏低故障，其实质上是开关管的激励能量不足所致。调整电路参数，提升开关管的激励能量，也许是修复此类开关电源故障的唯一途径。

本电路的故障元件在哪里？本电路的故障诊断过程，宜深思之。

第8章

与采用 284x/384x 芯片的电路差异不大的开关电源

本书第 2～7 章的内容，只分析了由 284x/384x 系列芯片构成的开关电源，显然，单端他励反激开关电源电路也会采用其他不同型号的芯片来完成同样的任务。有些芯片，在当今的互联网大环境下，对于器件资料的查找和获得仍然有一定的困难。

其实，所有的单端他励反激开关电源，都是差不多的电路结构、差不多的电路原理和差不多的检测方法，把"差不多"换成"一样的"字眼来表述，也是差不多的。初步接触 284x/384x 系列芯片以外的开关电源，难免会有"陌生之感"，但略加深入，一定会觉得又是碰上了"熟客"。所以本章内容，虽然换了演员，但演的还是同一个角色。

8.1　查不到芯片资料的开关电源之一

富士 5000G9/P9 型 11kW 变频器，电源芯片型号为 SA51709500，为 20 引脚贴片 IC 器件。不知为何资料稀缺，网上搜寻未果，我曾在技术论坛发了求助帖子，也未得到回应，看来找到此芯片资料的希望近乎渺茫了。测绘电路如图 8-1 所示。为方便检测参考，图中特加注了引脚电压和相关说明文字。

遇上查不到芯片资料的开关电源，如何进行芯片的引脚功能确定和进行故障检测呢？

8.1.1　最原始的办法

可以采用最笨、最直接和最有效的方法，即是先将芯片外围电路故障排除掉。

① 检测开关管工作电流通路。确认由开关变压器输入绕组、开关管、开关管 S 极接地端电阻构成的开关电源主工作电流通路是好的。

② 检测以 IC2、PC1 为核心的电压反馈通道。由 2.5V 基准电压源器件 R 端的采样电路（R32、R33）确定采样值，单独施加额定值左右的采样电压，检测电压反馈电路的好坏。

③ 检测芯片其他外围元件。在线检测芯片引脚外围所接的电阻、电容等元件。实

际上并非所有的故障都需要在找到资料或确定芯片引脚功能后，再实施检修。如本例电路，不知芯片资料和引脚功能，将这些电路慢悠悠地静下心来细测一遍，也确实费不了多大功夫。一些故障，如电阻的断路、电容的失效等，也会在测量过程中暴露出来。

④ 检测负载电路。判断各路负载电路的电源电压的高低，逐一施加额值以内的电压／电流，观察有无过载现象。

以上检查都没有问题，再换芯片试下。大多数情况下，电路故障也会就此修复。

8.1.2　"陌生芯片"引脚功能的测量判断

（1）"跑电路"的方法

任何芯片，最重要的引脚，不外乎供电引脚和与开关管经由电阻相通的引脚。

① 供电引脚。芯片供电端有 47~220μF 电解电容（同时并联一只 0.1μF 左右的瓷片电容），是芯片供电端的明显标志。

② 开关管是检测能依赖的另一个明显标志。与开关管的 G 极经 30~150Ω 栅极电阻相通的引脚，当为脉冲输出端；与开关管 S 极经 100Ω~2kΩ 电阻相通的引脚，一定是电流检测信号输入端。

（2）上电后进一步确定其他引脚功能

在无芯片资料的情况下，仍可以通过上电检测、对比等手段找到验证芯片好坏的方法。试简述之：

① 找一台好的机器，找出芯片供电引脚（20 脚和 2 脚），单独上电 DC 16V（实测电路起振电压为 15V 左右）。或为故障电路板换用一个好的芯片，实施测量与判断。

② 确定 9、10 脚（两引脚其一）肯定为基准电压端，测得基准电压为 6.3V 左右。

③ 用示波器或万用表直流电压挡测得 5、6、7 脚振荡波形或电压，由此得知振荡频率为 39kHz。

④ 测得脉冲输出端 19 脚波形及电压，由此判断最大输出占空比为 50%，振频＝出频。可知该芯片性能与原理接近 3842/43 芯片；

⑤ 由图 8-1 可知，18 脚为电流反馈信号输入端，4 脚为电压反馈信号输入端。芯片单独上电时应该为 0V 或较低的电压，若为较高电压（不知具体动作阈值），即为过流或过压保护信号。其他各引脚先不管它（一般也用不着管它）。

在上述的①～④ 环节，已经对芯片的好坏有了判断。

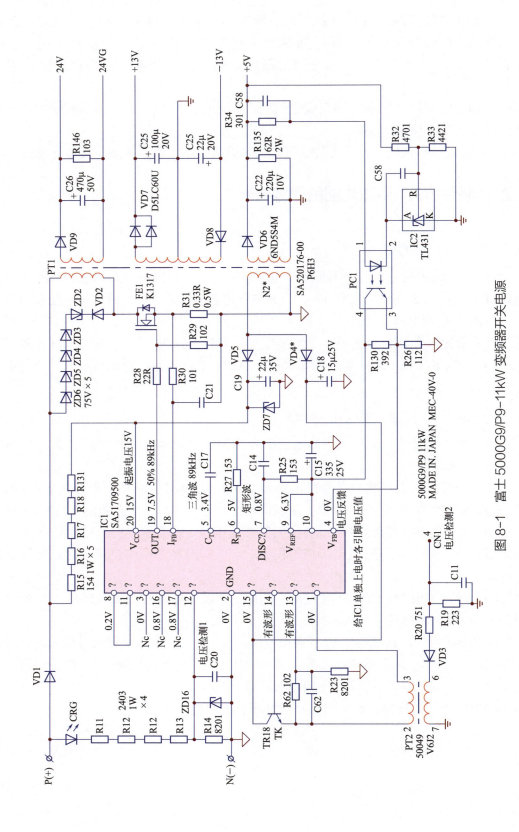

图 8-1 富士 5000G9/P9-11kW 变频器开关电源

8.1.3　图 8-1 电路的故障实例

实例 1

上电无显示，开关电源故障

为芯片单独上电后，测得 5、6、7 脚电压皆正常，19 脚无脉冲电压输出；再测 4 脚电压为 0V（正常），18 脚为数伏高电平（存在过流信号），判断 R30 或 R31 有断路故障，因过流信号的存在，致 19 脚无输出。检测 R31 断路，更换后故障修复。

实例 2

故障现象同上

＜　故障表现和诊断　富士 5000G9/P9 型 15kW 变频器，测变频器主端子参数正常，上电后无反应，测直流母线电压 530V 正常，判断开关电源电路故障。

＜　故障分析和检修　本机电路参见图 8-1，为 IC1 芯片单独上电，测 9、4、18 脚电压正常，但 PWM 脉冲输出端 19 脚电压为 0V，判断芯片内部电路损坏，更换后故障排除。

8.2　查不到芯片资料的开关电源之二

世界上的很多事情往往是无独有偶的，对于经常与电路板打交道的人士，遇上查不到芯片资料的开关电源，一定不是一件稀罕的事儿。因而分析电路原理和检修故障电路，应能做到：①不依赖芯片资料；② 不依赖电路图纸。

换言之，可通过"跑电路"和上电检测等手段，造成上述两个条件的基本满足，为原理分析和故障诊断创造条件。有图纸的开关电源毕竟是少数，如果跑电路多了，在电路板上能看出原理图来，也就不再是夸张。

以一个开关电源的故障实例来说话吧。

＜　故障表现和诊断　拆机后观察电源 / 驱动板上的开关电源部分（见图 8-2），有元件碎裂，线路板有区域变色。只有先修复开关电源，然后再对其他电路进行进一步的诊断。

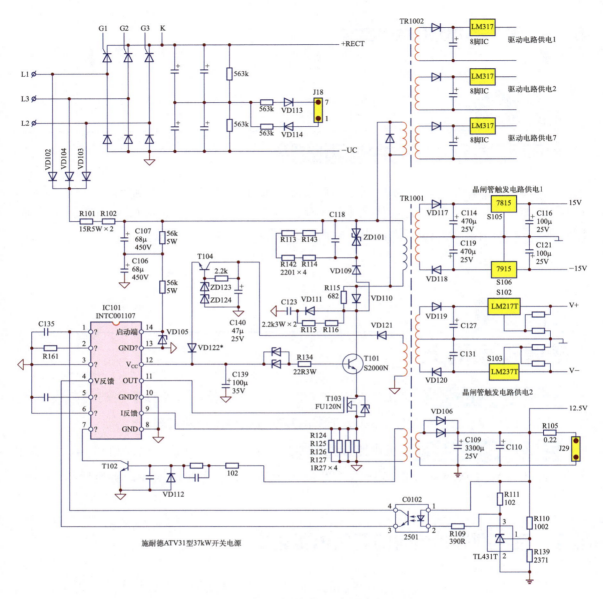

图 8-2　施耐德 ATV31 型 37kW 变频器开关电源

电路构成 下面分成 5 个部分进行简述。

（1）开关电源的供电来源

该机型主电路采用晶闸管半控桥器件，完成对输入三相交流电压整流的任务。由于上电期间，晶闸管无开通条件，故开关电源的初始上电，即由 VD102~VD104 和晶闸管的 3 个下桥臂构成三相桥式整流电路，经电阻 R101、R102 限流和电容 C107、C106 滤波后，取得开关电源的供电。

（2）脉冲形成电路

PWM 发生器芯片 IC1（INTC001107）与外围电路构成脉冲形成电路。当时该器件的资料也不易查到，故做了简易测绘，得到图 8-2 电路。

对不易查找资料的 IC 器件，仍然可以从开关电源振荡芯片所必须具有的功能特点出发，判断其引脚功能和进行相关的检测。8 脚 284x 系列芯片可作为参考模型，那么一个电源芯片的引脚功能不外乎如下所述：

① 必有两个供电引脚（而无论有多少个引脚接地或接 V_{CC} 端，多个接地端可视为一个引脚），而驱动场效应管类器件，其供电电压应在 13~17V 以内（该类器件的极限控制电压为 20V，作为开关应用时，10V 以下开通状态不佳——易从开关区进入放大区，则其典型供电电压应以 15V 左右为宜）；

② 必有一个工作电流反馈信号输入端和一个输出电压反馈信号输入端。二者既有电压、电流闭环控制特性的需求，也为过流或过压保护之必需。通常电流反馈信号取自开关管的 S 端，而电压反馈信号一定取自次级绕组经整流滤波后的输出电压。

③ 必有一个频率基准——振荡脉冲（由 RC 定时电路形成锯齿波或三角波）形成端，以及有一个 PWM 脉冲（为一定占空比的矩形波）输出端，且该输出端肯定要与开关管的 G 极连接（貌似是废话，但确实是"顺电路"的依据）。

④ 可能已经没有其他功能端，也可能尚有其他功能端。有的话，暂时可以不管——因为确定了以上引脚功能，为芯片上电（大致已经知道了上电电压的幅度）基本上可以确定芯片及外围器件的好坏了。

（3）稳压反馈控制电路

多为基准电压源与光耦合器的经典组合，也有从芯片供电绕组直接采样的。这部分电路在电路上的布局非常显眼，测试也比较方便。

（4）电源整流滤波和负载电路

每一只电解电容，即是一组供电电源的输出端。最大容量最低耐压的是 +5V 供电端，其次 +15V、−15V 电源滤波电容容量与耐压适中，24V 电源滤波电容的容量大耐压高，当然还有其他辨别"路标"：与 KA 线圈、散热风扇电路相联系的肯定是 24V，与运放器件供电脚有通路的是 +15V、−15V 电源端，等等。

判断有无过载故障，直奔电解电容两端即可。

（5）开关电源的主电流通路

该开关电源与其他开关电源最大的不同是开关管用了两只，即双极型器件和场效应器件两种器件的串联采用，T101 跟随 T103 被动开通，T103 受 PWM 脉冲控制，而 T101 由 V_{CC} 电源提供驱动能量。工作期间 T101 消耗的 I_b 达百毫安级（与常规电源相比，开关电源所需的工作电流大大增加）。其优点是振荡芯片既可以提供较小的驱动功率，又可以使主电路工作于较大的逆变功率状态，主电路的功率损耗和电压冲击由两只开关管共同分担。

故障分析和检修 初检，T103、T101、R134、R124 等器件已炸裂。IC101 变色（已坏），负载电路无异常。

① 恢复主电路，换 IC101。

② IC101 单独上电检测，当限流 50mA 供给电源时，出现电压、电流波动现象。后考虑到 T101 所需驱动电流较大，故限流 200mA 供给芯片，测 IC101 的 11 脚输出脉冲信号。

③ 慎重起见，单独上电检测稳压反馈电路，动作正常。

在供电端上电 DC 500V，试机正常。

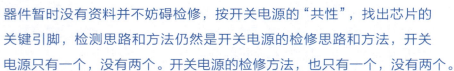

器件暂时没有资料并不妨碍检修，按开关电源的"共性"，找出芯片的关键引脚，检测思路和方法仍然是开关电源的检修思路和方法，开关电源只有一个，没有两个。开关电源的检修方法，也只有一个，没有两个。

8.3　双信号输入端和 3 个定时端的电源芯片

开关电源电路如图 8-3 所示，其采用了 16 脚电源芯片，印字为 16107FP，型号为 HA16107P/FP（内部原理方框图见图 8-4），在结构和性能上，比一般电源芯片还是要复杂一些。相比 284x 系列芯片，16107FP 芯片的制造者，则将器件功能的更大空间留给电路设计者：由设计者决定输出脉冲的最大占空比，由设计者决定电压误差放大器的参考基准是多少，而非由芯片内部电路来决定。

8.3.1　16107FP 芯片引脚功能简述

16107FP 芯片只能查到外文资料，不通外文在识别原理方框图上并不构成多大的障碍，各种符号只是标注了电路类型和信号用途，和日常的电路标注方式还是接近的。

① 1 脚和 12 脚为供电电源输入端，芯片起振电压为 16.2V，欠电压动作阈值为 9.5V，与 284x 系列芯片的工作参数很接近。

② 9 脚为 6.3V 基准电压输出端，过电压保护动作阈值 OVP 为 7V，284x 芯片则为 3.8V 的欠电压锁定值。

③ 2 脚脉冲信号输出端，输出脉冲最大占空比和 6、7、8 脚定时元件取值有关。

④ 6、7、8 脚内、外部为形成频率基准的振荡器电路，决定输出频率和最大占空比。

⑤ 11、14 脚为反馈电压信号输入端，15 脚为误差信号输出端，3、4 脚电流检测信号输入端。

⑥ 10 脚为软启动控制端，16 脚为定时锁存器置位信号输入端。

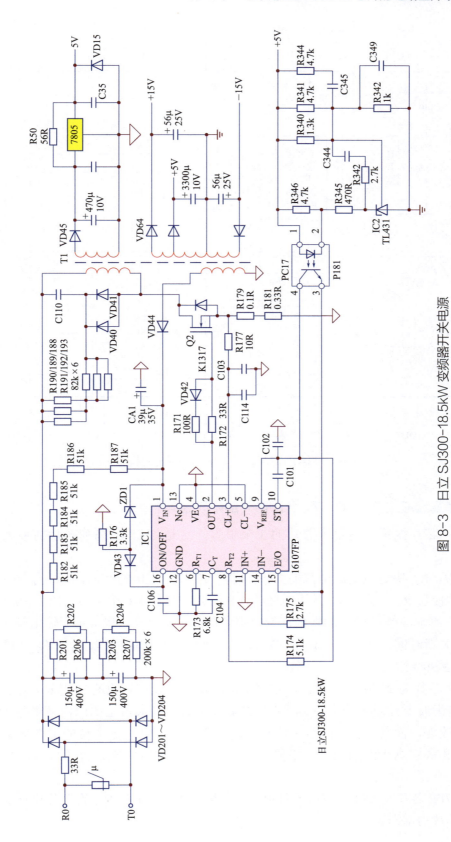

图 8-3　日立 SJ300-18.5kW 变频器开关电源

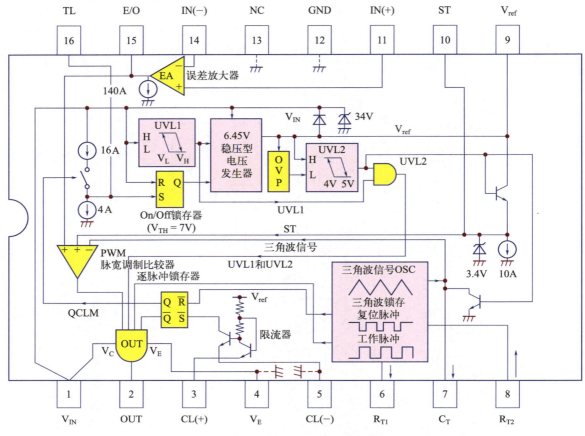

图 8-4　HA16107P/FP 芯片内部原理方框图

（1）频率基准形成电路：6、7、8 脚内外部振荡器电路

16107FP 芯片振荡器占用了芯片的 3 个引脚，这是与 284x 系列芯片的最大不同点之一。

图 8-5 中，R_{T1} 决定电流源电流的大小，即决定了 C_T 充电的快慢，形成了图 8-6 中锯齿波的"上坡段"；R_{T2} 决定了 C_T 放电时间的快慢，形成了图 8-6 中锯齿波的"下坡段"。

如图 8-6 所示，R_{T1} 与 R_{T2} 的取值比例决定了锯齿波的斜率，也决定了输出最大脉冲占空比和最小关断时间。当取 $R_{T1}=R_{T2}$，输出最大占空比为 50%。当取 $R_{T1}>>R_{T2}$，输出最大占空比则可达 90% 以上。

16107FP 芯片与 284x 芯片相比，后者 R_{T2} 在内部，设计者仅有决定 R_{T1} 大小的权力（仅可设计锯齿波上升斜率的大小），对于 2844B 而言，最大占空比由内部电路"固化"，设计者无权改变。而前者 R_{T2} 在芯片外部，设计者不但可以决定电路的工作频率，还可以灵活设计和决定锯齿波的上升、下降斜率（同时可以据需要来设置芯片输出频率的最大占空比）。

但 16107FP 芯片与 284x 芯片二者的区别，也仅仅是一个将 R_{T2} 放于芯片外部，一个将 R_{T2} 放于芯片内部而已。

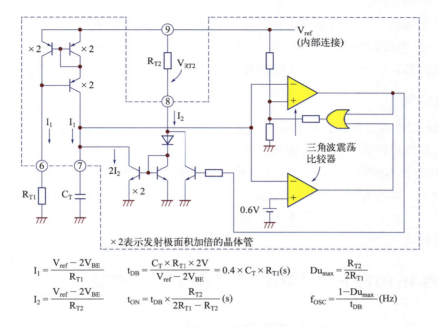

$$I_1 = \frac{V_{ref} - 2V_{BE}}{R_{T1}} \qquad t_{DB} = \frac{C_T \times R_{T1} \times 2V}{V_{ref} - 2V_{BE}} = 0.4 \times C_T \times R_{T1}(s) \qquad Du_{max} = \frac{R_{T2}}{2R_{T1}}$$

$$I_2 = \frac{V_{ref} - 2V_{BE}}{R_{T2}} \qquad t_{ON} = t_{DB} \times \frac{R_{T2}}{2R_{T1} - R_{T2}}(s) \qquad f_{OSC} = \frac{1 - Du_{max}}{t_{DB}}(Hz)$$

图 8-5　16107FP 的基准频率形成电路

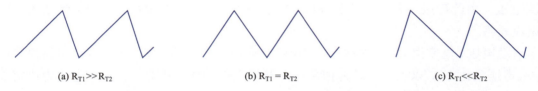

(a) $R_{T1} \gg R_{T2}$　　　　　　　　(b) $R_{T1} = R_{T2}$　　　　　　　　(c) $R_{T1} \ll R_{T2}$

图 8-6　16107FP 定时电路 R_T 取值不同的锯齿波占空比图示

（2）电压误差放大器电路：11、14、15 脚的内、外部电路

16107FP 芯片电压误差放大器输入端有两个引脚，这是与 284x 系列芯片的最大不同点之二。如图 8-7 所示。

(a) 284x芯片只能构成反相器的电压误差放大器　　　(b) 16107FP芯片可构成反相放大器或者差分放大器

图 8-7　284x 芯片与 16107FP 芯片电压误差放大器电路形式的比较

284x 系列芯片的 1、2 脚内部放大器，只把反相输入端和输出端引出来，同相输入端在内部，将基准电压"锁定"在 2.5V 上。16107FP 芯片，则同时将放大器的同相输入端、反相输入端和输出端等 3 个端子都引出来，具有以下特点：

① 可以在同相输入输 11 脚，据需要设置适宜的基准电压，如 3V 或其他，由设计者

169

说了算。由此构成与设置基准相比较进行误差输出的反相放大器。

② 可以形成双端差分式采样电压的信号输入，提升电路的抗干扰能力。

具体如何做，设计者具有更大的取舍空间和决定权。

（3）其他电路

① 284x 芯片本身无软启动功能，需要外加"增补"电路设置此功能。16107FP 芯片则自带软启动功能电路，外部仅需接入定时电容即可。

② 16107FP 芯片的 16 脚引出了内部锁存器的输入端，可以输入相关的保护控制信号。

比较以上，本节的出发点是想找出两种芯片的不同点，进而发现原理分析和故障诊断上的相异处。但结论是找出的不同点最后还是变成了相同点。说明开关电源电路只有一种，没有两样。

8.3.2　由 16107FP 芯片和其他元件构成的开关电源

开关电源电路如图 8-3 所示。电路的工作过程简述如下。

从 R0、T0 端子引入的 380V 交流电源电压，经桥式整流、滤波后，得到约 500V 的直流电压，由此形成经开关变压器 T1 的初级绕组、开关管和 R179、R181 到地的单向工作电流通路。

启动电压 / 电流由 R182~R187 启动电路引至电源芯片的 1 脚。1 脚内部电路检测电容 C_{A1} 端电压到达 16V 以上时，芯片内部电路开始起振动作，电容 C_{A1} 的放电能力决定着起振动作是否给力。

① 9 脚基准电压输出端输出 6.3V 的基准电压；

② 6、7、8 脚内、外部电路构成的振荡器，因得到 6.3V 的工作电源开始工作，R173、C104、R174 决定着振荡器的振荡频率和锯齿波脉冲的斜率（由此决定输出脉冲占空比）。据 R173、R174 的阻值比例可知，该电路输出最大脉冲占空比大于 50%。

③ 此时因反馈电压和反馈电流信号尚未建立，芯片 2 脚输出最大占空比的脉冲信号，激励开关管 Q2 进入开通状态。

④ DC 500V 电压提供的输入电流进入 T1 的初级绕组，开关变压器开始储能。开关管的源极串联的电流采样电阻 R179、R181 取得的采样电压送入芯片的 3 脚，当此电压到达最大电流设置阈值时，开关管 Q1 关断，开关变压器的次级绕组感生电压反向，所有整流二极管全部承受正向电压而开通，负载侧电路得到供电电压。同时电压反馈信号得以建立。

⑤ IC2、PC17 等元件和芯片 11、14、15 脚内、外部电路构成的稳压反馈控制电路开始工作，此后，该电路占据控制输出占空比的主导权。

但本电路将芯片内部误差放大器的反相输入端直接接地，用光耦合器 PC17 的输出直接控制电压误差放大器输出端 15 脚电压的高低，实现控制输出脉冲占空比的大小，从而完成稳压控制。这是个"跨级"的电压反馈信号处理方式。

⑥ 此后输出侧供电电压将供电能量源源不断地输送至负载电路，开关管关断期间，

初级绕组的感生能量则随时通过 VD40、C110、R190 等吸收电路进行吸收与耗散。

8.3.3　图 8-3 电路的故障实例

故障表现和诊断 变频器上电后面板无显示，细听开关电源发出"打嗝"声。

从 R0、T0 端子供入 DC 500V 检修电源，开关电源在脱离负载电路的情况下仍然发出"打嗝"声，测各路输出电压幅度低于额定值，且处于波动状态，判断开关电源有过载故障，或为供电能量不足，导致"打嗝"现象出现。

故障分析和检修 稳妥起见，先行检查稳压反馈控制电路的好坏。

① 落实稳压采样电压为 +5V，在 +5V 供电端施加 5V 左右的测试电压，同时监测光耦合器 PC17 的 3、4 脚电阻变化正常，说明电路控制动作正常；

② 采用高、低压一块儿上电的办法，即在 IC1 芯片供电脚施加 17V 电压，以及在 R0、T0 供电端同时施加 100V 电压，开关电源仍然表现为"打嗝"的故障的现象。在此过程中，检查开关管的温升过大，根据经验可能还有同时发热的元件，为故障根源所在。查到尖峰电压吸收回路的 VD40、VD41 同时有过热现象，拆下 VD40、VD41 后开关管的温升正常化，将 VD40、VD41 换新后上电，电源仍处于"打嗝"状态。

因为电源板在检修中与 MCU 主板、电流传感器、散热风扇等处于脱机状态，实际上处于空载状态，已经排除大部分负载电路的过载故障可能。

当然次级绕组的整流滤波元件若存在短路故障，也会引发类似负载短路一样的"打嗝"现象。

检查相关电路，没有发现问题。

将开关电源电路进行了"全盘检测"，没有什么新的发现，一时之间，似乎失去了检修方向。

静下来，想到稳压反馈控制的"跨级式"控制方式，又观察采样电压 +5V 滤波电容的电容量为 3300μF，心中有所触动，想起了作者曾经列出的一个故障现象的公式：

跨级式稳压控制 + 采样点超大容量的电容 = 上电"打嗝"，不宜空载

找到一只 30Ω 3W 电阻，并联到 +5V 滤波电容两端，各路输出电压一下子稳住了，"打嗝"现象消失。

检修小结

检修前的"打嗝"，是发生了因 VD40、VD41 损坏引发的"真过载"的"打嗝"故障。而排除故障原因后，是因开关电源空载造成了"打嗝"的"过载假象"，莫把"正常表现"当成故障啊。

8.4 三菱 A700-15kW 变频器开关电源

8.4.1 M51996 芯片功能

三菱 A700-15kW 变频器的开关电源电路，采用印字 M51996（型号为 M51996AP/FP）电源芯片，器件有 14 脚和 16 脚的两种封装形式（见图 8-8）。从功能框图（图 8-9）可知，内部电压误差放大器的电路形式、输出级电路形式、电流检测的输入方式和基准电压输出电路等，同 284x 芯片基本相同或接近。

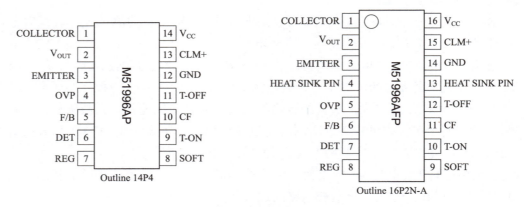

图 8-8 M51996 芯片的封装形式

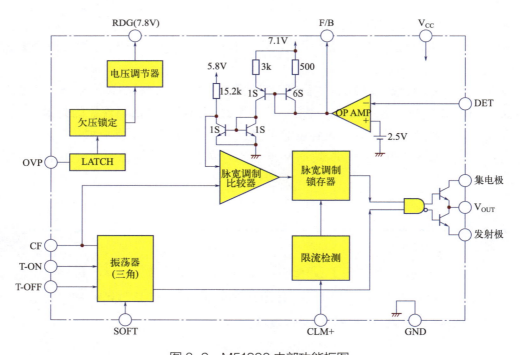

图 8-9 M51996 内部功能框图

M51996 与 284x 芯片的不同之处：

① M51996 的振荡器电路占用 3 个功能引脚，即 CF、T-ON、T-OFF。CF 接定时电容，T-ON 外接定时电阻 1 决定锯齿波的上升斜率（输出脉冲高电平时间段），T-OFF 外接定时电阻 2 决定锯齿波的下降斜率（输出脉冲低电平时间段），从而设计者可以决定输出脉冲的频率和占空比大小。

② M51996 多设一个 OVP（过电压封锁 / 保护）引脚，内设过电压锁定电路。

③ M51996 多设一个 SOFT（软启动 / 使能控制端）引脚。

M51996（16 脚封装）与 284x 芯片（8 脚封装）引脚功能的比较见表 8-1。

表 8-1　M51996 与 284x 芯片的引脚功能比较

类别 / 引脚	M51996	284x 芯片	备注
供电正端	1，16	7	有不同
供电负端	3，14	5	有不同
基准电压输出端	8	8	同
振荡器引脚	10、11、12	4	有不同
误差放大器输入输出端	7、6	2、1	同
电流检测输入端	15	3	同
PWM 脉冲输出端	2	6	同
多出的功能引脚	9、5	无	284x 外加增补电路

说明：M51996 芯片的 1、16 脚为供电正端，相当于 284x 芯片的 7 脚。其中，16 脚为内部前置级电路供电端，1 脚为输出级供电端，实际应用中或将 1、16 脚短接，或在 1 脚串入限流电阻预防输出端负载短路损坏输出级电路。14 脚和 3 脚为供电负端，相当于 284x 芯片的 5 脚。其中 14 脚为前置级电路供电负端，3 脚为输出级供电负端，可以在 3 脚接入限流电阻以利保护或将该脚与地短接。

M51996 的工作参数：

① 起振电压 16V 左右，欠电压封锁值 10V 左右；

② 7.8V 基准电压输出；

③ $R_{ON} = 20k\Omega$，$R_{OFF} = 17k\Omega$，$C_F = 220pF$ 时，振荡频率为 130kHz 左右，充电电平 4.5V 左右，放电压电平 3.5V 左右；

④ 电压误差放大器的内部基准电压为 2.5V；

⑤ 电流检测内部比较基准电压是电压误差放大器输出的"活基准"，最大钳位电压为 3V；

⑥ OVP 过电压锁定值为 0.75V；

⑦ SOFT 使能端高于 2.4V 时允许工作。

看起来，M51996 差不多就是 284x 芯片啊，功能和参数值都非常接近甚至相同啊。

8.4.2 由 M51996 芯片构成的开关电源电路

开关电源电路如图 8-10 所示。开关电源电路的供电电源可从三相电源输入端 R、S 取得，也可脱开 S1 端子后，由直流母线引入。前者为默认模式。

本机所有控制电路的供电，包含电源芯片 IC11 的共计 10 路的供电电源，都是由开关电源供给的。

图 8-10 电路工作原理简述：上电瞬间，启动电阻 R162~R172 等组成的启动电路应能向 IC11 电源芯片的 1、16 脚提供 0.1mA 以上的起振电流，以满足 IC11 内部电路的"待机工作条件"；16 脚内部电路检测到 16 脚电压（即电容 C76 端电压）达到 16V 以上时，电路开始起振动作。

① 8 脚产生 7.8V 的基准电压输出；

② 10、11、12 脚内、外部电路组成的振荡器电路开始工作，11 脚锯齿波形成；

③ 2 脚产生 PWM 脉冲输出，因反馈电流、电压信号尚未建立，脉冲处于最大占空比状态；

④ 开关管的工作电流流经电阻 R155，电流检测信号建立，输入至 IC11 的 15 脚；

⑤ 输出侧负载电路得到供电，反馈电压信号由此建立，经 IC10、OI15 输入至 IC11 的稳压控制信号端 6 脚，IC11 的电压误差信号输入端 7 脚接地，故形成了跨级式反馈电压信号处理电路。

⑥ 此后电路进入稳压轨道，各负载电路得到稳定的供电电源。

8.4.3 图 8-10 电路的故障实例

> **故障分析和检修** 上电无反应，经查滤波电容 C70、C69 上已有 500V 以上供电电压，而开关电源各路输出电压俱为 0V，判断开关电源没有正常工作。

可能原因：

① 由 T1 的初级绕组、开关管 TR2、电阻 R155 构成的开关电源的主电流通路有断路性故障。测开关管 TR2 的 D、S 极间电压有 500V，进而检测 TR2 是好的。排除掉此项。

② IC11 振荡芯片因各种原因没有工作。对本例电路而言，主要体现在：

a. 16 脚启动和供电电路是否正常；

b. 8 脚基准电压输出端，是否有正常基准电压输出；

c. 10、11、12 脚的基准频率信号是否正常；

d. 6 脚输入稳压控制信号是否正常，15 脚电流检测信号是否正常；

e. 芯片本身是否正常；

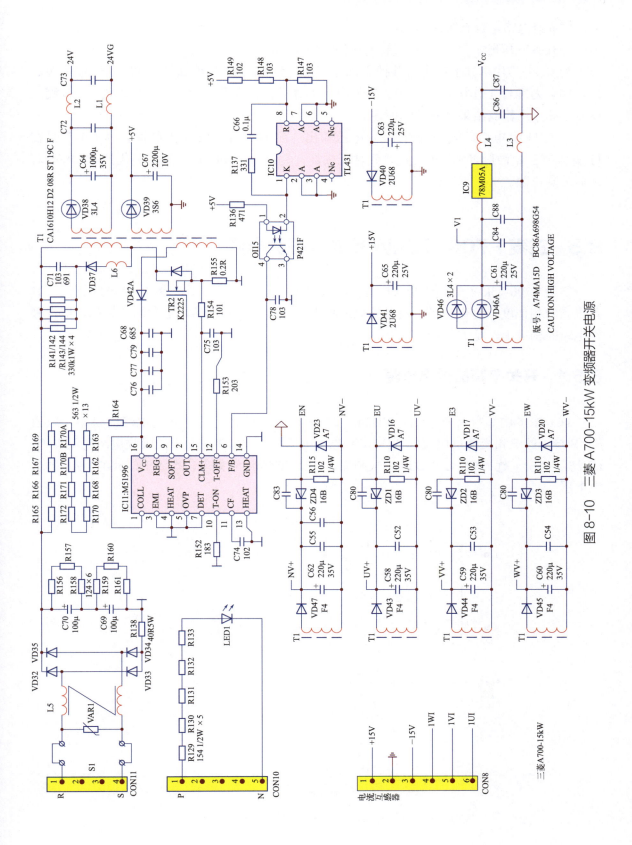

图 8-10　三菱 A700-15kW 变频器开关电源

f. 负载电路是否有短路；

g. 开关变压器本身是否存在绕组短路或匝间短路故障。

为 IC11 芯片单独上电会排除掉大部分因素。为 16、12 脚单独供电 17V（一般电源芯片，16V 为准许工作电压值，10V 为欠电压动作值，正常供电在 13~18V 以内），检测上述 a~e 项，由检测结果判断故障所在。

为 IC11 供电后，测 8 脚有 7.8V 电压输出；测 10、11、12 脚无脉冲信号（正常时在 11 脚应有三角波脉冲），相关定时元件无损坏，判断 M51996 芯片损坏。代换 M51996 芯片后故障排除。

8.5　三菱 F700-75kW 变频器开关电源

三菱 F700-75kW 变频器开关电源，如图 8-11~ 图 8-13 所示，与图 8-10 电路相比，具备很高的相似度，这也是进口设备的电路特点：一个厂家的产品，虽非同一系列，但在硬件电路的构成上，是非常接近的。

8.5.1　开关电源的供电来源

TE1 端子由短接片连接时，VD34、VD35 两只二极管空置。开关电源的供电，取自 R、S 端子的三相交流供电端的 AC 380V 电源电压，经 VAR1 压敏电阻吸收电网电压尖峰，L3 滤除共模干扰，VD36~VD39 桥式整流，C72、C70 滤波处理，得到 DC 500V 左右的供电电压。

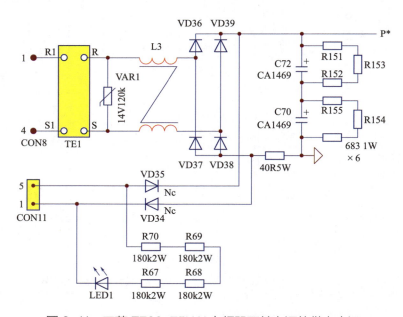

图 8-11　三菱 F700-75kW 变频器开关电源的供电来源

　　TE1 端子连接片断开，由 CON11 引入约 530V 的直流母线电压，作为开关电源的供电来源。VD34、VD35 为"禁止电源极性反接"二极管，本机电路两只二极管空置，说明开关电源"默认"交流电源的输入，中止了直流电源的输入。

　　R67~R70 为发光二极管 LED1 的限流降压电阻，LED1 用作直流母线的放电指示。LED1 点亮时，说明直流母线还有电压、储能电容还存有电荷、变频器内部电路不可触碰，起到安全警示作用。

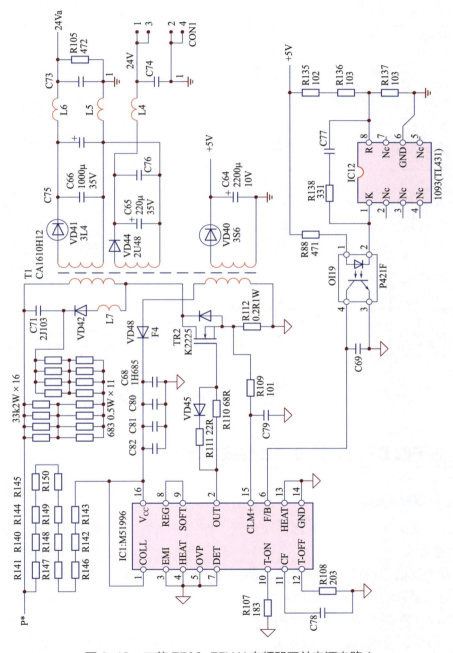

图 8-12　三菱 F700-75kW 变频器开关电源电路 1

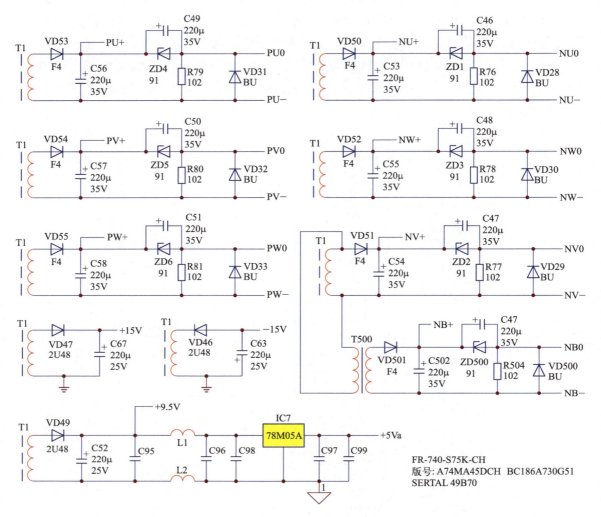

图 8-13　三菱 F700-75kW 变频器开关电源电路 2

8.5.2　对于图 8-12、图 8-13 的故障检修

（1）主电路通路的检查

检查：开关 / 脉冲变压器初级绕组的通、断；开关管 TR2 是否良好；电流采样电阻 R112 的状态如何。

对于开关管的在线检测，用万用表的二极管挡或电阻挡，仅仅是检测了开关管 D、S 极间并联的二极管的正、反向电阻，此种检测方法尚有不到位之处。可以采用在直流供电端施加 0.2A、10V 的测试条件（由恒流源供给），在开关管的 G、S 极给予 10mA、10V 的开通信号（仍由恒流源供给）。施加开通信号时，主电路应显示 0.2A 电流值和 2V 左右的电压降，说明主电路是通畅的。而信号电源显示电流应小于 10mA，说明 IC1 芯片输出端电路也大致是好的。

（2）IC1 芯片及外围元件组成的脉冲信号形成电路

单独在芯片的供电端 14、16 脚上电 16V，测 11 脚应有三角波振荡信号输出。测输出端 2 脚应有矩形脉冲输出，幅度为供电电压，频率为 40kHz 左右。

若 2 脚无脉冲电压输出：

① 查采样电流信号输入端 13 脚，应为 0V。若不为 0V，查 R109、R112 有无断路；若 R109、R112 正常，IC1 芯片坏。

② 查电压反馈信号输入端 6 脚应为较高电压值，若电压值为 0V，查光耦合器 OI19 的 3、4 脚有无短路故障，若无短路，则 IC1 芯片坏。

③ 以上①、②均正常，则 IC1 芯片坏掉。

④ 2 脚输出脉冲幅度低，查 TR2 的 G、S 极无漏电现象，是 IC1 芯片坏。正常时，测 G、S 端电压应约等于 2 脚输出电压。严重偏低时，也须检查栅极电阻 R110 是否阻值变大。

（3）2.5V 基准电压源 IC12、光耦合器组成的外部电压误差放大器

由 R135、R136、R137 分压电阻值落实采样电压值，估算 +5V 电压实际应为 5.2V 左右。在 C64 两端施加 0~5.5V 的试验电压（恒流源供给，限制最大电流 50mA 左右）。当外加电压达到 5.2V 以上时，光耦合器 OI19 的 3、4 脚电阻值由数千欧姆变为数百欧姆，说明 IC12、OI19 等电路是好的。

① 采样电压达到 5.2V 以上时，测 OI19 的 1、2 脚电压值达 1.2V 左右，但 3、4 脚电阻值无变化，说明 OI19 光耦合器坏掉。

② 采样电压上升至 1.5V 左右时，OI19 光耦合器的 3、4 脚即通，故障为 IC12 的 K、A 端发生短路故障。

③ 采样电压上升到 3V 左右，OI19 光耦合器的 3、4 脚即通，故障为 R137 断路；

④ 当采样电压上升至 5.5V 以上，OI19 的 1、2 脚之间电压仍为 0V，故障为 R88、R135、R136 有断路故障存在。

（4）对输出侧 / 负载侧电路的检修

① 落实电路的供电端，如滤波电容 C64 两端即 +5V 供电端。
② 分别在各个供电端，施加等于或略小于额定值的检测电压（限流 100mA 以内）。
③ 观测各个供电支路的电流值，判断有无过载故障。

8.6　三肯 SPF-7.5kW 变频器开关电源

电路如图 8-14 所示，电源芯片 IC1*（M51996）与外围电路被制作于 HIC1 的小板上，通过小板端子引脚与启动电路和 T1、Q1、R13 主电路相连接。

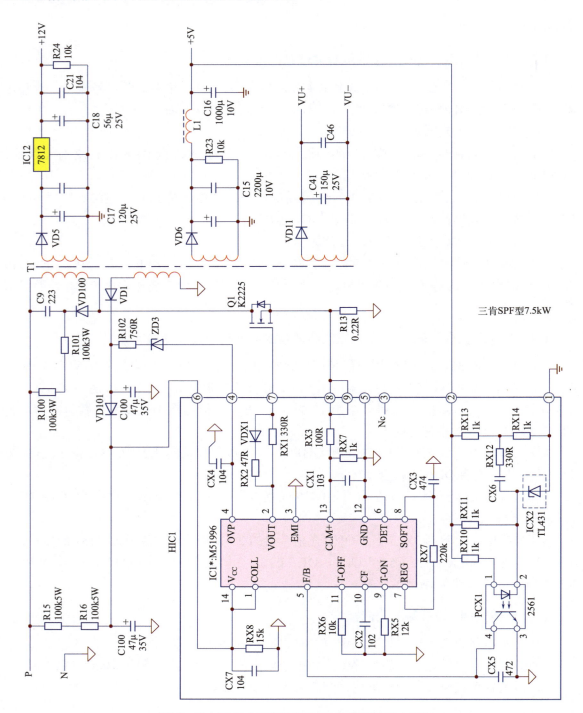

图 8-14　三肯 SPF 型 7.5kW 变频器开关电源

　　本例电路故障为开关电源不工作，检测发现 HIC1 小板上的 IC1* 损坏，将 IC1* 换新后，将小板的 1、8 脚短接，以屏蔽电流检测信号，单独为 HIC1 小板上电，检测 2 脚输出 PWM 脉冲正常，ICX2、PCX2 等元器件构成的稳压控制电路也表现正常，将 HIC1 小板焊回原处，上电试机，电源出现"打嗝"的故障现象。

按过载、过压和供电电源能力不足导致的欠电压保护动作，会导致"打嗝"的几个方面进行检查，都没有发现问题，电路的各个部分单独检测都是对的，但"打嗝"现象没有办法解决。

观察 +5V 稳压采样点滤波电容为 2200μF，容量超大（一般机器会低于 1000μF），稳压反馈为跨级反馈的工作方式，这种电源有不宜空载的特点。试在 C15 两端并联 30Ω 3W 电阻上电试机，"打嗝"现象消失。

跨级电压反馈 + 超大容量的滤波电容 = 空载"打嗝"。往往开关电源在故障检修过程中，与负载电路是脱离的，属于空载状态，莫把正常当故障啊。

8.7　富士 FRN-200kW 变频器开关电源

8.7.1　塑封单列立式直插的 9 引脚电源芯片 AN8026

AN8026 芯片封装形式与原理方框图如图 8-15 所示。AN8026 是反激式单端输出 RCC 型准谐振软开关驱动控制器，为 SIP 9 脚的立式封装，供电电压为下限 8.6V 到上限 34V，启动电流为 8μA，能显著减小启动电阻的功耗。输出脉冲为单端图腾柱式驱动电路，输出驱动电流为 +1A，可直接驱动 MOSFET 管。内置逐周控制过流保护电路和滞回特性的输入欠压 8.6V 保护电路。并设有脉冲变压器磁通复位检测端，检测次级输出电压 / 电流为零后，才形成脉冲输出条件，可以避免开关变压器绕组内部磁能未释放完毕时开关管导通产生冲击电流，使开关管具备适宜的开通条件。各引脚功能如表 8-2 所示。

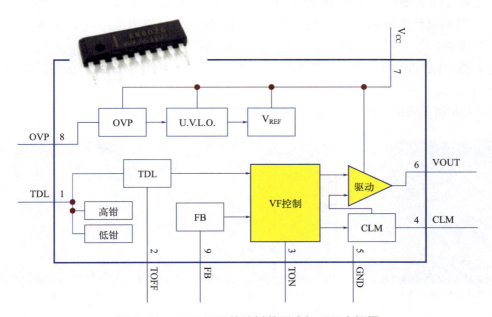

图 8-15　AN8026 芯片封装形式与原理方框图

表 8-2　AN8026 引脚功能

引脚号	标注	功能
1	TDL	脉冲变压器磁通复位检测端，经电阻接地时取消此功能
2	TOFF	开关管关断时间控制端，外接 R、C 定时元件
3	TON	开关管开通时间控制端，外接 R 定时元件
4	CLM	电流采样信号输入端，实现电流闭环控制和限制最大工作电流
5	GND	接地端
6	VOUT	PWM 脉冲输出端
7	V_{CC}	供电输入正端
8	OVP	过电压信号输入端，有过电压信号输入时则停止输出脉冲
9	FB	反馈电压信号输入端，与 CLM 信号一起，实现双闭环稳压控制

AN8026 的工作参数（芯片单独上电 16V 时，称为静态电压）：

① 7 脚起振工作约为 15V，停振欠电压锁定值约为 8.5V，芯片工作电流约为 15mA；

② 8 脚 OVP 端，输入过电压动作阈值为 8V 左右，静态电压为 6.7V。

③ 1 脚 TDL 磁通检测端，低于 0.7V 时判断磁通归零，开关管具备开通条件，静态电压为 0.2V。

④ 4 脚 CLM 端，输入电流采样信号电压最大 0.75V（达到 0.75V 以上时开关管被强制限流关断），静态电压为 0V。

⑤ 2 脚 TOFF 端，波形峰值为 1.1V，不规则矩形波，直流电压为 0.6V 左右；3 脚 TON 端，波形峰值为 0.9V，锯齿波，频率为 66kHz 左右，直流电压为 0.3V 左右。

⑥ 9 脚 FB 端，反馈电压输入，静态电压为 6.8V。

⑦ 6 脚 VOUT，80% 占空比矩形波，峰值为 17V，频率为 66kHz 左右，测试直流电压约为 11.8V。

AN8026 相关脚的（静态）波形图见图 8-16。

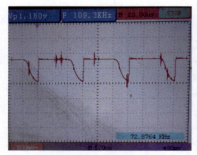
(a) 2脚TOFF端波形(放电)图

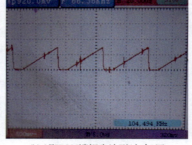
(b) 3脚TON端锯齿波形(充电)图

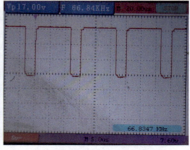
(c) 6脚VOUT端PWM波形图

图 8-16　AN8026 相关脚的（静态）波形图

可见 6 脚输出 PMW 波的频率等于 3 脚的基准频率，（开环时）6 脚占空比最大可达 80%。再结合其他功能考虑，AN8026 芯片与 3842B 芯片较为接近。与之相比，多出个 TDL 检测端。

8.7.2　由 AN8026 芯片构成的开关电源

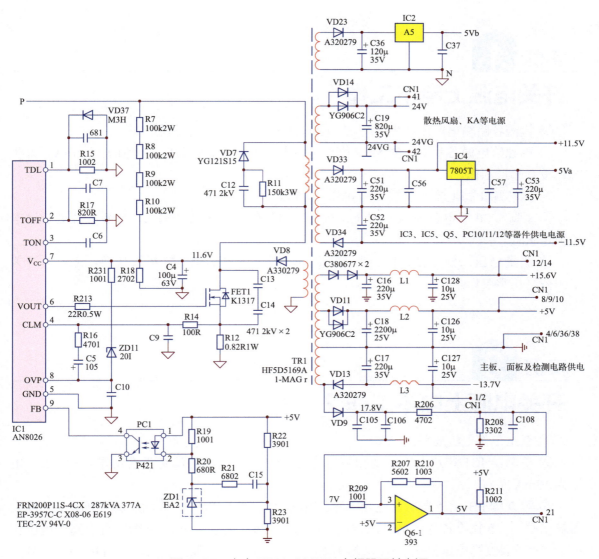

图 8-17　富士 FRN-200kW 变频器开关电源

如图 8-17 所示，开关电源的供电取自 500V 直流母线电压，R7~R10 提供芯片"待机电流"，当 7 脚内部电路检测 C4 端电压达到 15V 以上时，电路开始起振，在 3 脚上形成工作频率基准信号——66kHz 的锯齿波脉冲。6 脚输出 PWM 脉冲激励开关管 FET1，开关变压器 TR1 开始流入电流而储能，随后输出侧整流二极管导通，反馈电压和电流信号建立，开关电源进入正常工作状态。

　　ZD1、PC1 和外围元件组成输出电压采样和稳压控制电路，电路的稳压目标为 +5V。开关电源的准谐振软开关性能主要是通过 C13、C14 和初级绕组电感组成的准谐振电路来实现，能大大降低电路的开关损耗，其具体的工作原理可参阅相关资料。

8.7.3　图 8-17 电路的故障实例

开关电源上电不工作 1

　　① 检测各路输出电压都为 0V。查 TR1、FET1、R12 主电路是好的。

　　② 单独给电源芯片 IC1 的 5、7 脚供电端上电 16V，显示工作电流值小于 1mA，说明芯片没有起振工作。

　　③ 测芯片 4 脚电流检测输入为 0V，正常。

　　④ 8 脚 OVP 端电压为 10V 以上，说明有错误的过电压信号输入，导致芯片处于过电压锁定状态。

　　⑤ 测量稳压二极管 ZD11 已经击穿损坏，用一只 20V 稳压二极管代换，上电后开关电源恢复正常工作。

开关电源上电不工作 2

　　① 查主工作电流通路无异常。

　　② 单独给 IC1 芯片上电，观测电流值为 3mA，判断芯片没有正常工作（正常工作电流为 15mA 左右）。

　　③ 测 9 脚 FB 无较高电压输出：该脚电压可等同于 284x 芯片的 1 脚（电压误差放大器输出端），单独给芯片供电时，因反馈信号电压未予建立，所以 9 脚应有较高的电压存在。现在实测 9 脚电压值接近 0V，测 9 脚外部元件无短路和漏电现象，判断 IC1 芯片损坏。

　　④ 慎重起见，先行检测了 ZD1、PC1 等元件构成的稳压控制电路，是好的，然后换掉 IC1 上电试机，故障排除。

　　开关电源电路能直接上 DC 500V 电源试机的前提是：稳压控制电路一定是好的！否则若在稳压失控的情况下贸然上电，会造成故障严重扩大的后果！

8.8　MFC-45kW 变频器开关电源

8.8.1　TDA16846 电源芯片

　　TDA16846 开关电源控制集成电路，它的工作频率既可采用固定方式（备用模式的最低频率为 20kHz），也可采用同步或自由调整式的工作模式。为了获得轻负载时的低功率损耗，其开关频率可随负载的变化连续地调整。有多路电压、电流检测输入端：初级电压的过、欠电压检测，主工作回路的限流与过流保护，次级电压的检测与过压、欠压保护。有两路稳压控制输入端：对开关电源输出电压，既可通过其内部的误差放大器，也可通过外部的光耦合器加以控制。其输出端口既可以驱动功率场效应管，也可以驱动双极性功率晶体管。

　　相比于 284x 芯片，TDA16846 芯片的控制与保护电路增多，有多个"可选备用功能"引脚，提供保护和稳压模式的可选、复用等设计上的灵活配置，有"复杂化 / 功能升级化"的倾向。TDA16846 芯片的引脚功能见表 8-3。

表 8-3　TDA16846 芯片引脚功能

引脚	标 注	功能
1	OTC	外接 R、C 元件，决定关断时间与待机频率。正常电压约为 2.8V
2	PCS	初级电压输入检测兼作启动电路，外接启动电路。最高电压为 5V
3	RZI	输出绕组电压 / 电流过零采样和稳压反馈采样信号输入端 1，内部基准为 5V，直流测试电压约为 2.4V
4	SRC	决定软启动时间及控制速度，外接延时电容，直流测试电压约为 3V
5	OCI	（可选）光耦合器输入端 2，稳压控制信号输入。或可空置。最高电压为 5V
6	FC2	（可选）误差比较器 2（>1.2V 停振）。或可接地取消该功能
7	SYN	（可选）RC 振荡端或同步信号输入端。外接基准电压时工作于调频模式
8	N.C.	空脚
9	REF	5.2V 基准电压输出端
10	FC1	误差比较器 1（V_{10}>1V 停振）。用于电流检测信号输入端
11	PVC	初级电压检测，电压低于 1V 为欠电压（停振），高于 1.5V 为过压（限幅）
12	GND	供电和信号地端
13	OUT	驱动脉冲输出。据 7 脚接法，是据负载的轻重自动调频工作。最低 20kHz
14	V_{CC}	供电电源电压输入端。起振电压 15V，欠电压阈值 8V，高于 16V 为过电压

　　TDA16846 芯片的内部功能框图如图 8-18 所示，由读者自行参考资料进行分析，在这里不再占用大量篇幅来介绍了。

8.8.2　由 TDA16846 芯片构成的开关电源电路

　　如图 8-19 所示，是一个测绘电路的实例。试简述其工作过程。

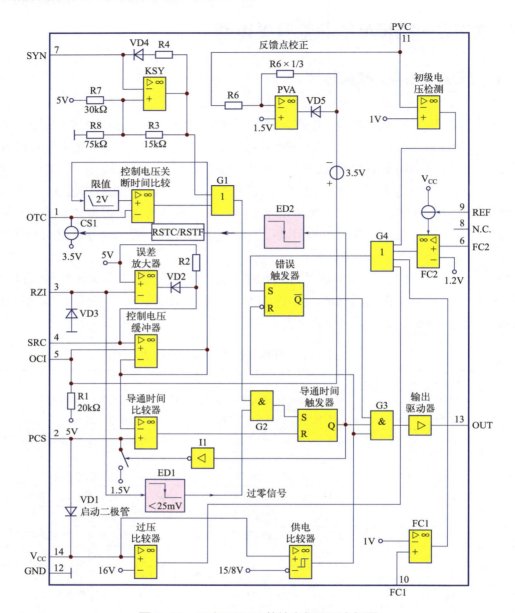

图 8-18　TDA16846 芯片内部原理方框图

　　上电瞬间，启动电压 / 电流经 R277、R296 等串联电阻构成的启动电路，送至电源芯片 U26 的 2 脚，在芯片内部经隔离二极管送入供电 14 脚。当 C61 端电压升至 15V 以上时，电路开始启动动作。

　　U26 芯片 2 脚的职能：

　　① 提供芯片起振电压 / 电流，满足 15V/100μA 的启动功率供给条件。

　　② 2 脚外接 R、C 的时间常数还决定了开关管的平均开通电流值。当 RC 偏大时，将导致开关管 T19 开通时间过长，出现开关管温升过大，或出现过流限幅动作；当 RC 偏小时，可能会导致开关管 T19 导通时间缩短，负载侧得不到足够的能量，出现欠电压故障。

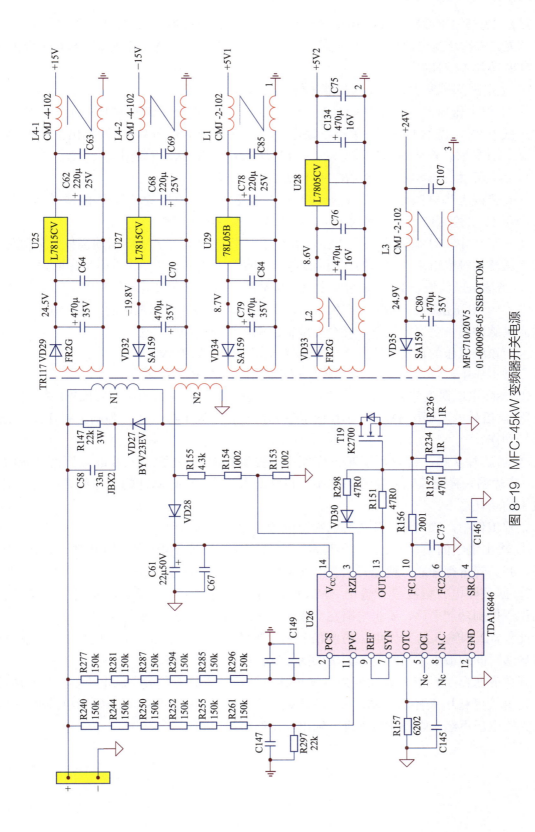

图 8-19　MFC-45kW 变频器开关电源

芯片 13 脚输出激励脉冲，开关电源主工作电流通路接通，开关变压器 N1 绕组流入电流而储能。二次绕组由此得到传输能量，N2、VD28、C61 的投入工作使 U26 获得工作电源。

U26 芯片 14 脚的职能：

① 上电瞬间借助由 2 脚流入的能量使电路起振。

② 工作电压监测。上电瞬间检测 14 脚电压达 15V 时开始起振动作；工作中检测 14 脚电压低于 8V，内部电路产生欠电压锁定动作，13 脚将中断 PMW 脉冲输出；检测 14 脚电压高于 16V 时，产生过电压锁定动作，13 脚中断 PWM 脉冲的输出。

14 脚的正常工作电压范围约在 11~14V（如 12.8V）。

U26 获得工作电源后，稳压控制信号由 3 脚输入，电流检测信号由 10 脚输入，同时在 2 脚和 11 脚检测信号配合作用之下，纳入正常的稳压工作轨道。

正常工作中，11 脚输入信号电压，表征了开关电源供电电源电压的高低，起到监测开关变压器初级绕组工作电压的作用（该电压由直流母线电压经分压电阻采样取得）：

① 当该电压值低于 1V，说明发生欠电压故障，电路进入欠电压保护锁定的停振状态；

② 当该电压值高于 1.5V 时产生过电压保护状态，芯片内部做出的调整动作是，收缩输出激励脉冲的占空比，这有可能会导致输出侧欠电压故障的发生。

因而该脚电压的正常值应在 1 ~ 1.5V 的正常范围（如 1.2V）。

正常工作中，输入到芯片 10 脚的电流检测信号所发挥的作用：

① 参照电压误差放大器给出的"浮动基准"进行正常的关断动作，实施稳压控制。

② 该信号电压到达 1V 时（芯片内部最高比较基准为 1V），实施强制关断开关管的限流保护动作。

③ 当芯片 7 脚已经取消了对工作频率的控制权限后（7 脚引入基准电压而非定时信号），芯片据采样电流输入信号的大小，自动配置输出 PWM 脉冲的工作频率，使其工作于较小的功耗之下。

正常工作中，输入至芯片 3 脚的输出电压采样信号的作用：

① 输出绕组的电压 / 电流过零检测，确认开关变压器绕组中磁通（电压 / 电流）为零以后，开关管再行开通，避免开关管开通期间承受大电流冲击。

② 据采样电压幅度进行输出 PWM 脉冲占空比的控制，实现稳压控制。在取消了 5 脚的稳压控制功能之后，本机电路完全依赖于 3 脚输入信号进行稳压控制。

此外，2 脚输入的工作电压检测信号和 1 脚的 RC 定时电路，也对输出 PMW 脉冲的最大导通时间和最小关断时间起到辅助的控制作用。不可不测。

开关变压器 TR117 的输出绕组的输出能量，经整流滤波变成直流电压供给负载电路，因不是直接受稳压采样的控制，成为"非嫡系"电源，所以为保障其稳定输出，整流滤波后的直流电压再经三端稳压器处理后输出，供给负载电路。

8.8.3　图 8-19 电路故障实例

实例 **1**

开关电源不工作 1

单独在芯片供电端上电 15.5V（高于起振电压而又低于过电压动作值），测脉冲输出端电压为 0V。当使供电电压在 7～16V 变化时，测输出脚仍无电压变化。查各引脚外围电路无异常，判断 U26 芯片损坏，换新后开关电源恢复正常工作。

实例 **2**

开关电源不工作 2

查开关管 T19 和电阻 R236 断路，开关管栅极回路的 R151、R298 电阻有变值现象，判断 U26 芯片受冲击也坏掉。

将以上损坏元件全新换新，重点检测了 3 脚、2 脚和 11 脚外围电路均无异常，上电听得"唧"的一声起振声音，但测各路输出电压为零，电路有了起振动作，但启动未能成功。查 14 脚供电回路元件无异常。

怀疑外购开关管 K2700 性能不良，换一只后试机，工作正常再停电后上电，又出现起振但未能正常工作的故障。单独上电测 U26 芯片，随供电电压在 7～15V 变化，测输出脚有 0V 和 0.7V 的电压跳变现象，说明芯片和外围电路基本上没有问题（此前已经详查过外围电路），疑点还在开关管身上，果断换用一只 K2225 开关管，反复上电、停电试机数次，开关电源恢复正常工作。

用万用表和施加开通电压 / 电流法测试 K2700 管子，又将 K2700 放在 284x 系列芯片的开关电源上试验，也能正常工作。但本例电路，将开关管换用 K2225 就工作正常了，这个问题暂且存疑吧。

检修开关电源，怀疑开关管不良时，可用其他型号的开关管进行代换试验。

8.9　"袖珍型"电源芯片电路

将一些外围电路集成在芯片内部，是从 248x 系列芯片到单片电源的"过渡产品"，部分外围电路（如振荡器的定时电路、启动电路）收在了芯片内部，若进一步将开关管集成于芯片内部，那就是单片开关电源了。

　　"袖珍型"电源芯片的特点，是芯片外围仅需极少的元器件，即可构成开关电源电路，这样一来，开关变压器的初级电路可由此简化。如图 8-20 所示，是相关资料中给出的示例电路，除开关管外，芯片外围仅需接入两只电阻和一只电容等三个元件，即可使电路投入正常工作了。

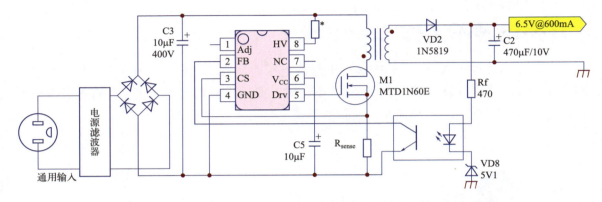

图 8-20　200D1（NCP1200）芯片构成的开关电源的示例电路

8.9.1　NCP1200 芯片功能

　　NCP1200 芯片内部原理方框图如图 8-21 所示，引脚功能见表 8-4。

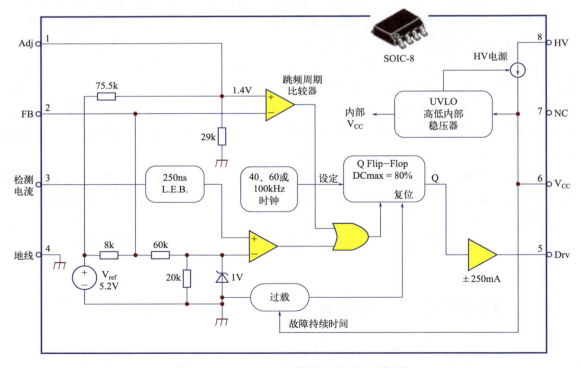

图 8-21　NCP1200 芯片内部原理方框图

表 8-4　NCP1200 芯片引脚功能

引脚	标注	功能
1	ADJ	调整端，用来调整发生跳周期的电平，接地时取消该功能
2	FB	稳压控制输入，根据输出功率需求，调节峰值电流设置点
3	CS	电流检测信号输入，与峰值电流设置点相比较，进行稳压控制
4	GND	供电地端
5	DRV	PWM 脉冲输出端，经栅极电阻接 MOS 开关管的栅极
6	V_{CC}	供电正端，内有欠电压检测、锁定控制电路
7	N_C	空脚。以增大引脚间的高、低压绝缘距离
8	HV	启动端，外接启动电路引入启动电压 / 电流

图 8-21 的 IC1 电源芯片，印字 200D1，型号为 NCP1200，是 8 脚（1 个空脚）SOIC-8 贴片封装器件，工作频率为 100kHz（200D4 为 40 kHz，200D6 为 60 kHz）。内含 PWM 信号产生、频率基准时钟信号发生器、电压误差放大器、电流检测比较器、V_{CC} 电压检测欠电压锁定、输出级等电路。当工作电流降至设置点以下（输出功率需求量减小）时，电路自动进入跳周期模式，以便在轻载状态下达到最好的节能模式。适合于 50W 功率以下的开关电源电路。

8.9.2　施耐德 PLC-TM218 开关电源

通常，PLC 开关电源的检修，其价值不仅仅在于硬件电路，其软件在生产上的附加价值更大，而且因生产急需往往对修复时间有限制要求。

施耐德 PLC-TM218 开关电源如图 8-22、图 8-23 所示。开关电源的供电取自电网的单相 AC 220V 电源，经整流滤波后得到 300V 左右的直流电源，启动电压 / 电流经电阻 R1、R89 等送入 IC1 芯片的 8 脚，此时 IC1 内部电流源电路打开，产生一个经 8 脚内部向 6 脚供电端电容 C9 充电的电流回路，C9 端电压上升至 11.5V 左右时，电路开始工作。此后，输出侧电压建立，IC1 得到由开关变压器次级绕组经 VD3 整流后的供电电压，用于稳压控制的电压检测和电流检测信号也同时建立。

本电路的稳压目标为 $V_{CC}1/25V$，基准电压源器件 IC6、光耦合器 PHC1 和外围元件构成稳压采样反馈控制电路，形成对 IC1 的 2 脚电压的控制。工作电流的大小在电流采样电阻 R19 上形成信号电压降，输入 IC1 芯片的 3 脚。2、3 脚内部电路共同形成对 5 脚输出 PWM 脉冲的占空比控制，保障了 $V_{CC}1$ 为稳定的 25V。

开关变压器次级绕组的另一组输出，经整流滤波处理，由三端稳压器 IC2 处理得到稳定的 $V_{CC}4/24V$ 输出电压。

$V_{CC}1/25V$，由 DC-DC 转换器 IC4（印字 AX3007）处理取得 $V_{CC}2/5V$ 电压输出；$V_{CC}1/25V$，由 DC-DC 转换器 IC3，处理取得 $V_{CC}3/3.3V$ 的输出电压。

以上共 4 路输出电压提供给控制板，作为工作电源。

$V_{CC}2$、$V_{CC}3$ 供电电源的稳定与否，关系到控制板 DSP 器件的安全，这两路工作电源的监测保护电路，见图 8-23，和图 8-22 的 PHC1 外围电路。其由两组电压比较器（10393-1、10343-2）、Q6、SCR1、PHC2、Q2、Q3 等组成。

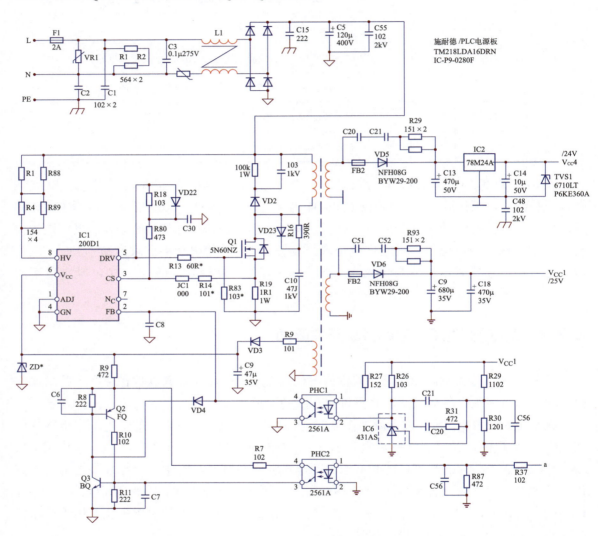

图 8-22　施耐德 PLC-TM218 开关电源之一

$V_{CC}2$、$V_{CC}3$ 输出电压监测与过电压保护的动作过程：

① R37、IC7 为基准电压产生电路，取得 2.5V 的基准电压，输入两组电压比较器的反相输入端 2 脚和 6 脚，与输入到电压比较器同相输入端的 $V_{CC}3$、$V_{CC}2$ 采样信号相比较。$V_{CC}3$、$V_{CC}2$ 采样信号电压低于基准电压，两组比较器输出端为低电平，晶体管 Q6 与晶闸管器件 SCR1 不具备导通条件，电路处于正常工作状态。

② 发生 $V_{CC}3$ 或 $V_{CC}2$ 过电压故障时，如 DC-DC 转换器 IC3 或 IC4 损坏时，$V_{CC}3$ 或 $V_{CC}2$ 采样电压高于 2.5V 的基准电压，电压比较器输出端状态翻转（变为高电平），晶体管 Q6 与晶闸管器件 SCR1 具备导通条件。

③ SCR1 的开通造成了 $V_{CC}1$ 的"短路过载"故障，在 IC1 的 3 脚产生"过电流"信号输入，IC1 芯片被迫产生过流关断动作。

同时比较器输出的高电平控制信号还经 VD24 于 a 点输出，使光耦合器 PHC2 开通；PHC2 的开通动作，形成了由晶体管 Q2、Q3 构成的"晶闸管效应"电路的"触发信号"，Q2、Q3 马上处于深度饱和的互相锁定状态，将输入至 IC1 的 2 脚稳压控制电压拉低至 1V 以下，形成"过电压"故障信号输入，IC1 也会立即产生过电压保护控制动作。

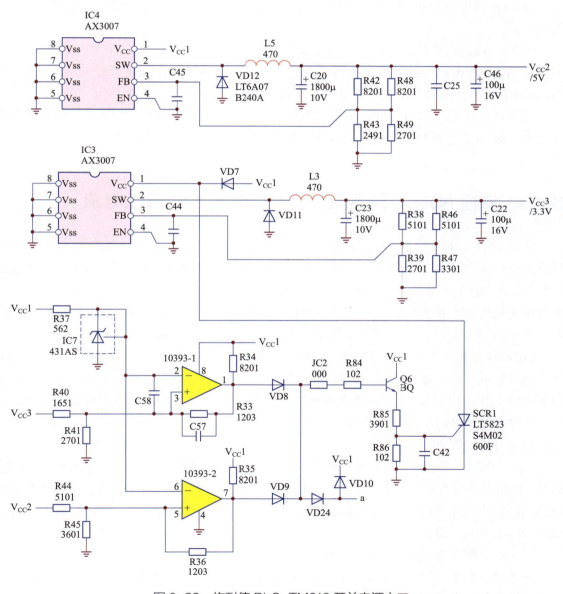

图 8-23　施耐德 PLC-TM218 开关电源之二

"过电流"和"过电压"的"双料故障信号"，目的是停掉（或大幅度降低）$V_{CC}1$ 输出电压，达到使 $V_{CC}2$、$V_{CC}3$ 供电消失，控制板脱离危险状况的目的。

8.9.3 施耐德 PLC-TM218 开关电源故障实例

PLC 开关电源故障，造成某生产厂生产线停止运行，用户催促甚急，粗略检查，发现 IC1、Q1 等开关变压器初级绕组的相关电路部分损坏严重，印刷线路板也有不同程度的损伤。

① 拆除已损坏元器件，修补线路板，将损坏元器件换新。

② 用检修电源施加 25V 左右电压，单独检测 PHC1、IC6 稳压反馈控制电路，确保其工作正常。

③ 查了输出侧整流滤波电容，大致没有问题。

④ 单独为 IC1 上电，测量 2 脚有 4.2V 输出（内部电路的供电已经正常），5 脚有 PWM 波形输出，说明 IC1 及外围电路大致没有问题。

⑤ 在 L、N 端上直流 300V 限流检修电源，测 24V、25V、5V、3.3V 各路输出电源电压正常。对 PLC 进行整机组装，面板 RUN 灯点亮，说明故障已经排除。

8.10 伟肯 NXS03855G-220kW 变频器开关电源

伟肯 NXS-220kW 变频器开关电源，采用 L6565D 和 3813D-4 电源芯片（芯片原理/功能方框图见图 8-24 和图 8-25），组成主工作电源和驱动电路的供电源。大功率设备往往有"嵌套式"的多个开关电源，由第一个主电源，派生出第二个、第三个工作电源，分别供给不共地的各个控制电路。本开关电源电路由图 8-26 产生 $V_{CC}1 \sim V_{CC}3$ 等多路供电电源，再由图 8-27 将 $V_{CC}3$ "扩充"形成 6 路 IGBT 驱动电路的工作电源。

L6565D 电源芯片，为 8 引脚双列（DIP8、SO-8 两种封装）器件，是准谐振（MSPM）开关电源集成电路，除内置启动、振荡、过流、欠压保护电路外，还具有开关变压器的输出零电流（磁通）检测，通过输入侧供电电压前馈补偿，使电源功率容量随供电电压而变化，在轻载时，会自动降低工作频率，减小工作损耗。

L6565D 引脚功能：

1 脚，INV，误差放大器的反相输入端；2 脚，COMP，误差放大器输出端；3 脚，VFF，供电电压检测端；4 脚，CS，电流检测信号输入端；5 脚，ZCD，开关变压器零电流（磁能复位）检测信号输入端；6 脚，GND，电源/信号地；7 脚，GD，PWM 脉冲输出端；8 脚，V_{CC}，供电正端。

下文结合图 8-26 电路，简述 L6565D 芯片的工作原理。

开关变压器 T1 的初级绕组、开关管（串联连接分担耐压和功率）V9、V10 和 3 只 4.7Ω 电流采样电阻，组成主工作电流通路。

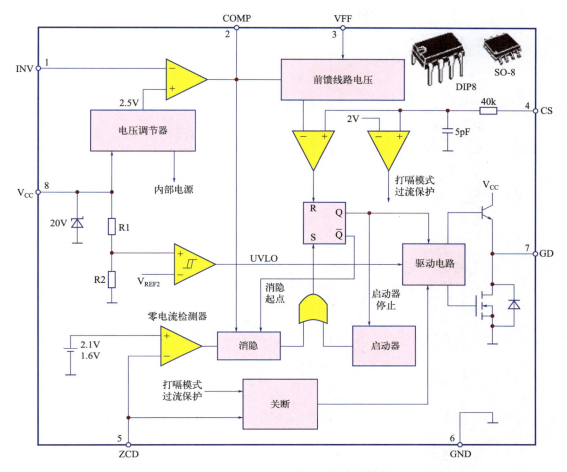

图 8-24　L6565D 电源芯片原理 / 功能方框图

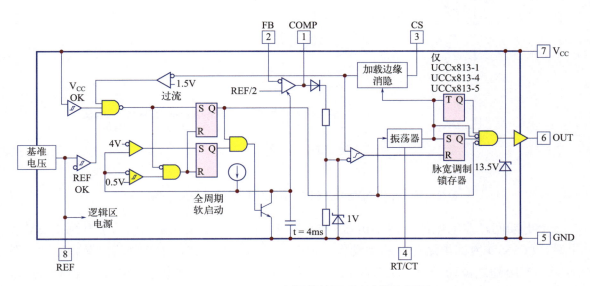

图 8-25　3813D-4 电源芯片原理 / 功能方框图

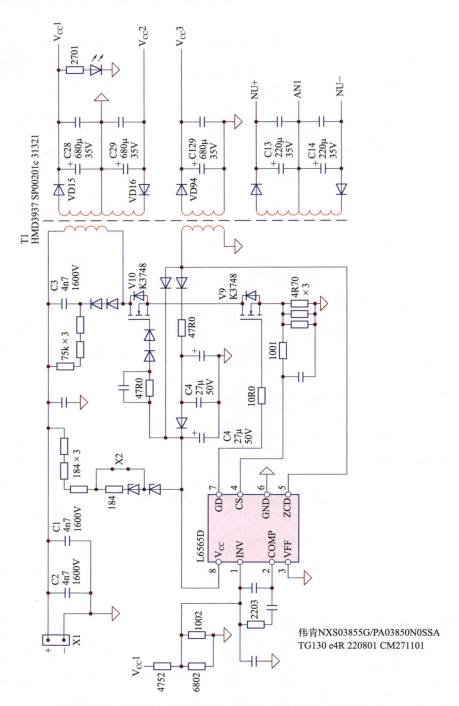

图 8-26　伟肯 NXS03855G-220kW 变频器开关电源之一

上电期间，启动电路将启动电压／电流引入芯片 8 脚，在 C4 端电压上升到 13.5V 以上时，L6565D 内部电路开始启动动作，内部振荡器开始工作，由 7 脚输出激励脉冲，驱动 V9、V10 随之被动开通，从而在 T1 次级绕组获取能量，反馈电流和电压信号得以建立，L6565D 芯片也得到供电电源。

输出电压信号经电阻分压采样电路引至 1 脚，经内部误差放大器处理后从 2 脚送往内部电路；电流检测信号也经 RC 积分电路送往 4 脚，两路输入信号共同决定 7 脚脉冲占空比的大小，实现稳压调节。

L6565D 供电绕组的交变信号，也引至 5 脚开关变压器零电流检测输入端，除了形成开关管的开通条件（检测信号为零后开关管才能开通）以外，L6565D 还根据该信号幅度的大小，在轻载时，降低开关频率，减小功耗。

该电路将 VFF 端接地，取消了开关电源输入侧电压的检测功能。

3813D-4（型号 UCC3813-4，8 引脚塑封双列器件，和 L6565D 一样，有直插和贴片两种封装形式）为专用电源 PMW 芯片，原理 / 功能方框图见图 8-25。

从表 8-5 可看出，3813D-4 芯片的每个引脚功能，都可以找到与 2844B/2845B 电源芯片的对应关系，而且有着近似的工作点和输出特性，连引脚排序都是一样的，说该芯片是打错了型号的 2845B，都可以的啊。

实际上，本章中所列举电路中所用的电源芯片，即使引脚数目不同，功能标注不同，但其实都是同一类的 PWM 电源芯片。

表 8-5　3813D-4 芯片引脚功能

引脚	标 注	功　能
1	COMP	误差放大器输出端。1、2 脚接有补偿网络
2	FB	误差放大器反相输入端，输入信号与占空比成反比。内部基准为 5V
3	CS	电流检测信号输入，比较基准点为 1V
4	RT/CT	振荡器外接定时 R、C 端，决定工作频率
5	GND	供电地端
6	OUT	PWM 脉冲输出端，最大占空比 50%
7	V_{CC}	供电端，高于 12.5V 起振，低于 8.3V 时停止工作
8	REF	+5V 基准电压输出端

下面简述图 8-27 电路的工作原理：

图 8-27 电路是低电压输出的 DC-DC 转换电路，图 8-26 开关电源输出的 $V_{CC}3$，作为图 8-27 的工作电源（显然是高于 12.5V，约为 15V 的工作电压），由 TL431C 基准电压源和光耦合器构成稳压控制电路，可知输出电压 EU、PU- 被稳定于 -5.5V 左右。

图 8-26、图 8-27 电路故障检修实例如下所述。

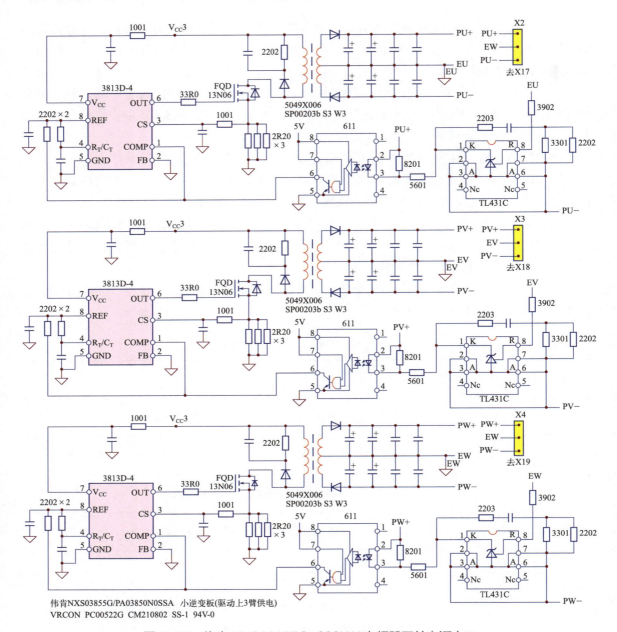

图 8-27 伟肯 NXS03855G-220kW 变频器开关电源之二

实例 1

上电后测 $V_{CC}1 \sim V_{CC}3$ 输出电压都为 0V

判断图 8-26 电路停止工作。测量 8 脚 V_{CC} 端电压很低且有波动现象，说明启动电路已经引入启动信号，故障原因：

① 输出 / 负载侧有过载故障；

② 芯片工作电源供电能力不足。

检查 1、2 脚外部稳压采样电路没有发现问题，采用在供电端上高压 100V、在芯片供电端上 15V 的办法，上电后测 $V_{CC}1 \sim V_{CC}3$ 输出电压都为正常值，电路可以正常工作，观察工作电流在正常范围以内，不存在过流现象。此时撤掉外加芯片工作电源，开关电源仍能保持正常工作。说明问题还是出在 8 脚供电端外围电路，疑点仍在启动电路和芯片工作电源电路上，查启动电路的 184 电阻和稳压二极管没有问题，供电环节的整流二极管、滤波电容等也没有问题。

做了以下 3 个测验：

① 将启动电阻中的 3 个 184 电阻短接了一个，电源可以恢复正常工作；

② 将启动电路中的稳压二极管短接，电源可以正常工作起来；

③ 将供电支路中的 47R0 短接后，电源也能正常工作起来。

由供电端 8 脚电压的波动，可以说明电源芯片已经有了启动动作，但由启动转为正常工作的过程，或者说 8 脚供电电压的建立过程有些迟滞，后续能量和启动能量的"交接班"工作没有做好，电源芯片所需的启动能量或者后补能量只是欠那么一点儿，电源就无法正常启动工作。

再捋一下故障原因：

① 启动能量有所不足；

② 芯片工作电源有变质元件；

③ 芯片本身有劣变现象；

④ 工作频率偏高，致使能量传输减小；

⑤ 其他元件衰变。

因为手头暂时备件不全等，故采用将启动电路串联的稳压二极管短接的方法，进行了修复。

实例 **2**

测 $V_{CC}3$ 正常，但测量图 8-27 电路中 PU+、PU- 端子的电压为 0V

为图 8-27 电路单独施加 15V 电源电压，检测 3 只 3813D-4 芯片的工作状态，测其中一片的 1、2、3、4 脚电压都为正常值，但 6 脚无脉冲输出。代换 3813D-4 芯片后故障排除。

第9章

单片开关电源

电子技术发展的趋势：

① 小型化，导致高度集成化；

② 高频化，是小型化和节能的需求所致；

③ 模块化，把外围电路的配置减至最少，形成"傻瓜式"器件。

自二十世纪七十年代之初，电源产品掀起了一波高频化、小型化、模块化的浪潮，从而有力地促进了单片开关电源的发展。和非线性模拟器件——三端稳压器一样，三端单片开关电源芯片是目前国际上正在流行的新型开关电源芯片。PI（Power Integration）公司第一次把 700V 的 MOSFET 开关管和低压的 PMW 控制器集成在同一芯片上，第一代 TOP100/TOP200 系列产品于 1994 年推出，其 TOP100 系列包括 TOP100Y~TOP104Y 等 5 种产品；TOP200 系列包括 TOP200Y~TOP204Y、TOP214Y 等 6 种产品。PI 公司于 1997 年推出的 TOPSwitch-Ⅱ产品，包含 TOP221/P/G/Y~TOP224P/G/Y、TOP225Y、TOP226Y、TOP227Y、TOP209P/G 和 TOP210PFI/G，以及 TOP200YAI~TOP204YAI、TOP214YI 等总计 25 种产品。其与第一代产品相比，不仅在性能上有进一步的改进，而且其输出功率得到了显著提高，现已成为国际上开发中小功率开关电源及电源模块的优选集成电路。PI 公司于 1997 年推出了 TOP209/210 系列产品，适合 8W 以下的小功率开关电源，包含 TOP209、TOP209G、TOP210P、TOP210G 等 4 种；于 2000 年推出了 TOPSwitch-FX 系列产品（称为第三代产品），包括 TOP232P/G/Y~TOP234P/G/Y 等 9 种产品，新增加了软启动、极限工作电流设定、过 / 欠压保护、遥控关断等功能。此后，该公司又陆续推出其他品种的系列产品，读者可查阅相关资料进行更为详细的了解。

TOPSwitch-Ⅱ芯片有显著的优点：

① 由于高压 MOSFET、PWM 形成及驱动电路等集成在一个芯片里，大大提高了电路的集成度，所以用该芯片设计的开关电源，外接元器件少，可降低成本，缩小体积，提高可靠性。

② 内置高压 MOSFET，寄生电容小，可减少交流损耗；内置的启动电路和电流限制减少了直流损耗，加上 CMOS 的 PWM 控制器及驱动器功耗也只有 6mW，因此有效地降低了总功耗，提高了效率。

③ 电路设计简单，只有三个功能引脚，分别是源极、漏极和控制极；MOSFET 的耐压高达 700V，因此 220V 交流电经整流滤波后，可直接供给该电路使用。

④ 芯片内部具有完善的自动保护电路，包括输入欠压保护、输出过流、过热保护及自动再启动功能。

本章对于单片开关电源电路的内容，不仅仅局限于三端开关电源器件，还收录了 7 脚电源芯片的开关电源，即指凡是将开关管也放于芯片内部的电路类型，都被作者认为是单片开关电源。

9.1　TOP220 系列芯片

TOP220 系列芯片，将 PWM 控制系统的全部功能电路集成到一块三端芯片上，采用 CMOS 工艺，使器件功耗显著降低，无须外接大功率电流检测电阻，外部也不需提供启动时的偏置电流，可构成低成本、小体积、高效率的反激式的开关电源，据选用 TOP221~TOP227 器件的不同，在 85~265V AC 供电范围内，可满足 6~99W 的功率输出要求。开关频率典型值为 100kHz，占空比调节范围为 1.7%~67%。

9.1.1　TOP220 系列芯片的基本参数和封装形式

表 9-1 中给出了 TOP220 系列芯片的输出功率值和典型工作电流值，输出功率与封装形式相关。图 9-1 则给出了 TOP220 系列芯片封装形式的图样。在代换时要注意输出功率值的差异。

表 9-1　TOP220 系列芯片输出功率与工作电源的参数

型号	封装形式	85~265V AC 时的最大功率	典型工作电流
TOP221P	DIP-8	6W	0.25A
TOP221G	SMD-8	6W	
TOP221Y	TO-220	7W	
TOP222P	DIP-8	10W	0.45A
TOP222G	SMD-8	10W	
TOP222Y	TO-220	15W	
TOP223P	DIP-8	15W	0.9A
TOP223G	SMD-8	15W	
TOP223Y	TO-220	30W	
TOP224P	DIP-8	20W	1.5A
TOP224G	SMD-8	20W	
TOP224Y	TO-220	45W	
TOP225Y	TO-220	60W	2A
TOP226Y	TO-220	75W	2.5A
TOP227Y	TO-220	99W	3A

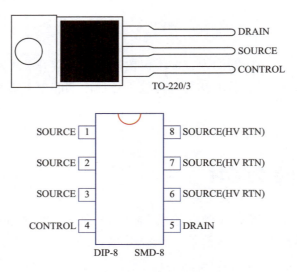

图 9-1　TOP220 系列芯片封装形式

9.1.2　TOP220 系列芯片的功能引脚

TOP220 系列芯片的内部功能方框图，如图 9-2 所示。

S（SOURCE）端为公共地端。

D（DRAIN）端功能：

① 高压电源（如 DC 300V）引入端，构成内部开关管的工作电流通路；

② 电源起振工作电流引入端，启动期间提供内部工作偏置电流，起振工作后切换至 C 端作为工作电源。

C（CONTROL）端功能：

① 稳压控制引脚，输入电压信号由内部电压误差放大器产生 I_{FB} 信号，当 I_{FB} 从 6mA 至 2mA 变化时，控制开关管脉冲占空比在 1.7%~67% 之间变化，从而实现稳压控制。

② 为芯片提供正常工作时的偏置电流，外接关断 / 自动重启补偿电容，决定关断 / 自动重启补偿的动作频率。该脚电压为 5.7V，是电路的稳压标志。处于失控状态时，该脚电压会上升至 9V。

有两个问题需要简述：

① 关断 / 自动重启功能。C 端内部的迟滞电压比较器，第一比较基准为 4.7V，当 C 端电压 V_C 低于 4.7V 时，输出关断（电压比较器的基准同时切换至 5.7V 的第二比较基准），内部控制开关切至 0 点，从 D 端输入的电流为 C 端外部电容充电，当 V_C 高于 5.7V 后，电源重启工作，内部控制开关切换至 1 点，电压比较器的基准同时切换回 4.7V 的第一比较基准。

这意味着 C 端供电不足（发生电源欠电压），电源停止工作并从电源端补充重新工作的能量；C 端供电正常，则处于持续的正常工作状态。

② 跳周期的工作模式。从图 9-3 中可看出"…"处为跳周期动作进行中。当芯片据反

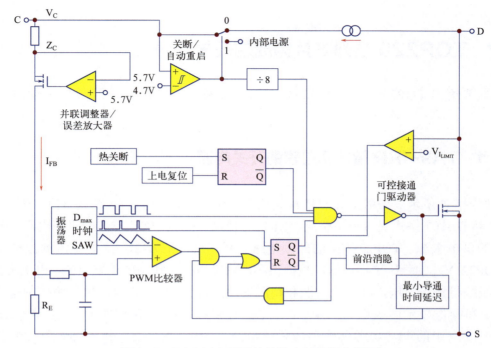

图 9-2 TOP220 系列芯片的内部功能方框图

馈电流的大小已经工作于最小占空比状态，但反馈电压/电流值仍处于较高的水平，说明在输出侧已经发生了能量过剩现象。此时芯片内部电路将采取跳过（关断）几个开关管导通周期的控制动作，以达到降低能耗的目的。因此时占空比极小，流过开关管的工作电流极小，所以跳周期动作不会带来明显的噪声干扰。等到 V_C/I_{FB} 信号低至一定幅度后，跳周期动作停止，电源恢复正常工作。跳周期控制动作只能发生在空载或极度轻载的工作状态之下。

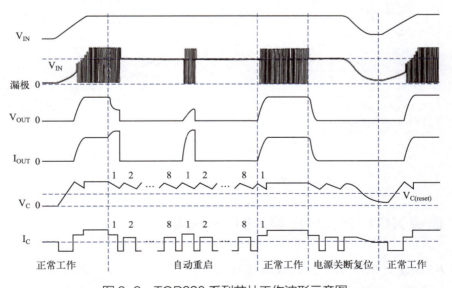

图 9-3 TOP220 系列芯片工作波形示意图

9.2 TOP220 系列芯片构成的开关电源

本节给出 TOP221Y、TOP223Y、MIP0223SC 等芯片构成的开关电源的 4 个电路实例。

9.2.1 TA9-IRR 智能温控表的开关电源

如图 9-4 所示，采用 TOP221YN 构成开关电源（电源功率为 7W 左右），输入市电 AC 220V 经 DB107 桥式整流模块整流、E1 电容滤波，得到 300V 左右的直流电压，作为开关电源的供电来源。TOP221YN 的外围电路一目了然，VD2-2、E2 的整流滤波电压，既作为 TOP221YN 的稳压采样电压，也提供芯片内部电路工作中的偏置电流。开关变压器的 3 个次级绕组输出电压，经整流滤波和稳压处理，得到 5V 工作电源供后级控制电路（MCU 主板）和操作显示面板电路；24V 工作电源提供控制继电器的线圈供电；从稳压集成电路 78L15 取出的 15V 电源又经后级稳压电路"裂变"为 +7.5V 和 −7.5V 正负电源，提供 MCU 主板运放电路的工作电源。

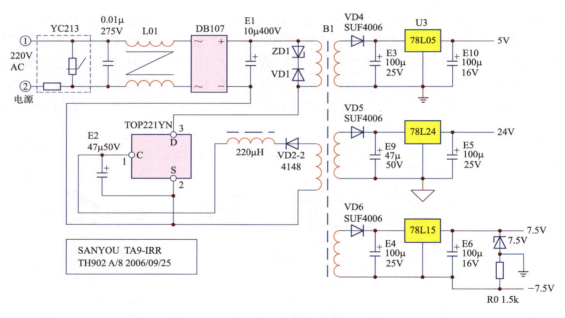

图 9-4　TA9-IRR 智能温控表的开关电源

9.2.2 信捷 XC1-24R-E 型 PLC 开关电源

如图 9-5 所示，采用 TOP223YN 构成开关电源（电源功率为 20W 左右），采样 24V 输出电压，由基准电压源 TL431AC、PC817 光耦合器和外围元件，取得稳压控制信号送入

TOP223YN 的 3 脚。该脚还接有 R、C 补偿电路，以决定关断 / 自动重启的工作频率，同时电容 C 上储能提供芯片工作中的偏置电流供应。

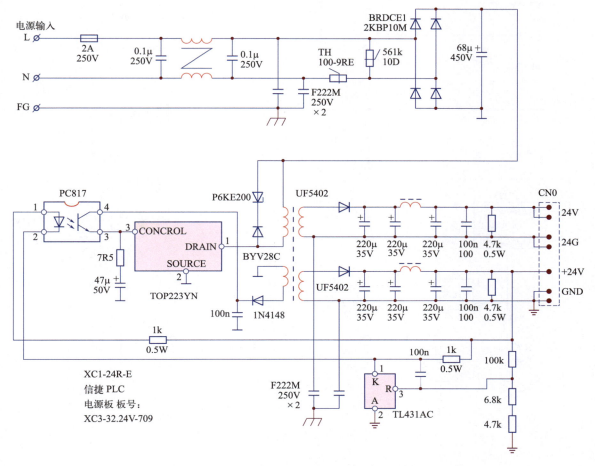

图 9-5　信捷 XC1-24R-E 型 PLC 开关电源

两路相隔离的 24V 输出，作为 PLC 控制板的工作电源。

9.2.3　CQA36X8A 步进驱动器的开关电源

如图 9-6 所示，输入电网 AC 220V（允许输入电压变化范围为 85~265V）的交流电压，经共模滤波电路 SL、1C2"处理净化"后，输入至 CD3 桥式整流电路，再经 E1 电容平波后，得到 300V 左右的直流电源，提供开关电源的工作供电。

开关变压器次级绕组输出经整流滤波处理后的 +5V 电源，作为稳压控制的采样电压，经 L2、N1 及外围元件构成的稳压控制电路，取得控制信号送入 TOP223Y 内部的电压误差放大器，实现稳压控制。

开关变压器次级绕组输出的另两路"非嫡系"电源，则经两只三端稳压器，处理得到 −5V 和 +15V 的供电电源，与 +5V 一起，供给后级负载电路。

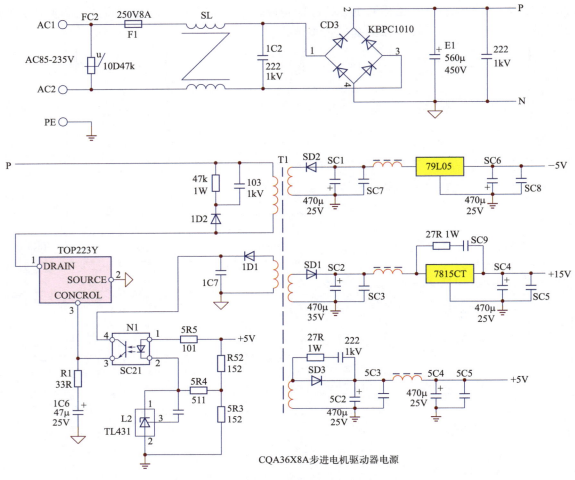

CQA36X8A步进电机驱动器电源

图 9-6　CQA36X8A 步进驱动器的开关电源

9.2.4　欧姆龙 PLC 开关电源

　　欧姆龙 PLC 开关电源如图 9-7 所示，电路结构与图 9-6 相似。芯片采用 MIP0223SC，与 TOP220 系列芯片的引脚功能一致，故障时可考虑互相代换。

　　该开关电源的滤波电容 C12，因为紧靠电源芯片 IC11 散热片，达到一定的工作时间后，会发生电容 C12 内部电解液干涸而失效，导致开关电源工作异常的故障现象，这是检修者需要注意的一个地方。开关电源的输出电压约为 21V。

9.2.5　TOP220 系列开关电源的故障检修

（1）常见故障

　　FU 熔断器断，如果测输入交流电压的整流输出端，无短路故障，较大概率仅仅是 FU 熔断。换 FU 后故障修复。

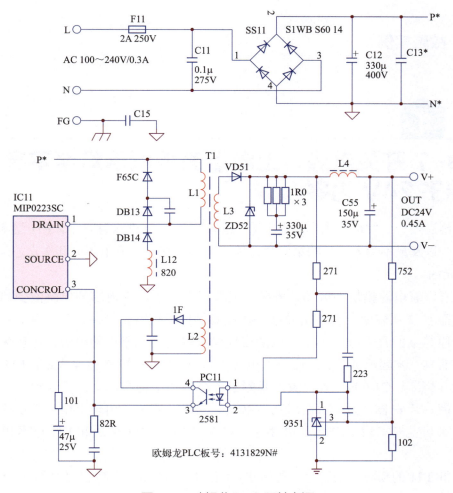

图 9-7 欧姆龙 PLC 开关电源

（2）TOP22x 芯片击穿损坏，或烧裂后出现断路性损坏

① 检查图 9-6 中所示的 L2、N1 稳压反馈电路无异常，可用在采样点单独施加 0~6V 采样电压，监测光耦 3、4 脚电阻变化的方法，落实其好坏。

② 检查芯片 3 脚外围供电或稳压电路中的 R、C 元件好坏。

③ 检查输出侧有无短路故障。

④ 换用好的芯片。

（3）"原始"的检测方法

① 电阻法、二极管挡测芯片外围仅有的数只元器件的好坏。无问题后换 TOP22x 芯片。

② 在线上电，测芯片 D 端电压应等于或略低于直流供电电压；测 C 端如有波动电压，电路已经起振，查 C 端外围电容的好坏。

③ 为负载电路单独施加额定电压以内的供电，观测工作电流判断有无过载故障。

9.2.6 故障实例

实例 1

图 9-7 开关电源，上电后面板指示灯全不亮，测量端子 24V 为零

　　已经修过数台。发现这类电源有一个"通病"：坏的元件只有三个，F11 熔断器、IC11 电源模块，以及最不为人注意的第三个元件，即 C12 这只电解电容。其实它才是整个电源损坏的"元凶"。

　　C12 紧靠着电源模块的散热片安装，天长日久以后，其内部的电解液受热蒸发，逐步干涸。而 C12 从表面上看不出异常，在线测量也不短路。如果拆下，测其容量仅剩几微法，为原容量的几十分之一了。电源模块原来取用的是平稳的电流，电容失效后，回路电流就有些"波起浪涌"了。这一下电源模块 IC11 击穿短路顺理成章，F11 熔断器当然也一块儿烧断。C12 的失容现象，暴露了该电源在结构布局上的不合理——电解电容不能紧靠散热片安装。因此对使用几年以上的欧姆龙 PLC，出现上电后无反应的故障现象时，很大可能是 C12 已失容，并由于 C12 的失容，IC11 模块和 F11 已经出现连带性损坏了。

　　IC11 和 F11 的损坏，搭表笔一测便知，C12 有时被忽略。换上好件后，一上电，不带载可能还行，一带载便听见"啪"的一声，你换上的好件又坏了！一定要检查 C12！！

实例 2

图 9-6 电路，上电后步进驱动器面板指示灯不亮，查主电路正常，测控制端子的电压输出端为 0V，判断为开关电源故障

　　开机检查，电源输入侧熔断器已经熔断，桥式整流模块已经击穿。拆下桥式整流模块后，则直流供电端仍有短路现象，拆下 TOP223Y 电源芯片后，测直流供电端的短路现象消失。

　　检测 TOP223Y 外围电路均无异常。代换上述 3 个损坏元件后试机，开关电源恢复正常工作。

9.3　华中数控 HSV-162A-030 双轴伺服驱动器的开关电源

如图 9-8~ 图 9-10 所示，采用 PI 公司在 2000 年 11 月推出的第四代 TOPSwitch-GX 系列产品中的 TOP244YN 芯片，构成单片式开关电源。芯片有 5 种封装形式（如图 9-8 所示），输出功率为 30~50W，132kHz 的开关频率（也可以工作于 66kHz 的半频模式；轻负载时自动降低开关频率至 30kHz 或 15kHz），内含软启动控制电路，最大占空比为 78%。具有输入过 / 欠压检测及保护电路（可通过电阻设定）、极限电流限制等，具有远程工作 / 停止控制功能。芯片功能方框图如图 9-9、图 9-10 所示。

9.3.1　TOP24x 系列芯片的功能引脚

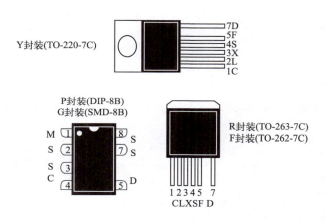

图 9-8　TOP24x 系列芯片的 5 种封装形式

P 封装（DIP-8B）和 G 封装（SMD-8B）的 TOP24x 系列芯片器件，共引出了 D、S、M、C 等 4 个功能引脚，可参照图 9-9 所示的原理 / 功能方框图。

引脚功能说明：

D 脚：高压 MOSFET 漏极输出，通过一个高压电流源提供内部启动偏置电流，也作为漏极电流的极限电流传感引脚。

C 脚：用于占空比控制的误差放大器及反馈电流输入脚，在正常工作期间，连接到内部调节器以提供内部电路的偏置电流，也作为电源自动重启补偿电容的连接端。

M 脚：仅 P 和 G 封装有，多功能引脚，该脚集成了 Y、R 和 F 封装的 L 脚和 X 脚的功能，作为过压（OV）/ 欠压（UV）DC_{max} 降低的电路前馈、外部限流设置、遥控 ON/OFF 及同步等信号的输入脚。该脚与 S 脚相连，将取消以上保护功能，从而能工作于和 TOP220 系列芯片一样的三端工作模式下。

F 脚：仅 Y、R 和 F 封装有，开关频率选择信号输入脚。若将该脚连接至 S 端，工作频率则为 132kHz；若连接至 C 脚，则为 66kHz。对于 P 和 G 封装，没有此脚，开关频率由内部电路设置为固定的 132kHz。

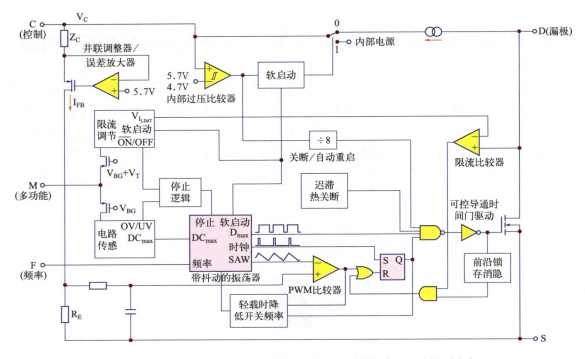

图 9-9　TOP24x 系列芯片的原理 / 功能方框图（5 个功能引脚）

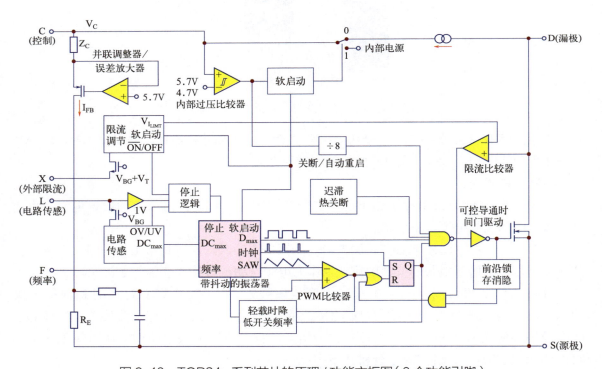

图 9-10　TOP24x 系列芯片的原理 / 功能方框图（6 个功能引脚）

S 脚：连接输出 MOSFET 源极，作为高电压功率返回引脚，也作为开关变压器初级电路的公共地端 / 基准点。

6 个功能引脚的 TOP24x 芯片，设有两个 5 脚芯片所没有的引脚，即 L 和 X 引脚。

L 脚：输入过压（OV）/ 欠压（UV）DC$_{max}$ 降低的电路前馈、遥控 ON/OFF 及同步等信号的输入脚。若该脚与 S 脚相连，则取消以上功能。

X 脚：外部限流设定端。仅 Y、R 和 F 封装有，外部限流调节、遥控 ON/OFF 及同步等信号的输入脚。若该脚与 S 脚相连，则取消以上功能。

9.3.2　TOP24x 系列芯片的开关电源电路

如图 9-11 所示，供电电源取自三相 AC 220V 整流滤波后 300V 直流母线电压。R18、R23 是限流设置电阻，能将极限电流设置为低线路峰值漏极电流的 70%，以降低芯片的功率损耗，避免在启动和输出瞬态条件下变压器磁芯饱和。其与内部软启动电路相结合，进行漏极电压的安全限制。

R20 引入输入电压的过压、欠压采样信号，可将电压设置在 130~430V 的安全范围内。超出此范围，则视为输入电压的欠压或过压故障。

VD14、ZD2、C68、R2 构成开关变压器初级反峰电压的钳位电路，吸收开关管截止期间的反向能量。

稳压控制信号的生成：由 Z6、U20 等附属元件构成的电路，实现对 +5V1 的采样与稳压控制。

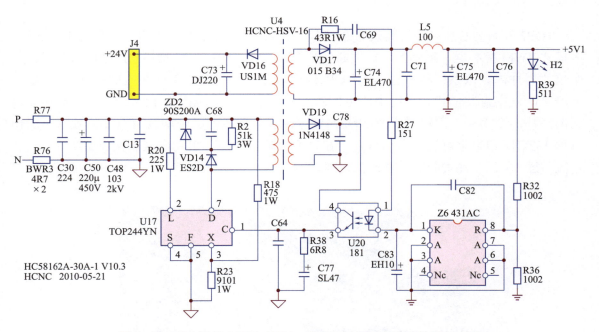

图 9-11　华中数控 HSV-162A-030 双轴伺服驱动器的开关电源

9.3.3　故障实例

HSV-162A-030 双轴伺服驱动器，测 R、S、T、U、V、W 主电路端子与 P、N 端子之间的正、反向电阻正常，判断主电路没有问题，上电后测 P、N 端电压为 310V，但测量 +5V1 输出电压为 0V，判断开关电源已经停止工作。

将 L、X 端与供电地端短接后，解除掉保护电路的影响，强制使 U17 芯片工作于三端基本工作模式之下，测量 +5V1 供电端已有正常输出。故障出在 U17 的 2、3 脚的外部电路上。将 R20 脱离电路进行测量，已经表现为断路故障，使芯片内部电路处于欠电压保护控制中。找到一只 2MΩ 电阻代换后，开关电源的工作恢复正常。

9.4　维控 LX2V-2424MR-A 型 PLC 的开关电源

开关电源电路板实物如图 9-12 所示。开关电源系采用 TOP266EG 芯片和外围电路来构成的。

9.4.1　TOP260 系列芯片引脚功能和基本参数

TOP260 系列芯片以经济高效的方式将一个 725V 的功率 MOSFET、高压开关电流源、多模式 PWM 控制器、振荡器、热关断保护电路、故障保护电路及其他控制电路集成在一个单片器件内。该系列芯片包括了 TOP264VG/KE~TOP271VG/KG 在内的共计 16 种型号的产品，根据封装形式、应用电压范围的不同，输出功率范围为 12~102W，如果加装金属散热片，则功率范围可增大至 30~224W，在整个负载范围内均具有较高的效率。工作频率 132kHz 和半频可选，自动重启可在过载故障期间将输出功率限制在 3% 以下。具有过流、过/欠压、热关断等多重保护机制。

图 9-12　维控 LX2V-2424MR-A 型 PLC 的开关电源电路板的实物图

(a) eSIP-7C(E封装)　　　(b) Esop-12B(K封装)　　　(c) Edip-12B(V封装)

图 9-13　TOP260 系列芯片的 3 种封装形式

TOP260 系列芯片的 3 种封装形式，如图 9-13 所示。可据输出功率要求、PCB 线路板的安装条件，灵活选用，比如：加装散热片要求更大的输出功率时，可选用 E 封装形式的；要求占用线路板空间小，并适合贴敷安装的，则可选用 K 封装形式的。

TOP260 系列芯片的原理 / 功能方框图如图 9-14 所示。各引脚功能叙述如下：

1 脚：标注 V，电压监测引脚，用于过压（OV）、欠压（UV）DC_{MAX} 降低的输入电压前馈、输出过压保护（OVP）和远程 ON/OFF 控制的输入引脚。连接至源极引脚时则禁用该引脚的所有功能，此引脚不应该悬空。外接电阻的阻值能设定过压、欠压的动作阈值。外接电阻为 4MΩ 时，随着输入直流电压从 88V 升高至 380V，最大占空比可以从 78% 降低至 40%。

2 脚：标注 X，用于外部电流极限调节、远程 ON/OFF 控制及器件复位的输入引脚。连接至源极引脚时则禁用该引脚的所有功能，此引脚不应该悬空。可以通过一个电阻与源极相接，从外部将流限降低至接近工作峰值的电流。

3 脚：标注 C，稳压控制信号引入端，误差放大器及反馈电流的输入脚，用于占空比控制，与内部分流稳压器相连接，提供正常工作时偏置电流，也用作电源旁路和自动重启 / 补偿电容的连接点。

4 脚：标注 S，内部开关管源极引脚，用于高压功率的回路，也是初级控制电路的公共点及参考点。

5 脚：标注 F，工作频率选择输入引脚。如果连接到源极引脚则开关频率为 132kHz，连接到控制引脚 C 端则开关频率为 66kHz。此引脚不应该悬空。

6 脚：空脚。可以提供更大的漏极爬电距离。

7 脚：标注 D，内部开关管漏极引脚。通过内部的开关高压电流源，提供启动电路的偏置电流，也是漏极电流的流限检测点。

TOP260 系列芯片使用频率（F）、电压监测（V）和外部极限电流限制（X）等 3 个引脚端子用来实现一些新的功能，将这 3 个引脚与源极引脚连接时，就可产生类似于 TOP220 系列的三端工作模式，这一工作特点，给故障检测与判断带来方便：器件能正常工作于三端模式，说明芯片大致是好的，故障原因与 F、V、X 端子的外部电路相关。

电路工作的重要环节：

① C 引脚是提供供电电压和反馈电流的低阻抗节点，在正常工作期间，分流稳压器

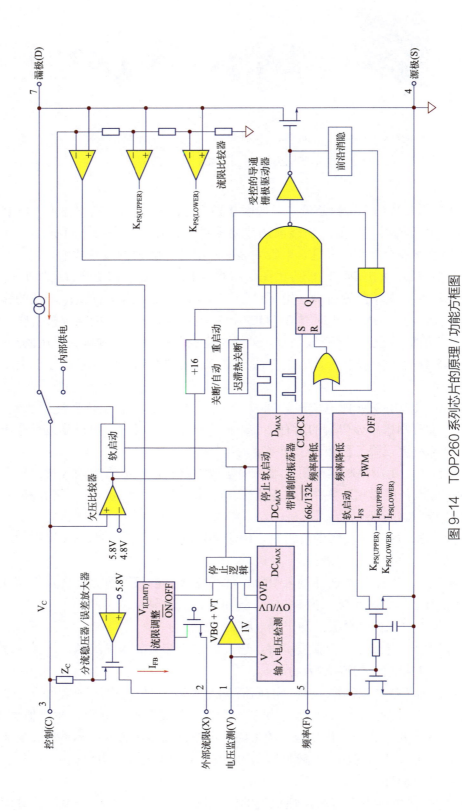

图 9-14　TOP260 系列芯片的原理 / 功能方框图

用来将反馈信号从供电电流中分离出来。控制引脚电压 V_C 是控制电路（包括 MOSFET 栅极驱动在内）的供电电压。应在控制引脚就近放置一个旁路电容以提供瞬时栅极驱动电流。连接至 C 引脚的所有电容也用于设定自动重启时间，同时用于环路补偿。

　　启动时，直流高压加在漏极引脚上，开关管起初处于关断状态，此时通过连接在漏极和 C 引脚之间的高压电流源对 C 脚外接电容充电，当 C 引脚电压 V_C 接近 5.8V 时，控制电路被激活并开始软启动，使漏极峰值电流和开关频率从很低的起始值上升到全频最大漏极峰值电流。在软启动过程结束时，如果没有外部反馈 / 供电电流流入 C 引脚，则内部高压开关电流源关断，C 引脚外接电容开始放电。如果不存在控制开环和短路故障，在 C 脚电容放电至 V_C 为 4.8V（内部电源欠压锁存阈值）之前时，芯片外部反馈环路将完成对电容的"续充电"，使 C 脚电压至 5.8V 分流稳压器的动作电压时，超过芯片所消耗的电流将通过 NMOS 电流镜分流到源极引脚，NMOS 电流镜的输出控制开关管的占空比，实现闭合环路调节。

　　当出现开环或短路故障，造成 C 脚电容不能为外部电路所充电时，C 引脚电压放电达 4.8V 时，激活自动重启电路并关断开关管，使控制电路进入低电流的待机模式。此时高压电流源再次接通 C 引脚并对电容充电。内部带迟滞的电源欠压比较器通过高压源的通、断来保持 V_C 值处在 4.8 ~ 5.8V 的区域内。自动重启电路中有一个除以 16 的计数器，仅在计数满时才使开关管开通，用以防止开关管在 16 个放电 - 充电周期过去以前重新导通。

　　由此可将开关管的工作占空比减至 2% 以内。自动重启模式将不断循环工作直到电路重新进入稳压可控状态为止。

　　② 脉宽控制器通过驱动开关管实现多模式控制，其占空比与流入 C 脚超出芯片内部消耗所需要的电流成反比。要优化电源效率，需要不同的控制模式：在最大负载条件下，在全频 PWM 模式下进行工作；随着负载率的降低，调制器将自动依次切换到全频 PWM 模式和低频 PWM 模式；在轻负载条件下，从 PWM 控制模式切换到多周期调制控制模式。

9.4.2　维控 LX2V-2424MR-A 型 PLC 的开关电源

　　图 9-12 所示电路板所对应的开关电源电路图如图 9-15、图 9-16 所示。

　　图 9-15 电路原理简述：

　　开关电源从电网取得整流滤波后的 300V 直流供电，IS1 光耦合器监测电网 AC 220V 和输出 DC 24V，并通过 J2 端子的 1 脚向控制板送去 ACOK 的检测信号。

　　电源芯片采用 TOP266EG：4、5 脚短接，即 F 端与 S 端连接，决定了工作频率为 132kHz；1 脚引入供电电压采样信号，供电电压异常时形成过 / 欠压检测和控制信号，另外经稳压二极管 ZD9、限流电阻 R25 输出过电压信号（20V 左右时生效）同时引入 1 脚，故由此在 1 脚形成了输入电压过 / 欠压和输出过电压的检测信号输入；芯片 2 脚外接电阻的参数决定了内部开关管的最大电流限制值；工作电源电流和反馈电压信号从 3 脚输入，U3、IS2 等元件构成的输出电压采样与控制电路，采样输出 24V 的变化，形成控制信号输入 3 脚，3 脚外接 R29、CT7 等元件，具有电源储能和决定自动重启时间常数的作用；电路的主工作电源经开关变压器的初级绕组引入芯片 7 脚内部开关管的漏极，并经由漏极和 3 脚间的高压电流源，在上电期间为 CT7 充电完成电路启动的任务。此外，在过 / 欠压、过流等故障发生时，7 脚供电支路和 3 脚供电支路还会发生反复切换，直至芯片恢复正常工作条件为止。

　　开关变压器的两个同匝数同绕向的独立绕组，形成两路相互隔离的"嫡系" +24V 和 +24V1（参见图 9-16）输出电压。

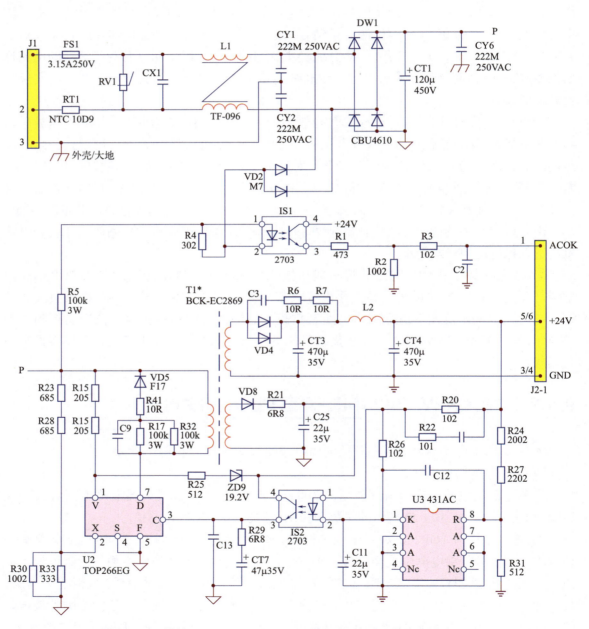

图 9-15　维控 LX2V-2424MR-A 型 PLC 的开关电源原理图之一

图 9-16 电路原理简述：

开关电源输出的稳压 +24V，再由 DC-DC 转换器 U1 外围电路进行逆变、降压和整流滤波处理，分别得到 +5V、+5V1~+5V3 等 4 路 5V 输出电源，同两路 24V 电源一起，送入 PLC 的控制板。

U1 为开关式电源 IC，具体工作原理可参阅本书第十三章集成 IC 电源的相关内容。

9.4.3　维控 LX2V-2424MR-A 型 PLC 的开关电源故障实例

实例 **1**

PLC 停止工作，造成生产线停机，故此送修

拆开机壳，目测发现开关电源板的故障比较严重，FS1、RT1 断路，U2 炸裂，连接 U2 的铜箔条崩掉两根。

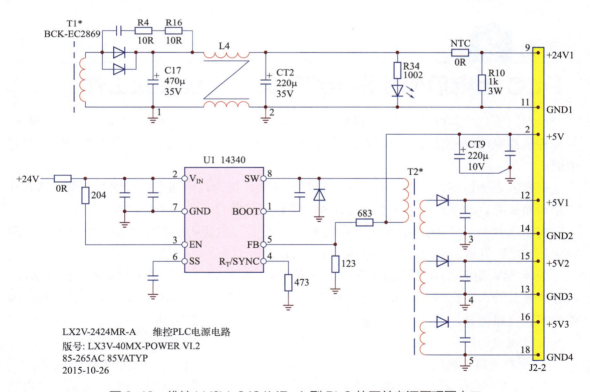

图 9-16　维控 LX2V-2424MR-A 型 PLC 的开关电源原理图之二

清理坏件，修复和连接铜箔。检测 U2 芯片外围电路没有发现坏的元器件。检测 U3、IS2 等稳压控制电路，表现正常。将坏的元器件换新，上电试机，测 24V 输出电压偏低。停电查 U1 及相关整流和滤波环节，没有问题。

掉过头来，查 U2 芯片外围电路，尤其是 3 脚、7 脚外围元器件，还是没有发现问题。又换一片网购的 TOP266EG，故障依旧。将 1、2 脚与 4 脚短接，使其工作于三端模式，测 24V 输出电压仍然极低。

没有了检修方向：修熟了 284x 芯片的开关电源，接手单片开关电源电路后，查外围元器件无短路（外围元器件极少，检测一遍并不费太大的功夫），一般即是直接换掉芯片，往往解决问题。测 3 脚电压一直在 5V 以下波动，电路无法恢复到工作正常状态，一时之间失去检修方向。

对外围所有元器件进行了较为彻底的检查，感觉问题还在网购的芯片本身。又换了第 3 片 TOP266EG 芯片，果然开关电源工作正常了。

结论：此次网购一共买了 5 块芯片，换到第 3 片才遇到了"合格"的芯片。单片开关电源，并不是真的难，外围电路极简单，芯片的高集成度在一定程度上"减免"了许多检测步骤，检测难度应该是降低了而非升高了。如果确认外围电路无故障，结论就是芯片坏掉。但不要先入为主地认为新的就是好的！新的有可能也是坏的，因而换到第 3 片才解决问题，有时需要重新购置有保障的芯片来修复故障。

PLC 上电后面板指示灯不亮，已经停止工作

检测判断 U2 芯片已经坏掉，换新的芯片后，测输出 24V 为 16V 左右，且有波动变化。复查稳压控制电路是好的，也不存在过载故障。根据经验，又换了一片 TOP266EG，故障依旧。

用直流电桥检测开关变压器 T1* 的绕组电感量，仅为几十微亨，说明开关变压器存在绕组短路故障。拆下开关变压器，寄往外地重新绕制数只，作为备用配件。

将 T1* 换新后，测采样 24V 更偏低至 14V 左右，电源仍然存在故障！一会儿另一路 24V 滤波电容发烫，测其端电压值达 40V 左右。

采样 24V 偏低、非采样 24V 升高的故障现象，据经验分析：采样 24V 存在过载故障，将导致开关管占空比增大，试图升高采样电压，因而使非采样 24V 被动升高。查采样 24V 整流滤波电路部分，确认没有问题。一时之内，又失去了检修方向。

故障现象分析：

① 采样 +24V 输出侧并不存在故障，+24V 负载重造成 +24V1 升高的理由不成立。

② +24V1 的升高，造成超过滤波电容耐压安全区，产生漏电流加大的后果，输出过载引发 U2 芯片内部的限流动作，使 +24V 输出电压跌落。

③ 故障的可能性（见图 9-17 电路）：+24V1 绕组在加工中方向绕反，使 VD2 工作于正激工作模式下，VD2 与开关管 Q1 一块儿开通和关断，N3 输出电压幅度符合 N1、N3 的匝数比，造成 N3 输出电压远超额定值！

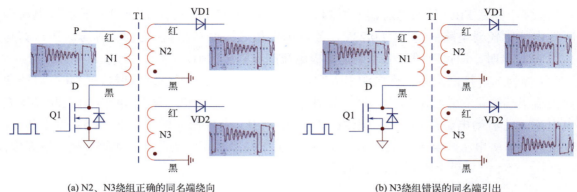

(a) N2、N3绕组正确的同名端绕向　　　　　　　　(b) N3绕组错误的同名端引出

图 9-17　开关变压器加工失误示意图

反激开关电源的工作模式，是开关管和整流二极管交替通、断，整流二极管取出波形中面积大而幅度低的部分能量，作为供电输出；当 N3 绕反时，VD2 取出的是波形中幅度大而面积小的部分，而电路板恰恰又处于空载状态之下，故数倍升高的电压导致滤波电容漏电流加大而发烫，并引发电路的限流动作。用示波表测试 T1 的 N3 绕组两端波形，证实 N3 绕组引出线绕反的事实（图中标注红、黑为示波表表笔颜色）。

将 N3 绕组引出铜箔用壁纸刀切断，并交替连接后上电，测两路 24V 输出电压，均恢复正常。

结论：当开关变压器进行外加工制作时，不排除出现绕组反绕或引出端错误的现象。新的元器件，仍然不能就判断是好的。开关变压器的损坏，除了绕组开路、短路和匝间短路的原因外，绕组绕制方向错误，也是损坏原因之一啊。

9.5　LU-906M 型智能调节仪开关电源

本电路采用 8 脚（实际为 4 个功能引脚）电源芯片 VIPer22A，构成了单片开关电源电路。其与 TOP 系列芯片构成的单片开关电源电路略有不同。

9.5.1　VIPer22A 芯片功能引脚和基本参数

VIPer22A 是意法半导体公司（SGS-Thomson，ST）近年来推出的一款中小功率单片开关电源芯片。其有 DIP-8（直插式）、SO-8（贴片）两种封装形式，当输入为 195~265V AC 时，其输出功率分别为 12W 和 20W。固定的 60kHz 开关频率，9~38V 的宽范围 V_{DD} 供电电压输入，电流方式控制，迟滞辅助欠电压锁定，高压启动电流源，通过自动重启实现过热保护、过流保护和过压保护等功能。

VIPer22A 芯片的封装形式、原理 / 功能方框图如图 9-18 所示。

1、2 脚是内部开关管 S 极引脚，也作为公共地端。

3 脚，标注 FB，反馈电压输入引脚，电压范围 0~1V，并设定内部开关管漏极电流极限，内部比较器电路的基准为 0.23V，故该脚工作电压值 0.23V，为稳压标志。当该脚与 1、2 脚短接时，即可获得对应于最大漏极电流的极限电流值。

4 脚为 V_{DD} 控制电路工作电源引入端，由于将高压电流源连接至漏极，因此在启动期间由漏极端提供芯片启动电流，该电流对 4 脚外接电容器充电，达到 14.5V 时关断高压充电电流，并启动电源开始工作。电路正常工作当中，并保持 4 脚电压在 14.5V 以下和 8V 以上。当 4 脚电压降至 8V 以下时，芯片停止工作并接通高压电流源为 4 脚外接电容充电；4 脚电压至 14.5V 以上时重复以上过程。

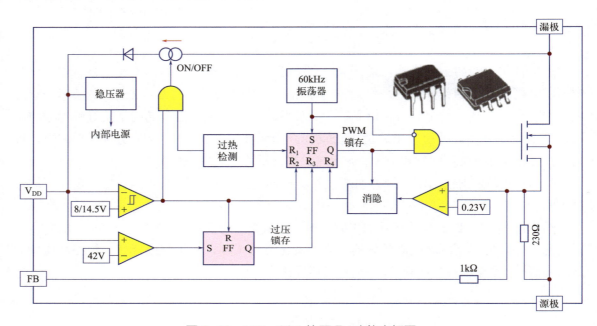

图 9-18　VIPer22A 的原理 / 功能方框图

5~8 脚是内部开关管漏极 D 端，也作为启动期间向 4 脚外接电容提供充电电流的启动回路。

9.5.2　LU-906M 型智能调节仪的开关电源电路

仪表电源的一个显著特点，即开关变压器一次侧逆变电路的高集成度和小型化，这也是为适应仪表的袖珍型体积而为之的。所采用 U2（VIPer22A）电源芯片，内含一个专用电流式 PWM 控制器和一个高压功率场效应 MOS 晶体管，输入交流电压范围为 85~265V，待机功耗小于 1W，贴片封装产品，逆变输出功率为 7W，内部 MOS 管子的耐压为 730V，满足一般仪表的电源供应要求。

由 VIPer22A 芯片构成的开关电源电路如图 9-19 所示，从 AC 220V 电网取得的供电电源，经 BG1 桥式整流、C7 滤波后获得 300V 左右的直流电压，作为开关电源的供电来源。

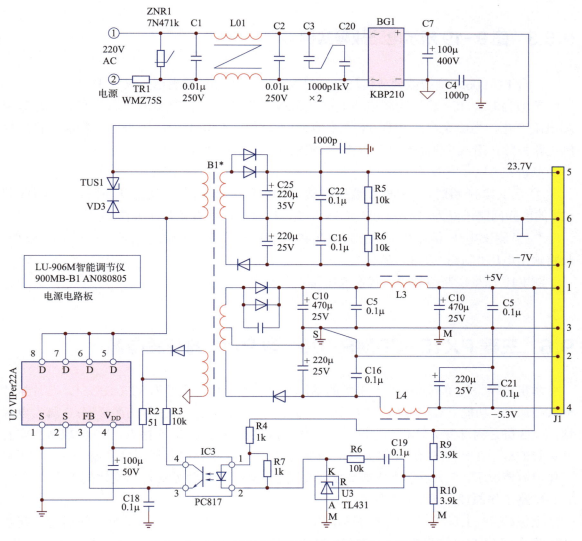

图 9-19　LU-906M 型智能调节仪的开关电源电路

稳压控制采样 +5V 输出电源，R9、R10 组成电压采样电路，在 U3、IC3、U2 控制作用下，可知 R9、R10 分压点正常值为 2.5V，U2 芯片 3 脚的电压为 0.23V，这两点电压的正常是电路稳压标志。

开关变压器 B1* 的初级绕组两端并联 VD3 和 TUS1，实现开关管关断期间的尖峰电压抑制作用。由次级绕组整流滤波后得到的 11V 左右的供电电压，提供芯片 U2 的工作电源。

电源电路输出的两组正、负电源电压，分别由 J1 端子排输送至操作面板显示电路和 MCU 主板电路，+5V、−5V 电压用于 MCU 芯片和操作显示面板的显示器供电、检测，以及控制电路的供电。为避免控制电路中数字和模拟电路之间的串扰，+5V、−5V 电源分别由滤波电感、滤波电容构成的滤波电路隔离成模拟信号地和数字信号地，图 9-19 所示原理图分别在接地符号上添加 S（数字）和 M（模拟）字样，以区别数字和模拟电路的接地点。另一组 23.7V 和 −7V，用于输出 4~20mA 信号电路的供电，起到与 MCU 主板电源相隔离的目的。

9.5.3　图 9-19 所示电路故障实例

一台 LU-906M 型智能调节仪，上电面板不亮，测 +5V 输出电压仅为 3V 左右。

单独为 U3、IC3 稳压控制电路上电 0~5.5V 检测电压，同时监测光耦合器 IC3 的 3、4 脚电阻变化，当给定电压加到 3V 左右时，IC3 的 3、4 脚电阻变为 290Ω，判断为稳压控制电路故障，造成"超前起控"动作，导致输出 +5V 的变低。

分析：

① 当 R10 断路时，U3 的 R 端在测试电压给到 2.5V 以上时具备开通条件，但 U3 和 IC3 的串联回路压降为 1.2V+1.8V = 3V，故此时 IC3 尚不具备开通条件。

② 当测试电压给到 3V 左右时，U3 和 IC3 的输入端电路恰好具备了同时开通条件，故将输出电压"制约"在 3V 左右。

测 R10 已呈现断路故障，代换 R10 后故障排除。

9.6　三菱 FX1S-30MR-001 型 PLC 的开关电源

本机电路采用单列直插式 5 引脚的单片开关电源芯片，型号为 STR-G6551，芯片封装形式及原理 / 功能方框图如图 9-20 所示。芯片 1、2 脚为内部开关管的漏极端；3 脚为电源地；2、3 脚是内部开关管和地之间外加工作电流采样电阻 R2 的连接点，R2 的取值决定着开关管的极限工作电流值；4 脚为启动和供电电源端；5 脚为电压反馈信号输入端，在正常工作电流情况下，5 脚反馈电压的高低，决定着内部开关管激励脉冲占空比的大小。

电路工作原理简述（参见图 9-21）：

上电瞬间，R1、R11、R12 启动电路提供芯片 IC1 的起振电压 / 电流，随后建立起芯片工作电压和 24V 输出电压。IC2（24V 三极管稳压器）和 PC1 光耦合器采样 24V 变化，控制 IC1 的 5 脚电压高低，进而控制 4 脚输出 PWM 脉冲占空比的大小，实现稳压控制。R5、R6、R7、ZD1 组成输入电压监测和过压保护电路，当电网电压升高（使用中误接入 220V 以上电网）达到 ZD1 击穿值后，ZD1 的击穿为芯片 5 脚引入高的反馈电压信号，使芯片处于过压保护状态中。

三菱 FX1S-30MR-001 型 PLC 的开关电源的故障实例，简述如下。

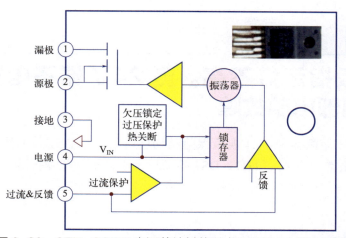

图 9-20　STR-G6551 电源芯片封装形式及原理 / 功能方框图

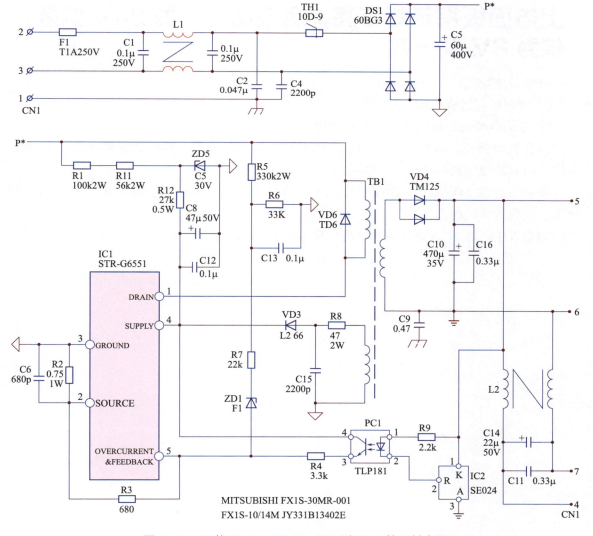

图 9-21　三菱 FX1S-30MR-001 型 PLC 的开关电源

223

实例 1

上电面板指示灯不亮。测 24V 端子电压为 0V，判断为内部电源故障

开机检查，F1 熔断器和 TH1 温度保险丝均已熔断。测 DS1 整流桥已经击穿损坏。检测稳压控制等均正常。将 F1、TH1、DS1 换新后上电试机，故障排除。

实例 2

上电面板指示灯不亮，测控制端子的 24V 偏低，仅为 8V 多一点

判断故障原因：

① 控制板有过载故障，拉低供电电压；

② 开关电源带负载能力低，使供电电压跌落。

拆开机器外壳，取出开关电源板，将其与控制板脱离后，测电源板输出 24V 变为正常值，但故障原因仍不外乎①、②两项。

单独用外供 24V 加到控制端供电端子，PLC 工作正常，说明故障在 PLC 自身的电源板上，表现为带载能力差。

测量 IC1 芯片 2、3 脚两端的电流采样电阻 R2 的阻值明显变大，代换 R2 后故障排除。

第 10 章
单端自励反激开关电源

单端自励反激开关电源的最早的"原始版本"，见于二十世纪九十年代之初的彩色电视机的电源电路，称为 A3 机芯开关电源（见于多款彩电品牌），如图 10-1 所示。

特点是开关变压器输入侧的电路结构简单，仅需开关管、分流控制管两只晶体管和附属元件即可完成直流逆变和稳压控制功能。

初见相类似电路结构的变频器开关电源，是在 2000 年前后，在东元 7200PA 型变频器电源 / 驱动板上，见到了该电源电路。作为工业产品，发现其开关电源是彩电"原始版本"的"精简版本"，电路构成如图 10-2 所示，清晰了然。

10.1 东元 7200PA-37kW 变频器的开关电源

10.1.1 单端自励反激开关电源的工作原理

将图 10-2 电路分成三个部分来简述一下电路的工作流程。

（1）振荡电路

振荡电路包含了开关变压器 TC2 的 N1 绕组和开关管 Q2 的主工作电流通路，R33~R26 的启动电路，N2 绕组和 R32、VD8、C23 的正反馈电路。

① 开关变压器 TC2 的 N1 输入绕组，开关管的 D、S 极形成主工作电流通路，也即 Q2 的 I_{c2} 回路；

② R33~R26 的启动电路，形成开关管上电瞬时的启动工作电流输入，提供 Q2 的 I_{b2a}；

③ N2 绕组和 R32、VD8、C23 的正反馈电路，提升了 Q2 的驱动和关断能力，提供电路正常工作所需的激励能量和关断能量，提供 Q2 的 I_{b2b}。

理清了开关管 Q2 的 I_{c2} 和 I_{b2b} 回路，就可知道电路的重点即是控制 I_{b2b}/I_{c2} 的大小和有无，实现了能量传输和稳压控制。

上电瞬间，启动电路 R33~R26 最先提供开关管 Q2 的 I_{b2a} 电流，由此产生流经 N1 的

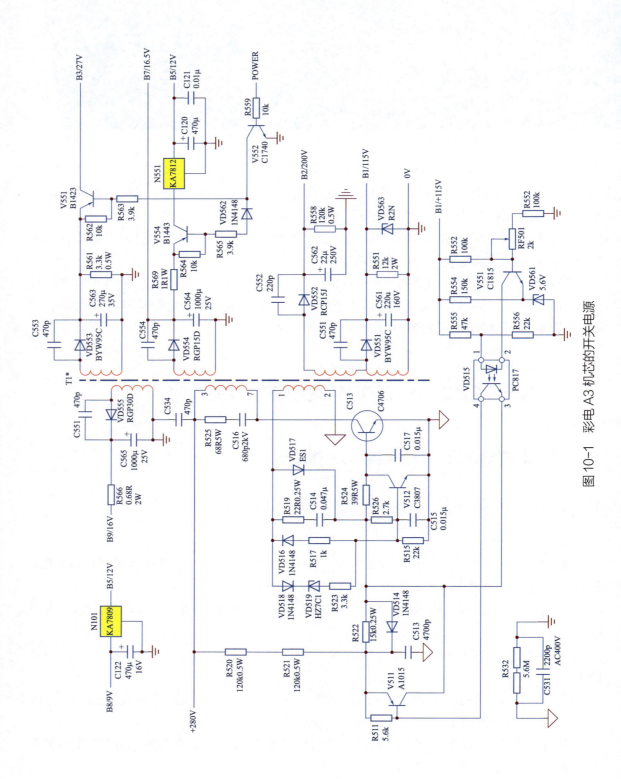

图 10-1 彩电 A3 机芯的开关电源

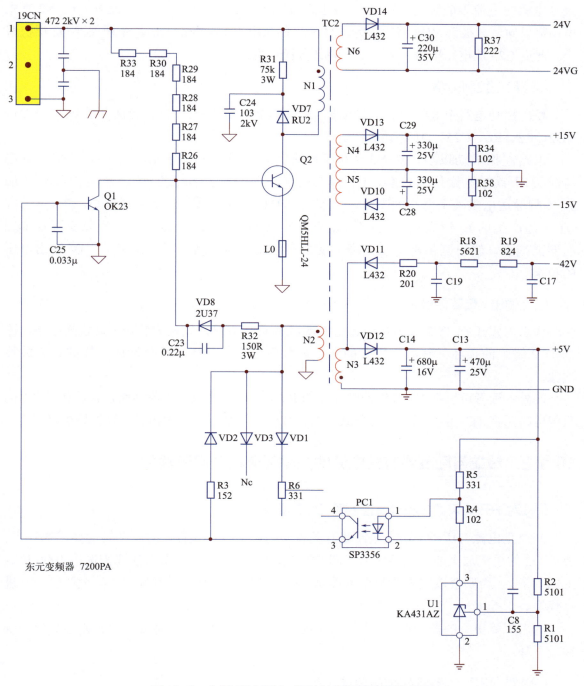

图 10-2　东元 7200PA-37kW 变频器的开关电源

较小的 I_{c2}，因互感作用产生较小的上正下负感应电动势 V_{N2}，C23 有个短暂的充电动作，随之 VD8 因承受正向电压而导通，随之产生 I_{b2b}、I_c、V_{N2} 再度增长的强烈正反馈过程，至 I_{c2} 的增长到极限时，开关管 Q2 很快处于饱和状态；此时 I_{c2} 的增长势头变缓，导致 I_{c2}、

V_{N2}、I_{b2b} 的下降，开关管 Q2 退出饱和区进入放大区，使 I_{c2} 减小又进入可控放大区。因为流过电感的电流不能突变，所以 I_{c2} 减小之时即电路状态的转折之际，此时 N1、N2 感生电动势反向，二极管 VD8 截止，为 C23 充电的负电流形成新的 $-I_{b2}$，令开关管 Q2 很快截止。此后 C23 放电完毕后，下一个周期又自行开始。

（2）稳压控制电路

稳压控制电路由 R1、R2 采样电路，以及基准电压源器件 U1、光耦合器 PC1、VD1、VD2、R3、R6、C25、Q1 等元器件组成。

电路起振成功以后，在 N3~N6 等负载侧的电压也得以建立，当 +5V 产生上升趋势时说明 TC2 能量传输过剩，R1、R2 采样电路分压点高于 2.5V，光耦合器 PC1 的 3、4 脚导通电阻处于变小的趋势，由 N2、VD1、R6 提供给分流控制管 Q1 的 I_{b1} 增大，Q1 导通产生的 I_{c1} 形成对 Q2 的 I_{b2b} 的分流，使 Q2 提前进入截止区，开关变压器 TC2 的储能减少，输出侧供电电压下降。反之实施反向的控制过程，保障了 +5V 输出电压的稳定。

（3）输出 / 负载侧电路

作者习惯于把 TC2 输出绕组、整流滤波和负载电路，统称为输出 / 负载侧电路，因为 TC2 绕组的损坏、整流二极管的击穿和负载电路的损坏，都会造成一样的过载故障现象。

此外，读者可以把 N1 绕组两端并联的 R、C、D 尖峰电压吸收回路，也看作是 N1 的负载电路，将 TC1 也可以看作是开关管的负载电路，则可以大大拓展故障检修思路。

10.1.2　单端自励反激开关电源的关键环节和关键元器件

（1）对于开关管 Q2 和分流控制管 Q1 的要求

和他励电源有所不同，本电路是开关管参与自激振荡过程，对开关管的要求提高了。要求 Q2 的电流放大能力足够优秀，即 Q2 的 β 值足够大才行（有人建议需选用 1000 倍以上的管子），否则会造成电路起振困难或稳压区变窄。检修中尽量选用 β 值大的管子来进行代换。

为了保障更好的控制特性，要求 Q1 的 β 值要大，饱和电压降要小，否则会导致控制性能下降。

（2）对 R33 ~ R26 阻值的要求

R33~R26 提供 Q2 的起始工作电流 I_{b2a}。当 Q2 足够优秀时，小的起振电流即能使电路成功启动；当 Q2 有所衰变时，则需较大的起振电流才能奏效。

R33~R26 的总电阻值不宜大于 1MΩ。500V 直流供电条件下，R33~R26 的总电阻值取值范围为 400~900kΩ。

（3）对 N2、R32、VD8、C23 的正反馈电路的要求

N2、R32、VD8、C23 为正反馈电路，提供 Q2 的工作电流 I_{b2b}。其中 R32、VD8 提供 Q2 的开通电流，相当于向 Q2 的发射结内"灌水"；R32、C23 则提供 Q2 的关断电流，相当于为 Q2 的发射结"抽水"，二者是各行其道。

① C23。若 C23 不良（容量下降或 ESR 值变大），造成对 Q2 的"抽水"不彻底，则"灌水"就不能正常进行。开关电源的开、关动作是相辅相成的（偏于一端则两不成立），关不好就等于开不好，这和库房入货前要清空的道理一样；若不能事先清空，也就失去库房的储藏功用；清空不彻底相当于减少了库房的容积。C23 的典型取值为 0.22μF 左右。C23 取值偏大时，会造成开关管关断时间的延长（因为在稳压控制下，开关管的实际占空比并不大，取值偏大带来的影响基本上不会表现出来）；取值偏小时，则导致电源不容易起振，或带载能力差、输出电压偏低等故障现象。

② R32。在 500V 供电条件下，R32 的典型取值为 150~180Ω；在 300V 供电条件下，R32 取值范围为 75~100Ω。取值过大，会产生欠激励现象，导致开关管发烫，带载能力变差，或输出电压偏低，电路不能起振的故障现象；取值过小时，可能会因过激励而导致开关管的损坏。

（4）稳压控制电路

① C8。C8 构成了基准电压源器件 R、K 极间的负反馈通路，使内部比较器由此"化身"为 PI 放大器，C8 的作用使控制过程实现了 D-A 转换。稳压控制电路是开关电源电路中唯一的一个"线性环节"。C8 的取值范围较宽，为 0.1~2μF，甚至有更大的变动范围。C8 的取值更表现为"试验值"而非设计值。当输出电压出现缓慢地在稳压值附近波动的现象，说明 C8 取值过大；当电源的工作噪声变大时，电路的积分功能减弱，说明 C8 取值偏小。

② C25。VD1、R6 和 PC1 的 3、4 脚组成了 C25 的充电回路，也由此形成对 Q1 的 I_{b1} 的控制；VD2、R3 则组成了 C25 的电荷放电回路，也为电路的起振（开关管的重新开通）创造条件。

R6 和 C25 的配置，类似于 284x 芯片电路中 3 脚外围的 R、C 电路，提供电压反馈控制信号的脉冲前沿消隐并提供一定的控制延时：消除控制信号中的电压毛刺，避免不必要的控制动作；延时作用可避免控制动作提前，使开关变压器 TC2 有足够的时间储蓄能量，从而保障输出电压的后劲够大，确保电源的带载能力强劲。

C25 的典型取值为 0.033μF。取值过大时可能会导致控制动作滞后，输出能量过剩，如输出电压比额定值略高；取值过小时，则会造成起控动作超前，使输出电压偏低，或带载能力变差。

必须重点提示一下：对于上述关键环节和关键元器件的列举，并不全面，只是挑出了易于疏忽的几个地方而已。本电路结构的"大闭环振荡环境"下，甚至连负载电路也参与到起振和稳压的控制过程中，参阅下文相关的叙述。

10.1.3 单端自励反激开关电源的故障诊断思路

以上关键环节或关键元器件，它们对于电路的正常工作的作用，就如同中国象棋的棋子所担当的角色一样：每一个环节都是要紧的，每一个元器件都是要紧的，每一个元件都"站在了关键的位置上"，小卒和车、马、炮的作用不分伯仲，牵一发而动全身，哪个小环节不良，都会造成开关电源的故障表现。单端自励反激开关电源，是"全员参与"才能正常运行的一个结构，其故障表现通常不是哪一个元件坏掉了，而是电路出现了"亚健康状态"，不是哪个员工开小差，是整体的工作情绪不高。有时候需用中医的"调理方法"使电路"恢复健康"。因而故障诊断思路应当是活泛的、有机的、辩证的，而非死板的、教条的、僵化的。

（1）电路工作状态测试点

如图 10-2 所示的开关电源电路，对于电路工作状态的判断，可通过测量开关管 Q2 发射结电压的方法来确定。大致有以下三种情况：

① 检测开关管 Q2 的发射结电压为 0V，启动电路中有一只或多只电阻断路，电路不具备起振条件（前提是已经测过 Q2 发射结连接点无短路现象）；

② 检测开关管 Q2 的发射结电压为 0.4V 左右，说明启动电路已将起振电压 / 电流送入 Q2 的基极，I_{b2a} 已经存在，但因正反馈电路异常，Q2 无法获得 I_{b2b} 电流而处于停振状态；

③ 检测开关管 Q2 的发射结电压为 −0.3V 左右，说明电路已经处于振荡状态，启动与正反馈电路均已投入工作。若出现输出电压偏低故障，应查找正反馈电路中各元件值是否符合要求，或负载电路是否存在过载故障。

（2）图 10-2 电路的安全降压上电

该电路是全员参与的工作模式，除了对负载侧电路和稳压 U1、PC1 组成的稳压控制电路，独立上电进行检测外，对于开关变压器初级振荡电路的检测，是没有办法独立上电进行状态检测和判断的。再就是若对稳压控制电路是否正常心中无底，贸然上 500V 高压电源，可能会因稳压失控造成将原故障扩大的局面。作者还是要强调，上 500V 电源试机的前提是，一定要先保障稳压控制电路是好的。

对电路进行安全降压上电的方法和原则是：

① 降压 100V 为开关电源上电，电路能够正常起振工作后，即使存在稳压开环的故障，此时各路输出电压也不会偏离额定值太多，短时间内通电不至于造成负载电路的烧毁等故障。

② 启动电路电阻的取值是考虑 500V 高压供电条件而设置的，100V 供电时会因启动电流太小，而造成电路不能起振的结果。想满足电路在 100V 状态下起振，可按 1kΩ/1V 的电阻 / 电压比例，暂时减小启动电路的阻值，以满足起振要求。

暂时将启动电路的阻值如 820kΩ，减小至 100kΩ 左右，然后在供电端为开关电源上电 100V，进行工作状态的检测，测量开关管 Q2 的发射结电压，或输出电压值等，做出故障诊断。

（3）图 10-2 故障表现特点

① 不起振，查启动电路的电阻是否变值，有无断路现象。

② 带载能力差，表现为电源 / 驱动板脱离 MCU 主板或脱开散热风扇时，输出电压正常，但连接正常负载后，输出电压跌落，或输出电压偏低，查正反馈电路中各元件值是否在正常范围之内。

③ 上电后产生"打嗝"现象，负载电路存在过载故障。单独为负载电路上电，观测工作电流的大小，判断故障所在；脱开尖峰电压吸收回路的二极管，如开关电源恢复正常，说明 VD7 或 C24 有漏电损坏；检查开关变压器本身是否存在绕组匝间短路等故障。

图 10-2 电路较为常见且检修难度较大的故障，是如上所述的不起振、带载能力差、输出电压偏低、上电"打嗝"等现象，往往经过上述①～③检测，仅仅排除一部分机器的故障，另有一部分机器的开关电源故障，则可能表现为：

① 找不出故障元器件；

② 将电路元器件全换一遍也不能解决问题。

读者可先暂且存疑，容下文后叙。

10.1.4　东元 7200PA-37kW 变频器的开关电源的故障实例

输出 +5V 偏低，带载能力差

故障表现和诊断　该机运行当中出现随机停机现象，可能几天停机一次，也可能几个小时停机一次；启动困难，启动过程中工作接触器"哒哒"跳动，启动失败，但操作面板不显示故障代码。费些力气启动成功后又能运转一段时间。判断为开关电源的带负载能力变低，故障为开关电源本身。

（1）故障诊断 1

上电试机，启动时工作接触器"哒哒"跳动，不能启动。拔掉 12CN 插头散热风扇的连线，为开关电源减轻负载后，情况大为好转，启动成功率上升。仔细观察，启动过程中显示面板的显示亮度有所降低，测 +5V 输出电压随启动操作，有时降至 4.3V。但将电源 / 驱动板脱离负载电路后，该电压恢复正常值。进一步确诊故障为开关电源带负载能力差。

拆下电源 / 驱动板，从机外送入直流 500V 维修电源，单独检修开关电源电路。

各路电源输出空载时，输出电压为正常值。将各路电源输出端加接电阻性负载，电压值略有降低。+24V 接入散热风扇和继电器负载后，+5V 降为 +4.7V，此时屏显及其他操作均正常；严重时降至 4.3V，显示屏报警，发光暗淡。

控制电源带负载能力差的判断是正确的。由于 MCU 微控制器芯片对电源的要求比较苛刻，不低于 4.7V 时，尚能勉强工作，但当低于 4.5V 时，则被强制进入"待机状态"，在 4.7V 到 4.5V 之间时，则内部检测电路工作发出故障报警。

（2）故障诊断 2

将图 10-2 电路，按常规检测方式，全部"盘"了一遍，没有发现故障元器件。令作者意想不到的是此故障的检修竟然相当棘手，遍查开关电源的相关元器件竟"无一损坏"！

静下心来理一下思路：

电源带载能力差，说明经开关管 Q2、开关变压器 TC2 传输至输出侧的能量偏小，即 I_{c2}/I_{b2b} 有所不足，二者的信号电流比值比正常的量值稍小一点。I_{c2}/I_{b2b} 的偏小和以下因素相关：

① 稳压控制电路的超前起控行为，如 C25 不良所引起；

② 分流控制管 Q1 有轻微漏电；

③ 正反馈电路所提供的 I_{b2b} 偏小，如 VD8、C23 或有不良。

如果以上都没有问题，即保障了 I_{b2b} 是对的，但 I_{c2} 仍然偏小，说明开关管 Q2 产生衰变现象，导致工作能力变弱，连续运行 5 年以上的机器，出现元器件衰变也在情理之中。

深度分析：当 +5V 降至 4.7V 左右时，稳压控制已经变为开环，稳压反馈电路对输出电压的控制权已被取消，Q2 已经工作于最大脉冲占空比的状态，Q2 虽然全力以赴地"干活"，但因衰变却力不从心，输出的 I_{c2} 仍然不能满足输出级的能量供应要求。

结论：开关管 Q2 低效、劣化造成电源的带载能力变低。代换 Q2 后整机上电试机，变频器工作正常，故障排除。

实例 2

+5V 输出偏高，变为 +5.6V，其他输出电压也有相应的升高

> **故障表现和诊断** 参考图 10-2 所示电路，机器因雨天进水引起损坏，拆机检查，进水部位恰好在开关电源的电路部分，因而开关电源损坏严重，目测开关管 Q2、分流管 Q1、二极管 VD8 等都已毁损严重。

拆除全部毁损元件，清理电路板后更换损坏元件。单独上电检测稳压反馈电路，确认"没有问题"后，在供电端上检测电源 DC 500V，开关电源已经起振工作，测 +5V 输出电

压变为 +5.6V，其他输出电压也有相应的升高。

确定故障在稳压控制电路（见图 10-3）。

故障的实质是 I_{b2b} 偏大，使 TC2 的储蓄能量有了剩余。只要使 I_{b2b} 回到正常值上，+5.6V 也会回落至 +5V 上。

I_{b2b} 偏大的原因如下：

① 分流控制管 Q1 低效，I_{c1} 偏低造成对 I_{b2b} 的分流不足；

② U1、PC1 及外围元件有不良，使控制特性偏移，如 R6 阻值变大，造成 I_{b1} 偏低等。

〈　故障分析和检修 　单独在 +5V 采样点上电 0~5.5V，监测光耦合器 PC1 的 3、4 脚电阻，当采样电压 5V 以上时，虽然出现电阻变小现象，但导通电阻值仍在 2kΩ 以上。在第一次的检测中，只关注了 PC1 输出脚电阻值的变化，未关注具体的数值。根据经验，PC1 的 3、4 脚导通电阻应低于 1kΩ（注意：测试仪表的型号不同，会带来测试数据的误差，检修者须根据现有仪表的特性，头脑中事先有一个可供参考的"经验值"）。大于 1kΩ，说明光耦合器 PC1 已经老化衰变。

光耦合器在长期工作应用条件下，必然存在一个发光效率和受光效率随使用年限逐渐降低的问题，轻微的光效率变低，稳压控制尚在可控区内，而最终有一个"量变到质变"的过程，导致稳压控制出离可控区。

用 PC817 取代 PC1 上电试机，已经没有悬念了——输出 +5.6V 已经回落到 +5V 上，故障排除。

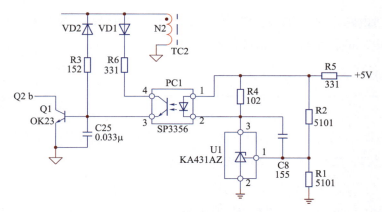

图 10-3　稳压控制电路

累计连续数年运行时间的机器，由于电解电容、光耦合器、开关管等器件发生的衰变、劣化、低效造成的故障现象，比之开路、击穿类故障，有一定的隐蔽性。表现为电路特性偏移，如 +5V 偏离额定值等"轻微故障"现象，比一般故障的检修难度也要大一些。要求检修者更能关注"细节数据"，如器件的老化测试表现等。

实例 **3**

开关电源带载能力差

> **故障表现和诊断** 故障机器为前维修者转修机器，电路可参考图 10-2。单独上电检修开关电源电路时，+5V 等输出电压都正常。连接 MCU 主板后，+5V 电压跌落，导致面板报出通信中断、MCU 异常等故障示警。

据前维修者介绍，已经换过开关变压器、开关管、基准电压源器件、光耦合器等大部分元器件，无法根除故障，并强调说这是一例软故障，将机器转送我处。

详细检查前维修者动过的地方，开关管已换为 BU508A，其他地方的元件都为原值。我手头的开关管也仅有 BU508A，疑点在开关管身上，换了一只无效。

> **故障分析和检修** 带载能力差的原因：正反馈回路导致的 I_{b2b}/I_{c2} 偏小、稳压控制电路对 I_{b2b} 的分流过多、开关管劣化低效，都直接导致了开关变压器储能不足，造成负载电压跌落的现象。

查无坏件的情况下，换用高电流放大倍数的开关管，或想办法增大 I_{b2b}，都会提升电源的带载能力。

试将正反馈电路中 R32 的电阻值由 150Ω 减小至 120Ω，上电试机，开关电源带载后仍能保持 +5V 电压的稳定输出，故障排除。

检修小结

很多人问我，R32 可以变小吗？理由何在？原来为什么能正常工作？R32 的可调节范围为多少？应该保持原样才是对的呀！不是吗？

如图 10-4 所示，关于 R32 的取值参考范围，上文已述。我先举两个例子来说明一下。

① 要求室内照明灯达到标称亮度，原照明灯电流为 1A，现换用不同型号的照明灯，额定工作电流为 1.2A，我仍然供给 1A 电流，显然会造成亮度不足的现象。针对现在的照明灯，供给 1.2A 才是合理的。

② 一台新的照明灯，供给 1A 电流，即能达到标称亮度。使用几年后，因光效率变低，在无新灯可换的情况下，要想达到标称亮度，将电流供给增大到 1.2A 时，亮度才达到要求。供给新灯 1A 是对的，供给旧灯 1.2A 也是对的。让旧灯在 1A 供给条件下，仍然保持标称亮度，就是不合理的要求。

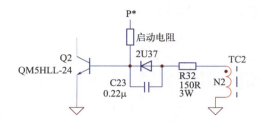

图 10-4　开关管的偏置电流回路

回到本例电路，当开关管型号更换时，调节 R32 的阻值以适应 BU508A 的要求，当然是对的。原理图中的电路元器件参数是针对具体所指的新元器件来设置的，在元器件代换或元器件轻度老化状态下，调整外围元器件数值以适应"现在的工作状态"，才是科学合理的。僵化地固守原数值，才是不合情理的，对吗？

所以，检修并非"原样代换"一条路子可走，若环境条件已变，坚持"原样代换"也许就成了无路可走。本例故障，有坏的元件吗？有人用从旧板上拆下"原管"的方法来代换也不能奏效，是因为正巧拆下的原管已经是老化管，或现在元件的工作环境已有变化。顺应其变化，才是解决之道。

10.2　LG-is5-18.5kW 变频器开关电源

LG-is5-18.5kW 变频器开关电源，是单独制作在如图 10-5 所示电路板上的（电路图见图 10-6），通过端子线引至控制电路上。

图 10-5　LG-is5-18.5kW 变频器开关电源电路板实物

该机型电路有两块开关电源电路板，一块为六路驱动电路和散热风扇提供供电电源，另一块提供故障检测电路所需的 ±15V 供电、MCU 及面板所需的 +5V 供电。采用了 MOSFET 管作为开关管，与采用晶体三极管相比，显著降低了激励电路的能耗。

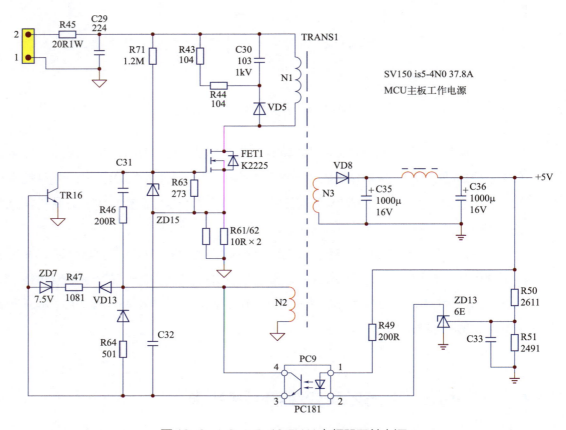

图 10-6　LG-is5-18.5kW 变频器开关电源

　　开关变压器初级绕组 N1、开关管 FET1，以及电阻 R61、R62 组成开关电源主工作电流回路；R71 提供电路起振的初始工作电流；N1 为正反馈绕组，提供正反馈振荡信号兼作稳压控制电路的电源。

　　N3 为负载绕组，输出电压经整流滤波后供 MCU 电路。C32 串接 R61/R62 到地，R61/R62 电压降与 C32 端电压串联相加，导致 TR16 的分流能力变强，具有开关管的限流控制功能。

　　本电路的稳压控制电路如图 10-7 所示（简化后重绘）。N2 为正反馈绕组，经 R46、C31 提供开关管 FET1 的工作电压／电流。

　　稳压控制电路中，C32 的 I_1 充电电流回路：一路由 VD13a、R47、ZD7 组成，在反馈电压建立之前，或者起振工作以后有过电压故障发生时，该支路实现稳压控制动作前的"稳压粗调"和过电压故障发生（此时稳压控制电路已经失效）时的过电压保护；一路由光耦合器 PC9 的 3、4 脚导通电阻，在正常的稳压控制过程中来提供 I_1。C32 的放电电流 I_2 的形成：由 R64 和 VD13 来构成 C32 的放电回路。

　　充电和放电两个支路都完好的前提下，电容的作用才得以实现，如果放电不能进行，则充电也就无法实施。

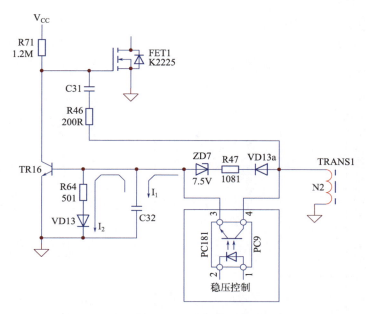

图 10-7　开关管 FET1 的启动和稳压控制电路

LG-is5-18.5kW 变频器开关电源的故障实例:

送修变频器反映操作显示面板不亮,机器不能正常运行。学员拆下电路板,测绘当中,发现 R64 电阻值变大,拆下测量,实际电阻达 1MΩ 以上,证实其已经断路。故障为 C32 失去放电回路,导致开关电源工作异常,代换 R64 后,开关电源的工作恢复正常。

10.3　海利普 HLP-P-15kW 变频器开关电源

海利普 HLP-P-15kW 变频器开关电源电路,如图 10-8 所示。

10.3.1　电路工作原理简述

前面介绍的两个电路实例中,并未设置专用的过流检测与控制电路,这是因为当过载故障发生时,正反馈绕组感生电动势减弱,振荡电路因无法满足反馈信号的幅度要求而"自然停振",所以对于开关管的工作电流检测与过载保护电路,是单端自励反激开关电源电路的"可选项",而非"必选项"。有自然是好,没有也不能说是错。

本机电路,R10/R7 串接于开关管发射极,将流经开关管的电流信号转变为电压信号,由 R82 输入至分流控制管 T17 的基极,当工作峰值电流达 1A 左右时,T17 得到约 0.5V 的基极电压而形成基极电流,T17 的导通分流了开关管 T19 的基极电流,从而使开关管的截止时间变长,导通时间变短,工作电流回落,由此起到了限流保护作用。

其他电路的工作原理,不作赘述。

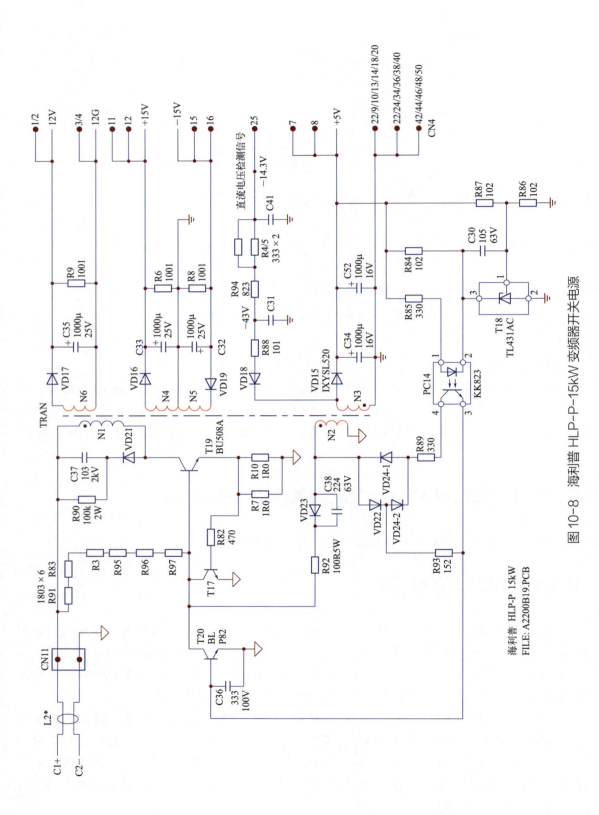

图 10-8 海利普 HLP-P-15kW 变频器开关电源

海利普 HLP-P 15kW
FILE: A2200B19.PCB

10.3.2　海利普 HLP-P-15kW 变频器开关电源的故障实例

实例 1

上电开关电源不起振 1

测开关管 T19 的发射结电压为 0.4V，说明启动电路无问题。检测正反馈电路、稳压控制电路和负载电路都正常，判断在现有工作条件下（诸如开关管轻度老化、电容器的损耗变大、开关变压器的品质因数下降等，无法精准判断是哪个环节出了问题，但电源本身呈现出"亚健康状态"），启动电路给予的起振能量不足，导致开关电源停止工作。

启动电路为 6 只 180kΩ 电阻相串联，总电阻值达 1MΩ 以上。在线将 R91、R83 短接后上电试机，开关电源恢复正常工作。

实例 2

上电开关电源不起振 2

前维修者转送机，查 C38 标称值为 223，容量是 224 容量的 1/10，直接用 224 电容代换，故障排除。

实例 3

上电开关电源能起振，但输出电压偏低，+5V 变为 4V 左右

查稳压反馈电路正常，负载电路无过载故障。观察分流控制管 T20 的发射结并联电容 C36 标称值为 332，印象中该电容的标称容量应为 333，果然用标称 333 容量的电容代换，上电后开关电源的工作恢复正常。

实例 2、实例 3 中 C38、C36 是原设计值不当，还是前维修者换错，都不是我们要过于纠结的地方。代换元器件的规则是：不管它原来是什么取值、什么型号的元器件，我知道用"合适"的元器件来代换它就行了。

问题仍然存在：C36、C38 对电路的时间常数有影响，是否会影响电路的开关频率？

轻易改变电容量是可以的吗？

关于 C36、C38 是否会影响开关频率的问题，也同样困扰了作者多年。相关资料中，唯独对这一点鲜有介绍，倒是一件有点儿奇怪的事情了。单端自激开关电源，其实工作于变占空比又变频的工作模式，其自激振荡频率主要取决于 N1 电感量和 N1、N2 匝数比，工作频率在 60~120kHz 以内变化。负载率上升时，脉冲占空比在稳压控制下自动加大，会导致开关频率下降。所以电路中 C36、C38 参与开关管的开、关控制，在决定激励电流大小和关断时间的同时，也施加了对开关频率的次要影响。

关于 C36、C38 的合理取值范围，是作者参考了多例正常工作的同类开关电源电路后，得出的结论。作者并不能给出设计数值，只能给出可供参考的代换数值。

实例 4

开关电源上电后出现"打嗝"现象

> **故障表现和诊断** 一台海利普 22kW 变频器上电后，听到开关电源发出间歇的"吱吱"声，这是过流保护起控典型的"电源打嗝"故障。从故障现象分析，电路已正常起振，振荡电路没有问题，无须检查。故障原因有两方面：

① 开关电源本身的过流保护电路、稳压电路元件故障，使电路产生误保护动作，如电流采样电阻阻值变大、分流管 T20 因稳压电路原因（光耦输出侧内部光敏晶体管漏电或击穿）分流过大等。这类故障产生的概率较低。

② 负载电路有短路故障存在，开关电源起振后导致过流保护电路起控，当然，如果输出电压回路的整流二极管击穿或电容漏电，也会造成同样的故障现象。

初步判断电路故障在开关电源的负载电路，可参见图 10-8 电路。

> **故障分析和检修** 检修步骤：

① 本着先易后难的原则，先排查负载电路的问题，再检查过流保护和稳压回路的故障。停电后，测量哪路输出电压回路整流二极管的正、反向电阻值异常，说明该路整流滤波电路或负载电路有过流故障。

② 测量 12V 电源的整流二极管 VD17 的正反向电阻均为几十欧姆，怀疑其损坏，但拆下测量，VD17 是好的，将 VD17 焊回原电路，将 12V 负载电路断开，测 VD17 的正反向电阻值均为 36Ω，仍不正常。故障疑点落在滤波电容 C35 上，观察滤波电容 C35 有微微的"鼓顶"现象，拆下 C35，发现电容底部有溢出的电解液，测量电容的漏电电阻为 36Ω，判断故障由该电容严重漏电引起。

为什么电容 C35 的漏电电阻值表现为 VD17 的正反向电阻值不正常呢？其实负载电路的短路故障，也同样表现为 VD17 的正反向电阻值异常。原因如图 10-9 所示。

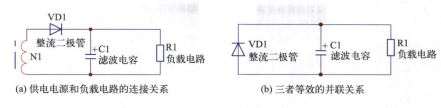

(a) 供电电源和负载电路的连接关系　　(b) 三者等效的并联关系

图 10-9　供电 / 负载侧的测试示意图

图中 N1 绕组的直流电阻接近 0Ω，可将其等效为图 10-9 中的（b）电路：

① 对 VD1 或 C1 或 R1 两端的电阻进行测量，同时反映了 VD1、C1、R1 的电阻状态；

② 在线测试直流输出电压时，若不好找出搭笔点，VD1 两端即为 C1 端电压（输出电压值）；

③ 在 VD1 两端单独施加直流电压时，反映出的直流电流大小，即为负载电路的工作电流值。

如此一来，对输出 / 负载侧的短路或过载故障检测，就有落脚处了。

10.4　台安 E310-0.75kW 变频器的开关电源

台安 E310-0.75kW 变频器的开关电源，如图 10-10 所示，采用自激式三管的电路结构：TR1、N1、R12/R13 组成主工作电流通路；Q2 外围元器件组成限流电路；IC1、PC1、Q1 等元器件组成稳压控制电路，稳压采样电压为 +5V。

光耦合器 PC1 输出端并联 R8 电阻的作用：

① 在采样电压未予建立，PC1 导通之前，N2 感生电压即可通过 R8、C4 形成分流控制管 Q1 的 I_{b1} 电流，避免输出电压过冲的现象出现；

② 在 IC1、PC1 稳压控制环节出现故障而失控时，R8、C4 仍可作用于开关管的最大导通时间的限制。

R12~R14、R2、Q2 等元件组成的过载保护电路，和 R8、C4 一起，最终共同作用于开关管的最大 I_D 限制。

当稳压失控情况发生时，因以上两重限流保护电路的作用，情况可能并不是太糟。

故障实例，简述如下。

实例 1

开关电源上电不工作，查无明显坏件

测启动电压已经加到 TR1 的栅极，但象征电路已经起振工作的负电压信号没有出现，判断正反馈电路有元件不良。用一只 0.1μF 电容并联在 C3 两端，开关电源恢复正常工作状态。

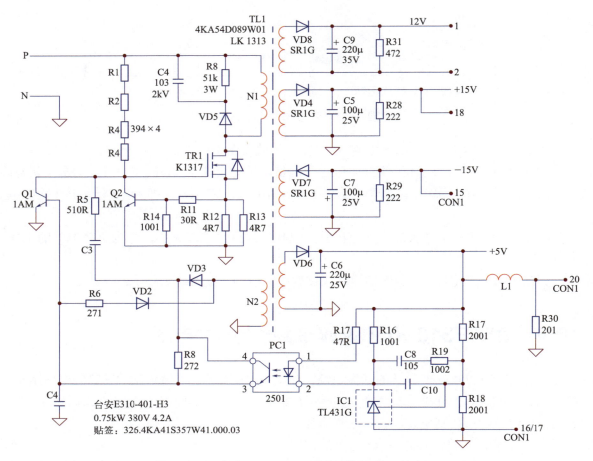

图 10-10 台安 E310-0.75kW 变频器的开关电源

开关电源上电不起振，测各路输出电压为 0V，查无异常

判断故障为启动能量不足，将 R1 短接后，开关电源起振工作，测各路输出电压为正常值，故障排除。

实例 3

+5V 输出电压正常，其他输出电压均偏高

故障表现和诊断 接手一台台安 E310-0.75kW 变频器，检测主电路无短路故障。

接入交流 380V 维修隔离电源，上电即跳 OC 故障，检测逆变输出模块未损坏，六块逆变驱动 IC 已损坏大半。进一步检查发现，开关电源有一奇特现象：甩开 MCU 主板供电时，测 +5V 正常，但其他支路的供电较正常值偏高，如 +15V 为 +18V、22V 的驱动供电为26V。但插上 MCU 主板接线排时，测 +5V 仍正常，而其他支路的供电则出现异常升高现象！如 22V 的驱动供电甚至上升为近 40V（驱动 IC 电路的供电极限电压为 36V），驱动IC 的损坏即源于此。

初步确定故障在开关电源电路，为稳压失控故障，应重点检查稳压回路。

< **故障分析和检修** 电路的稳压环节是起作用的。稳压电路的电压采样取自 +5V 电路，拔掉 MCU 主板的接线排线时，相当于 +5V 轻载或空载，+5V 的上升趋势使电压负反馈量加大，电源开关管驱动脉冲的占空比减小，其他支路的输出电压相对较低；当插入MCU 主板的接线排时，相当于 +5V 带载，+5V 的下降趋势使电压负反馈量减小，电源开关管驱动脉冲的占空比加大，开关变压器的励磁电流上升，使其他支路的输出电压大幅度上升。现在的状况是，+5V 电路空载时，其他供电电压仍偏高；+5V 加载后，其他供电支路则出现异常高的电压输出！

故障原因如下：
① +5V 供电电路本身故障导致带载能力变差；
② +5V 负载电路异常（过载）。

两者的异常都使得稳压电路进行了恪尽职守的"误"调节，结果是维护了 +5V 负载电路的"电压稳定"，出现了其他供电支路"电压的异常上升"！

下手检修 +5V 电源输出电路，拔下电源滤波电容 C6 检测，其电容量仅有十几微法，且存在明显的漏电电阻。C6 电容的失效正好满足了两个条件：容量变小使电源带载能力差，漏电相当加重了 +5V 的负载。

更换 C6 电容后，开关电源的各路供电输出正常。

10.5　SAD280 型同步控制器的开关电源电路

图 10-11 所示为 SAD280 型同步控制器的开关电源电路，该机故障实例简述如下。

< **故障表现和诊断** 本例电路的故障现象为带载后输出电压偏低，此时因 +5V 输出跌落，不能达到稳压电路工作的起控点，T18、U1、Q2 等元件构成的稳压控制电路已停止工作（其实此时分流控制管 Q2 处于截止状态），其对振荡电路的影响可忽略不计。

那么导致输出电压低的因素，基本上可锁定在反馈绕组 N2、VD5、C38、R7 等元器件身上，当然开关管 Q1 也有低效嫌疑。

< **故障分析和检修** 根据作者多年的检修经验，C38 电容失效最易为检修者所忽略。前已述及，当 N2 感生电压反向时，VD5 反偏截止，此时 C38 将负电压引至 Q1 基极，控制其由饱和区快速进入截止区。开与关，是振荡能够伸展的两条臂膀，失其一则振荡无以维持。

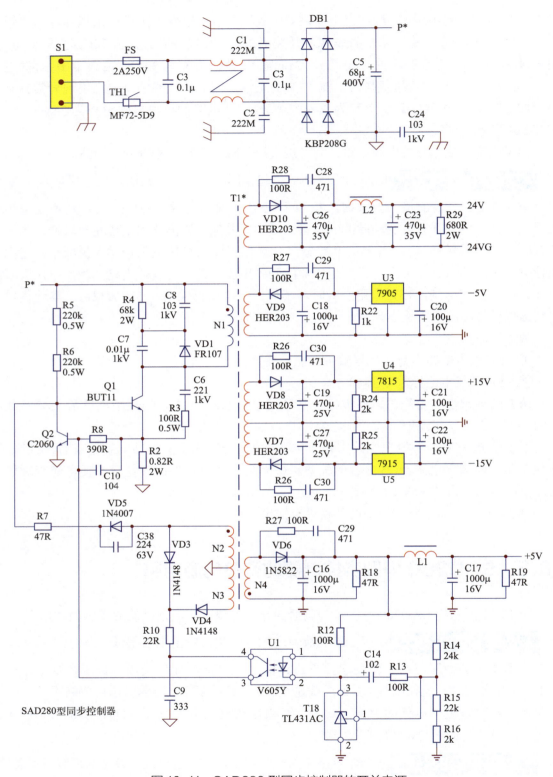

图 10-11　SAD280 型同步控制器的开关电源

试在 C38 两端并联 0.22μF 电容，电源带载能力恢复正常，故可确定 C38 已失效。摘下 C38 测其容量已经远小于标称值。用一只 0.22μF63V 无极性电容代换，故障排除。

遇有前维修者反映的疑难故障，一般无须在"大部件"（开关变压器、开关管、光耦等）上着眼（前维修者已检修代换过，只需落实元件好坏，将电路复原即可），而是应关注开关管的激励能量的传输路径，并着重检测此传输路径上的"关键元件"，尤其要着眼于小容量无极性电容等更容易为前检修者所忽略的元器件上，由此达到快速排除故障、高效检修的目的。

10.6　三菱 MR-J2S-70A 交流伺服驱动器的开关电源

10.6.1　STR-MA3810 厚膜电路

本例开关电源电路，采用型号为 STR-MA3810 的厚膜电路（见图 10-12），其与外围电路一起构成单端自励反激型开关电源电路（见图 10-13）。

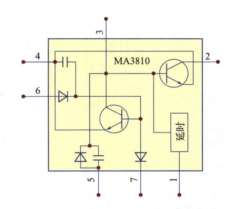

图 10-12　STR-MA3810 厚膜电路封装及内部原理/功能方框图

厚膜电路是在阻容元件和半导体技术基础上发展起来的一种混合集成电路，利用厚膜技术在陶瓷基片上制作膜式元件和连接导线，将某一单元电路和各元件集成在一块陶瓷基板上，使之成为一个整体器件。其有封闭和开放两种封装形式，是制造厂家为了简化电路结构，提高整机工作可靠性和批量生产的一致性而为的。

STR-MA3810 厚膜电路，内含开关管和分流控制管及附属阻容元件，为 7 引脚器件，配合少量外围元件，即可组成单端自激式开关电源。

引脚功能简述：

　　1 脚为软启动端；2 脚为内部开关管的集电极，外接开关变压器初级绕组，形成主工作电流通路；3 脚为启动电压 / 电流输入端；4 脚是开关变压器初级电路的公共地端；5 脚为正反馈振荡信号引入端；6 脚是稳压控制信号引入端。

　　7 脚作用：

　　① 上电瞬间，稳压控制电路尚不具备工作条件时，尤其是工作电源电压较高时，当正反馈绕组的感生电压超过内部 ZD1 击穿值时，内部分流管 Q2 导通产生对开关管 I_{b1} 的分流，使开关管趋于关断，避免输出电压过冲现象的发生；

　　② 正常工作中，该支路"退居二线"，由稳压反馈控制电路，实施稳压调节与控制；

　　③ 出现稳压失控现象时，如 IC10、OI13 等电路因故"罢工"时，R86、ZD1"现身救火"，实现过电压保护与控制作用。

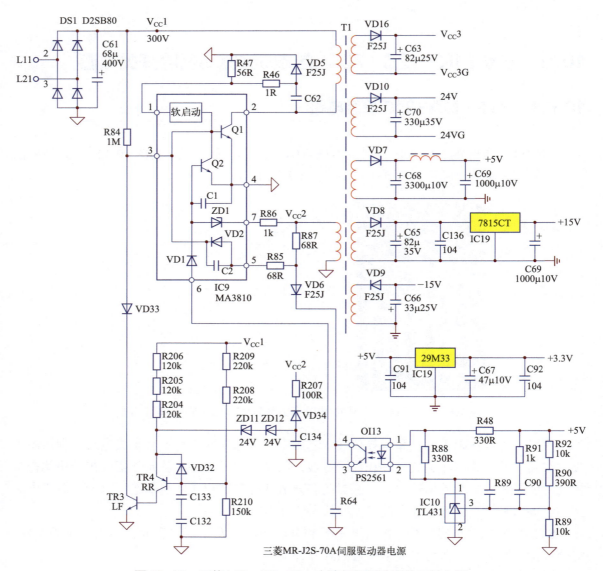

三菱MR-J2S-70A伺服驱动器电源

图 10-13　三菱 MR-J2S-70A 交流伺服驱动器的开关电源

10.6.2　图 10-13 中部分电路的工作原理简析

（1）TR3、TR4 电路功能分析

① 上电瞬间，C133、C132 的充电电流使 TR4、TR3 瞬即导通，随着充电过程的进行，C133、C132 端电压建立（充满后 TR4 的基极电压为 75V 左右），因 TR4 的发射极电压经 ZD11、ZD12、VD34、R207 至 $V_{cc}2$，故为 60V 左右，此时 TR4 的发射结处于反偏而截止，在此期间，该电路配合 IC9 元件的 1、3 脚内、外部电路，完成软启动功能的实现。

② 在正常工作中 TR4 的发射极电压为 60V 左右，TR4、TR3 均因反向偏置而处于截止状态。

③ 在 C133、C132 上建立的 TR4 基极电压，可作为供电 300V 的采样电压，反映开关变压器输入侧供电电压的高低，而发射极电压则为相对稳压的比较基准电压。当供电电压由 300V 降低至 200V 左右时，TR4 的基极电压低于发射极电压，正向偏置条件形成，TR4、TR3 相继导通，将厚膜电路内部开关管的基极电流"引流入地"，使开关管失掉开通条件，形成欠电压停机保护动作。

（2）正反馈电路

开关变压器 T1 的正反馈绕组、R87、R85 和厚膜电路内部的 VD1、C1 组成正反馈电路，为内部开关管提供开、关所需的基极电流（可以认为 VD1 支路的正电流为开通信号，C1 支路的负电流为关断信号）。

（3）稳压控制电路

R92、R90、R89 为 +5V 采样电路，基准电压源 IC10 和光耦合器 OI13 则构成电压误差放大器，随采样电压的变化，输入电压误差信号送入厚膜电路的 6 脚，由内部 VD2 形成分流控制管 Q2 的 I_{b2}/I_{c2}，进而实施对开关管的基极电流进行分流来完成稳压调节。

（4）输出 / 负载侧电路

此部分电路，从略。

10.6.3　三菱 MR-J2S-70A 交流伺服驱动器的开关电源的故障实例

`< ` **故障表现和诊断** 故障现象为带载能力变差，查厚膜电路外围元器件无异常表现。

`< ` **故障分析和检修** 分析：电路元器件貌似都是好的，但确定电路又处于故障状态。可能某个或多个元件并不是坏掉了，而是参数上产生了"变异"，例如：

① 晶体管低效，如三极管放大倍数降低或导通内阻变大，二极管正向电阻变大、反向电阻变小等；

② 用万用表不能测出的电容的相关介质损耗、频率损耗，电感器件的 Q 值变化、损耗增大等；

③ 光耦合器的光传递效率变低等；

④ 电阻元件的阻值变异，但不显著；

⑤ 其他不可把握的因素，如铜箔板的轻微漏电等。

上述 5 种原因有数种参与其中，形成"综合作用"。由各种原因形成的电路的"现在的"这种状态，并非明显的"器质性病变"，而是一个"亚健康状态"。此时的修复方法，割掉或换掉哪一个具体的器官（并没有表现为已经坏掉）是无益无效的，而采用中医的"调理思维"，将整个电路"调理"一下，使之由"病态"趋于"常态"。电路的一个环节动了，整个状态就变了，所谓"挪动一子，满盘皆活"。

回到本例故障上来，故障的表现是处于"亚健康状态"，是开关管的 I_c 能量不足使电源带载能力差，提升开关管的 I_b，会改善电路的能量循环状态，故障可能会就此有效解决。

试将 R85 的电阻值减小至 51Ω，上电试机，开关电源的带载能力得以提升，故障排除。

当检修开关电源故障时，很多维修者卡在"照原样"修复模式上。其实运行数年的机器设备，比之出厂之际的"新板子"，其工作参数（工作环境），已经有了相当大的变化，也许在此变化基础上的"调整"，才是正确的路子和必要的手段。适应其变化，才是不变的好思路。

第 11 章
单端他励正激开关电源

正激式开关电源，是指开关管和整流二极管同步开通与关断的开关电源。当开关变压器的输入绕组被励磁时，整流二极管获得正向导通条件，同时产生电流输出；当开关管与整流二极管同时关断时，开关变压器输入、输出绕组都将产生较强的感应电动势，以将输入绕组中储存的磁能释放掉，还需要增加一个消磁绕组将此能量返还给电源，同时也完成开关变压器的磁通复位。

正激式和反激式开关电源的电路结构和工作特点有所不同，如下所述。

反激电源：①电源开关管和整流二极管为交替工作模式，开关管开通时，变压器输入绕组流入电流而储能。开关管关断时，变压器中的能量经整流二极管向负载释放；②在开关管关断期间，通常在输入绕组两端并联尖峰电压吸收网络，以消解开关管关断期间变压器内部的"剩余能量"；③工作于（储能和能量释放的）电感模式，更多靠脉冲占空比的调节来保障电压输出值，适用功率容量较小，而具有多路输出电压的电源电路，如变频器控制电路所需电源。

正激电源：①开关管和整流管的工作方式非交替工作式，而是同步开通与关断，即开关变压器由输入绕组进入能量的同时，次级绕组也同时经整流二极管向负载电路释放能量；②当开关管和整流二极管"全部"关断后，开关变压器中的感生能量，经"专设"的能量释放绕组，将开关管关断期间的变压器感生能量，返还直流电源；③工作于变压器模式，输出电压更依赖于初级绕组和次级绕组的电压／匝数比，适用于功率容量较大，仅有一路输出电压的电源电路，如 24V 仪用电源。

本章收录电路，从外观看，很像是双端逆变电源工作于单端正激的工作模式，振荡信号由专用电路产生，故称之为单端他励正激开关电源。

11.1 "简易型"单端他励正激开关电源

电路如图 11-1 所示，这是一个简易型的 DC-DC 转换电路，V112（UC3844D）仅仅作为一个方波发生器，输出脉冲由 Q1*、Q2* 互补／推挽式电路，推动 T1* 开关变压器。Q1* 导通时，T1* 的输入侧流入电流，输出侧流出电流（输出侧桥式整流二极管同时开通），负载电路得到工作电压。此时电容 C3* 被充电；Q1* 截止、Q2* 导通时，T1* 输入侧感生的反向能量和 C3* 储存能量，经 Q2* 到地释放掉。

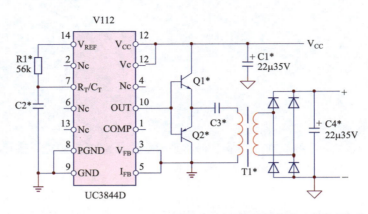

图 11-1 　ABB-DCS400 直流调速器励磁电路的工作电源

故障诊断思路：

① 为了满足振荡器 V112 的工作条件，V_{CC} 供电电压应该高于 16V。上电期间若低于 16V 时，图 11-1 电路即无电压输出。

② 当供电高于 16V 时，测 V112 的 14 脚无 5V 电源输出，V112 坏。

③ 测 7 脚应有 2V 左右的直流测试电压，用示波器测量应为锯齿波脉冲。无脉冲电压时，查 R1*、C2* 没有问题，则 V112 坏。

④ 测 V112 的 10 脚，应有约为 V_{CC} 供电电压一半的脉冲电压（直流测试值）输出。用示波器测量，应有幅度接近 V_{CC}，频率为 40~100kHz 的方波脉冲。否则为 V112 坏。

⑤ 在 C4* 端应有 10V 以上的直流电压输出。带载时电压严重跌落时，应检测 C3*、C4* 有无不良，开关变压器 T1* 是否存在匝间短路故障。

11.2　由 MCU 和驱动器生成激励脉冲的正激式电源

ABB-ACS800-75kW 驱动电路的供电电源，如图 11-2 所示。

MCU 送来的 1MHz 方波信号，由 A3 小板的 18 脚送至驱动电路，经 D151-1（印字 HC74，型号为 74HC74，双路 D 型上升沿触发器）进行分频，得到 500kHz 的方波脉冲，作为驱动器 A151（印字 MIC4422YN，8 引脚塑封双列专用同相驱动器，最大峰值电流输出能力 9A，原理 / 功能方框图见图 11-3）的输入信号。

A151 驱动 T151~T153 等 3 只开关变压器，从而得到 6 路驱动电路所需的供电电源。T151 及输出侧电路，为 U 相驱动电路的供电电源（图中省略了 V 相、W 相电源电路）。

图 11-2 电路的故障实例，简述如下。

实例 1

测 PU+、PU0 等输出电压为零

手摸驱动器 A151 发烫，检测其他元器件没有发现问题，更换 A151 后故障排除。

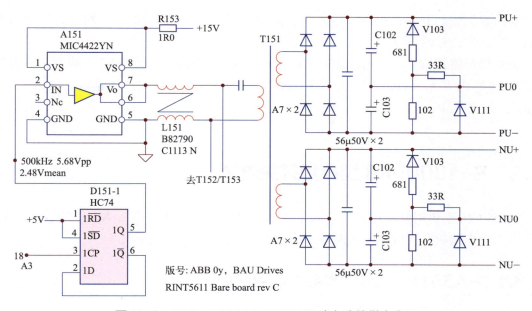

图 11-2　ABB-ACS800-75kW 驱动电路的供电电源

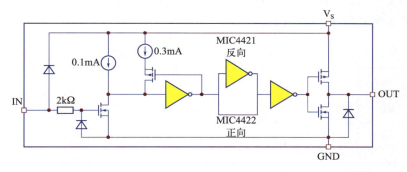

图 11-3　专用同相驱动器 MIC4422YN 原理 / 功能方框图

实例 2

测 PU+、PU0 输出电压过低，仅为 3.8V

　　手摸 A151 温升异常，检测 T152、T153 另两路输出侧电压接近正常值，判断故障出在 T151 及输出侧电路，存在过流故障，导致 A151 出现异常温升。在线用直流电桥检测 T151 开关变压器，其电感量仅为几微亨，说明 T151 存在绕组短路故障，代换 T151 后故障排除。

实例 3

NU+、NU0、NU− 带载能力差

　　脱离负载电路后，输出电压接近正常值，带载后跌落严重。在线检测 T151 正常，滤波电容的参数也在正常范围内，用万用表测由 A7 贴片组成的整流桥电路，正、反向特性明显，突然失去检修方向。

疑点仍在整流桥上，为 A7 二极管加电 3V，限流 200mA，观测 A7 二极管正向电压降为 3V，流通电流小于 10mA，A7 不良（工作电流下失效）的故障终于暴露。代换 A7 后故障排除。

11.3　S-1000-48 型仪用开关电源

S-1000-48 型仪用开关电源，输入电压 AC 170~260V，输出电压 48V，额定电流 21A，可作为工业电路板、工业仪表电路的工作电源。电路构成见图 11-4。

11.3.1　FA5511 的基本工作参数与引脚功能

电路采用 FA5511 电源芯片，封装形式见图 11-5；FA5511 的原理 / 功能方框图见图 11-6。FA5511 引脚功能见表 11-1。

表 11-1　FA5511 引脚功能表

引脚号	标 注	功能
1	RT	内部振荡器定时电阻连接端，决定工作频率
2	FB	采样电压反馈信号输入端，内部比较基准 3.5V
3	IS+	电流采样信号输入端，内部比较基准 0.24V
4	GND	接地端
5	OUT	PWM 脉冲输出端
6	V_{CC}	供电输入正端。高于 16.5V 时起振工作，低于 9V 时欠电压保护动作
7	REF	5V 基准电压输出端
8	CS	使能端 / 软启动端，达到动作阈值后限制输入侧电流

11.3.2　图 11-4 所示电路工作原理

S-1000-48 型仪用开关电源，如图 11-4 所示。开关变压器 T1 的 N1 为输入绕组；N2 为能量反馈 / 消磁绕组，与 N1 为异名端绕组。在开关管 Q3、Q4 和整流二极管关断瞬间，N2 感生电动势使二极管 VD1 导通，将开关变压器绕组中的能量返还电源。N3~N7 绕组与 N1 是同名端绕组。换言之，电路中所有整流二极管都工作于正激（与开关管同步通、断）的状态之下。

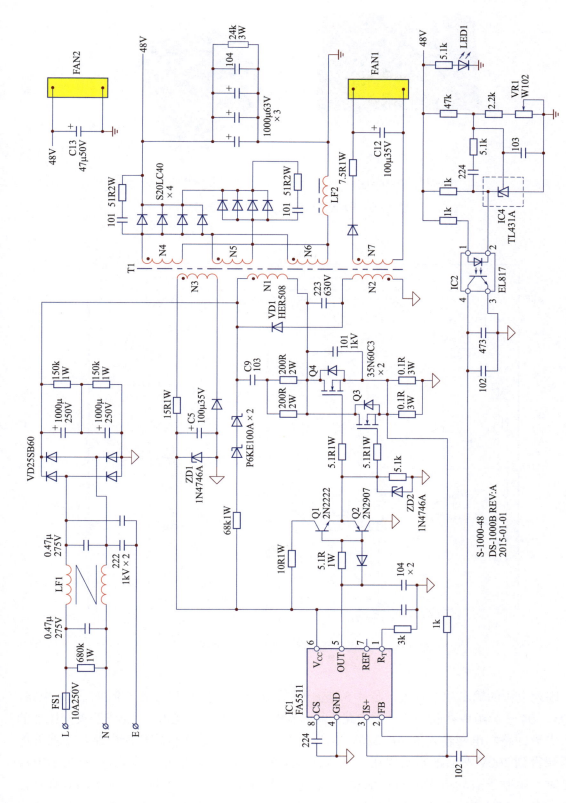

图 11-4　S-1000-48 型仪用开关电源

(a) DIP-8直插式封装　　　　(b) SOP-8贴片式封装

图 11-5　FA5511 电源芯片的封装形式

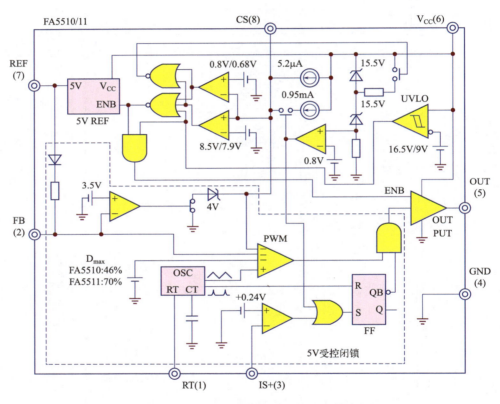

图 11-6　FA5511 电源芯片的原理 / 功能方框图

　　因为电源的输出功率较大，芯片 5 脚输出脉冲经 Q1、Q2 电压互补 / 推挽式开关电路，和 Q3、Q4 一起组成并联功率开关电路（以扩展电流 / 功率输出能力），形成开关变压器的输入电流回路。电网输入的 AC 220V 电压，经共模滤波器输入桥式整流电路，在滤波电容两端得到 300V 左右的直流电压，送入开关电源电路。当滤波电容端电压上升到 200V 以上时，串联于启动电阻的两只 100V 瞬态抑制器击穿，经 68kΩ 电阻为 IC1 的 6 脚外接电容充电至 16V 以上，IC1 内部电路开始启动。2 脚内部振荡器首先开始工作，产生输出级电路所需的频率基准。此时因 FB（2 脚电压反馈）和 IS+（3 脚电流反馈）信号俱为最小，输出占空比依据 8 脚电容充电电压的上升而逐渐加大，直到 FB 和 IS+ 信号电压建立，电路进入正常的稳压输出状态。

开关变压器的输入侧电流信号，经 Q3、Q4 源极串联电阻取得电流采样信号，送入电源芯片 IC1 的 3 脚，与稳压控制信号一起，完成电流、电压双闭环的稳压控制。当负载电路过载引起输出电压跌落，稳压控制出现开环状态时，3 脚信号会对开关管实现极限峰值电流的限制。

IC4、IC2 及外围电路组成稳压控制电路，采样输入 48V 的变化，输出电压误差信号 1，输入 IC1 的 2 脚，与内部 3.5V 基准相比较，得到误差信号 2，决定 5 脚输出脉冲占空比的大小，从而实现稳压调节。

输出绕组 N4、N5、N6 以并联汇流方式相连接，以提升功率输出能力。输出脉冲电压经整流滤波处理为 48V 直流电源。N7 输出电压经整流滤波，作为机器散热风扇的供电电源。风扇的工作模式为上电即运行。

11.3.3　图 11-4 电路的故障诊断

应该说，对于单端他励正激开关电源的故障诊断和检修，和第 3 章对于反激式开关电源的故障诊断和检修方法并无二致，是完全可以参考前述方法来进行的。

图 11-4 电路可分主工作电流通路、启动电路和芯片供电电源电路、芯片及外围的振荡电路、稳压反馈控制电路和输出侧 / 负载侧电路等几个部分，进行独立诊断和检修。

① 单独为 IC1 供电 16.5V，可以诊断 IC1 及外围电路的好坏；

② 单独为 IC2、IC4 上电 24V 左右，可以诊断稳压控制电路的好坏；

③ 对于 Q1~Q4 的脉冲传输电路和开关功率电路，可以在线确诊相关元器件的好坏；

④ 如果需要，高、低压一块儿上电（供电端上电 100V，IC1 单独供电 16.5V）仍然是快速的、有效的检修方式。

图 11-4 电路故障实例，简述如下。

实例 1

上电后有轻微的"打嗝"声，输出电压波动且极低

电路为空载状态，如果测量输出侧整流二极管无短路，基本上不存在过载故障，判断"打嗝"现象为芯片供电能力不足所致。检测 6 脚供电端滤波电容 C5 已经不良，代换 C5 后恢复正常工作。

开关电源不工作 1

　　检测 Q3、Q4 等主电路没有问题，高、低压供电电源一块上电，测输出电压为 48V，工作正常，撤掉外供 16.5V 后，电源能保持正常工作，判断故障出在启动电路。检测两只 P6KE 100A，尚有正、反向特性，但换用新品后故障排除。

开关电源不工作 2

　　检测 Q3、Q4 等主电路没有问题，高、低压供电电源一块上电，测输出电压为 48V，工作正常，撤掉外供 16.5V 后，电源停止工作，判断故障出在 IC1 的供电电源电路。检查供电回路串联 15Ω 1W 电阻的阻值变大，代换后故障排除。

第 12 章

双端逆变式开关电源

单端电源流经开关变压器的电流是单方向的，因而开关变压器效率小于 50%；双端电源因主电流工作回路有了"来"和"回"的两个通路，使开关变压器的效率提升 2 倍以上，一般适用于 100~500W，乃至数百千瓦的大功率逆变电源。但实际上，使用简易的电路结构，也可以方便地构建 2~50W 以内的"简易版"的小功率型双端电源。

12.1 双端电源的主电路构成

如图 12-1 所示，双端逆变电路的主电路结构之一，从电源开关管的组合模式来看，有双端桥式和双端半桥式和推挽式等 3 种构成模式。开关管可采用 MOSFET 管或双极型晶体三极管，两种选择都有。

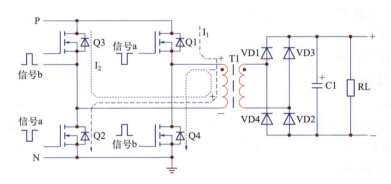

图 12-1　双端桥式逆变电源的主电路结构

Q1、Q2 两只管子的同时开通，形成了流经开关变压器 T1 初级绕组的上正下负的 I_1 电流回路，同时 T1 次级绕组则由 VD1、RL、VD2 形成了输出电流回路；Q3、Q4 两只管子的同时开通，形成了流经开关变压器 T1 初级绕组的下正上负的 I_2 电流回路，同时 T1 次级绕组则由 VD3、RL、VD4 形成了输出电流回路。在信号的一个周期之内，形成了 T1 输入、输出绕组的双向电流，故输出 / 负载侧当然会采用桥式整流或全波整流（次级绕组为 3 抽头时）式电路，将 T1 绕组传导的双向能量利用于负载电路。与单端开关电源相比，不能再用正激、反激的概念来描述双端开关电源。图 12-1 其不同的电路特点是：

① 采用 4 只（同极性）增强型 N 沟道 MOSFET 管。

② 至少需要 2 路互补型（相互反相）驱动脉冲信号，即信号 a 和信号 b，虽然 Q1 和 Q3 的信号 a 来自同一个信号源，但无法共地连接，所以需要用驱动变压器的两个绕组来"分离"成两个相互隔离的信号，分别驱动 Q1 和 Q2。对 Q3、Q4 的信号也应该同样处理。

PMW 脉冲发生器需要信号 a、信号 b 两路互补 / 反相的脉冲输出。采用 2 只 3 绕组推动变压器传输两路脉冲信号，或可采用光耦合器来进行信号隔离和传输。

③ 输出侧采用桥式整流电路，以获取开关变压器输出的双向交变能量，向负载电路传递。

如图 12-2 所示，是半桥式双端逆变电源的主电路结构，采用两只开关管 Q1、Q2 和串联滤波电容 C1、C2 组成双向逆变电流通路。

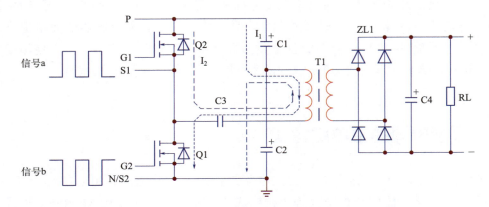

图 12-2　半桥式双端逆变电源的主电路结构

借助 P、N 直流母线两只串联滤波电容 C1、C2，分别构成 Q1、Q2 的电流回路，借以形成流经开关变压器初级绕组的双向电流，因为 C1、C2 对瞬态高频开关信号的阻抗极低，可以视同短路。添加 C3 隔直电容，用于隔离流经变压器的直流分量，防止 T1 的直流磁化（偏磁和磁饱和）。

Q1 开通时，经 C1 在输入绕组形成上正下负的电流回路，Q2 开通时，经 C2 在输入绕组形成上负下正的电流回路，由此完成了双端逆变过程，T1 输出侧的输出能量则经 ZL1 整流桥和滤波电容 C4 处理成直流分量，供给负载电路 RL。电路特点：

① 采用两只 MOSFET 管子，结构得以简化，成本有所降低。

② 对于 C1、C2、C3、C4 电容的高频特性要求变高，要求有小的 ESR 值。

③ 输出侧整流桥或整流二极管，需采用高速整流器件。

④ PWM 电源芯片须有两路互补脉冲输出。

图 12-3 是双端逆变开关电源的第 3 种主电路结构，开关变压器输入绕组为 3 抽头式，从而可用两只交替开通的 Q1、Q2 开关管和 T1 输入绕组构成逆变主电路。

Q1、Q2 通电电流分别形成流经 N1、N2 的 I_1、I_2 单向电流，在 N3 绕组得到"合成后"输出的双向能量，经整流滤波处理，变为直流电压提供给负载电路。

电路特点是采用两管式主电路，结构精简，需要两路互补式脉冲驱动，开关变压器的初级绕组需要 3 抽头，绕制稍微复杂。

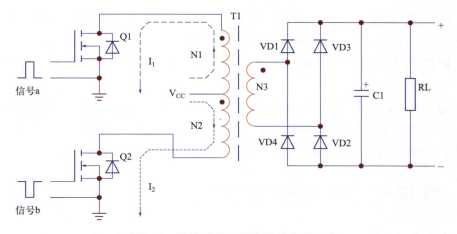

图 12-3　推挽式逆变电源的主电路结构

12.2　由比较器（振荡器）产生激励脉冲的双端电源

如图 12-4 所示，是海利普 HLP-SJ110-30kW 变频器驱动电路的供电电源。

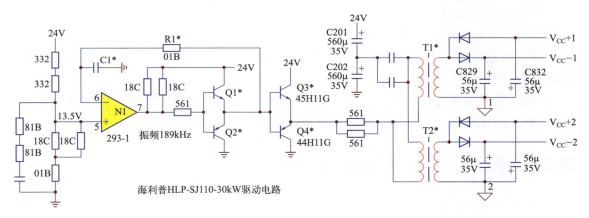

图 12-4　海利普 HLP-SJ110-30kW 变频器驱动电路的供电电源

12.2.1　工作原理简述

电路板上的电阻、电容元件，没有排序号标注，加"*"者是作者为了叙述方便自行标注的。

电压比较器 N1 和定时电路 R1*、C1* 等组成"近似方波"振荡器，供电 24V 经电阻网络分压得到 13.5V 的基准电压输入比较器 N1 的同相输入端 5 脚，作为"工作状态转折点"参考电压。

上电瞬间假定 N1 的 5 脚电压高于 6 脚电压，N1 输出端 7 脚为高电位，Q1* 导通（Q2* 截止），C1* 经 R1* 充电至 13.5V 以上时，N1 输出状态翻转，7 脚变低电平，Q2* 导通（Q1* 截止），C1* 上储存电荷经 R1*、Q2* 向地泄放。此后 C1* 端电压到放电低至 13.5V

以下时，N1 工作状态再度发生翻转，Q1* 导通（Q2* 截止），从而在 Q1*、Q2* 构成的电压互补式射极输出器的输出端，形成了"近似方波"的脉冲信号。脉冲的占空比约为 50%，脉冲的周期 / 频率由 R1*C1* 的时间常数来决定，工作频率大致在 50~200kHz 以内。

Q3*、Q4* 和 C201、C202、隔离电容，以及 T1*、T2* 的初级绕组，组成了半桥式双端逆变电路的主电路和工作电流通路，T1*、T2* 脉冲变压器的输出侧，则将输出交变电压，处理为两路互相隔离的直流电源，供给负载电路。

12.2.2　图 12-4 电路的故障诊断特点

N1 比较器输出端、Q1*~Q4* 的发射极输出端，直流测试电压约为供电电压的一半（说明脉冲占空比约为 50%），即 12V 左右；示波表测试为"不太规则的近似方波"，幅度接近电源电压，本例电路的工作频率约为 189kHz。

直接测试 T1*、T2* 脉冲变压器的输入、输出绕组两端直流电压值应接近 0V；用交流电压挡测试电压值略低于供电电压；可以在交流电流挡串联 51Ω 左右的负载电阻，测试 T1*、T2* 共 4 个绕组的"负载电流值"：

① 4 路交流电流值应相等；

② 应为 10mA 级别，如 25mA。

（脱开负载电路时，或确定负载电路正常情况下）若 T2* 输入、输出电流值偏小，则说明 T2 已经损坏。

作者认为，采用交流电流法，通过测试开关 / 脉冲变压器的绕组电流值来判断电路的工作状态，做出故障诊断，是直接、清楚、有效、准确的好办法。

12.2.3　图 12-4 电路的故障检修实例

实例 1

测驱动电路的供电电压为 0V，判断驱动电路的工作电源异常

测比较器 7 脚电压为 0V，5 脚电压为 4.7V，远低于正常值 13.5V。停电检测 5 脚外接电阻网络无损坏元件，判断故障为比较器 N1 损坏：N1 的 5 脚内部电路干涉了外部分压。用 LM293 代换 N1，故障排除。

测 $V_{CC}+1$、$V_{CC}-1$ 供电电压略有偏低，但 $V_{CC}+2$、$V_{CC}-2$ 供电电压严重偏低，造成负载电路工作失常

手摸 $Q3^*$、$Q4^*$ 有异常温升现象，但测量尚未损坏，查 $T2^*$ 输出 / 负载侧电路没问题，用电流法测试 $T2^*$ 输出绕组的交流电流值比 $T1^*$ 的小很多，判断 $T2^*$ 脉冲变压器损坏，代换后排除。

12.3　由反相器（振荡器）产生激励脉冲的双端电源之一

SKH160 型专用 IGBT 驱动板的工作电源，如图 12-5 所示。

$V_{CC}0$ 供电电压约为 18V，采用 CD40106 反相器 / 非门电路，和 R、C 正反馈电路一起组成振荡器，多组反相器并联以提升驱动能力，由 4 只功率晶体三极管组成双端逆变电路。

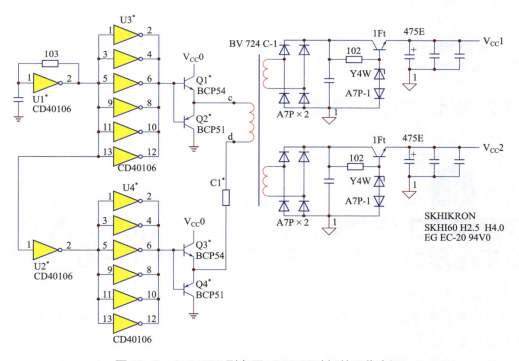

图 12-5　SKH160 型专用 IGBT 驱动板的工作电源

12.3.1　电路工作原理简述

电路板所用元器件，除开关变压器外，都为贴片封装的器件。用两只印字 A7P 的 2

单元贴片二极管，搭接成整流桥电路。A7P，型号 BAV99，SOT-23 式封装，工作电流150mA。稳压二极管印字 Y4W，型号 BZX85-15C，SOT-23 式 3 脚贴片封装，击穿电压15V，额定电流 0.2A，功率 0.25W。电源调整管印字 1Ft，型号 BC847B，SOT-23 封装，集电结反向击穿电压 50V，I_c 为 100mA。以上器件可通过丝印（印字）反查，得到型号确认和工作参数。15V 稳压二极管串联一只整流二极管，起到调整管的发射结电压补偿作用，使输出电压为稳压二极管的击穿值。开关变压器的初、次级绕组的匝数是一样的，稳压输出为 15V，可推知电源输入侧供电电压值 $V_{cc}0$ 当在 18V 左右。

反相器的 U1* 的 1、2 脚及外电路 R、C 元件（提供正反馈电流和定时）组成振荡器，经 U3* 提升驱动能力后激励互补 / 推挽开关电路 Q1*、Q2*；同时振荡器 U1* 输出脉冲经U2* 反相，由 U4* 提升驱动能力后，激励互补 / 推挽开关电路 Q3*、Q4*，形成开关变压器输入绕组的双向电流，得以将电源供给能量以磁 - 电方式传输给输出侧电路。开关变压器输出交变电压，经整流滤波和稳压处理，得到 15V 左右的 $V_{cc}1$、$V_{cc}2$ 输出电压，供给负载电路。

图 12-5 电路的检测方法：

① U1*~U4* 等多组门电路的输入、输出端直流测试电压，都约为供电电压的一半，这是振荡器电路和"近似方波"脉冲传输电路的标志。

② 如上所述，开关变压器 3 个绕组的交流电流测试值，应该大致相等。

③ 本电路因采用小功率贴片二极管作为整流器件，常见故障为整流二极管低效，造成输出电压偏低的故障现象。

12.3.2 图 12-5 电路的故障实例

负载电路工作异常，查 $V_{cc}2$ 供电正常，查 $V_{cc}1$ 供电电压为 3.8V，正常值应为 15V 左右

测调整管集电极电压为 4V 左右，说明整流滤波电压偏低。

停电测整流桥电路贴片二极管 A7P 的正反向电阻正常，用直流电桥检测开关变压器，各项参数正常。用交流电流测试开关变压器的输入、输出侧交流电流，进一步判断开关变压器无异常。检测滤波电容也正常，但故障范围明显局限于整流、滤波环节。

施加 3V，100mA 的测试信号，加在 A7P 整流二极管两端，显示正向电压为 3V，流通电压仅为 3mA，故障点出现——A7P 整流二极管出现"工作电流下失效"的故障特征，说明 A7P 贴片式整流二极管已经低效、劣化，但万用表二极管挡的测试条件，不足以使A7P 元件的不良暴露出来。

手头暂时没有 A7P 配件，采用 4 只 1N4148 二极管，搭接成桥式整流电路，上电试机，$V_{CC}1$ 输出电压恢复为 15V 正常值，故障排除。

实例 2

互补开关电路 Q3[*]、Q4[*] 已经烧毁，换用新品后测 $V_{CC}1$、$V_{CC}2$ 输出电压均极低，说明仍有故障元件存在

停电用直流电桥测试开关变压器输入绕组，显示 ESR 值为 0.3Ω（直流短路状态），电感量为 5μH（是导线电阻），D 值（损耗值）为 1.4，判断为开关变压器损坏，换用新品后故障排除。

12.4　由反相器（振荡器）产生激励脉冲的双端电源之二

赛普 SAPH800F 型 200kW 变频器驱动电路的电源／驱动板，如图 12-6 所示；赛普 SAPH800F 型 200kW 变频器驱动电路的供电电源原理图，如图 12-7 所示（单独画出供电电源）。

图 12-6　赛普 SAPH800F 型 200kW 变频器驱动电路实物图

工作原理简述如下。

采用两开关管和两只电容构成双端逆变电源，将输入 +15V，逆变、整流处理为 $V_{CC}+1$、$V_{CC}-1$ 和 $V_{CC}+2$、$V_{CC}-2$ 两级含正、负压输出的驱动电路供电电源。

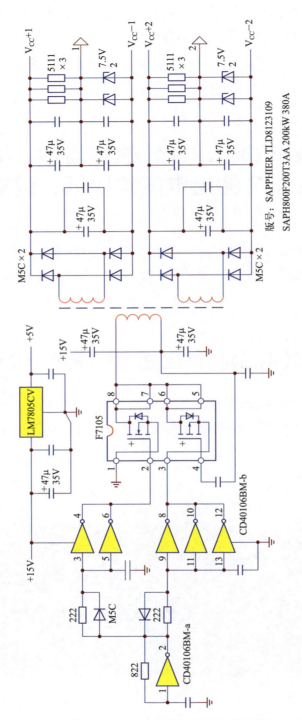

图 12-7　赛普 SAPH800F 型 200kW 变频器驱动电路的供电电源

　　互补开关电路采用模块集成封装，印字为 F7105 的 MOSFET 集成对管器件，由三端稳压器取得 +5V，作为驱动芯片输入侧的供电电源（驱动电路部分未画出）。

　　赛普 SAPH800F 型 200kW 变频器驱动电路的供电电源的故障实例，简述如下。

故障分析和检修　原故障为 V 相 4 只 450A 逆变模块损坏（上、下臂各由 2 块并联），模块内硅胶燃烧机箱内都被灰烬覆盖。将线路板和机箱内进行清洁处理后，连接电源驱动板和驱动小板，对比检测驱动小板的输出 6 路脉冲电压和波形，还好，3 块驱动小板还是好的。为了说明问题，由图 12-8 给出驱动电路的原理图。

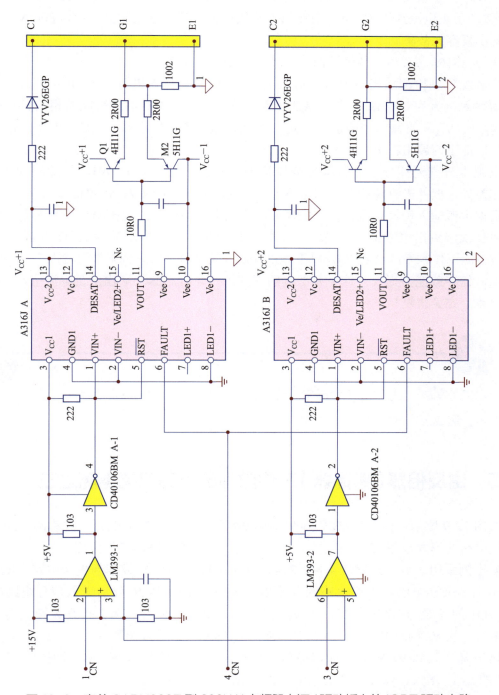

图 12-8　赛普 SAPH800F 型 200kW 变频器电源 / 驱动板上的 IGBT 驱动电路

　　但检测脉冲端子（图 12-8 右侧接线端子）的停机状态的负电流值，约为 13mA，6 路都是对的。测动态脉冲正电流，U、W 相输出电流值为 25mA 左右，V 相输出正电流值低于 10mA，差异巨大，可能 V 相模块炸毁的原因正基于此。

　　在驱动小板供电端施加 +15V 工作电源，测 A316J 输出端负供电约为 −7V，正供电约为 17V，在正常范围以内。将 CN 端子的 1、3 脚与 +15V 供电正端短接后，C1、E1 和 C2、E2 端子正电流约为 15mA。对比另外两块小板，其正电流输出值约为 80mA，差距悬殊，此小板存在故障！

　　换掉 A316J 芯片后，故障依旧，查外围电路俱无异常。

　　作者观察到检测输出电流时，另两块好板的 +15V 输入电流值达 300mA 以上，而故障板的输入电流为 240mA 左右，显然输入电流小与电源本身的带载能力相关联，故障症结为 $V_{cc}+$、$V_{cc}−$ 的输出带载能力不足，测试输出电流时发现端子 +17V 电压跌落至 11V 左右，佐证了问题出在电源上。

　　电源本身查无坏件，比较脉冲变压器的电感值，好板为 1.2mH，故障板约为 1mH，虽存在差异，但并未有短路和匝间短路现象。测电源工作频率为 500kHz 左右。

　　根据电源输入侧输入电流偏小的现象，推测出故障板脉冲变压器初级流入电流能量过小，致使次级输出电流偏小，采取将反相器 1、2 脚 8.2kΩ 电阻换为 12kΩ 电阻（见图 12-6），测电源工作频率降至 400kHz 以下，以降低开关变压器的感抗来换取输入、输出侧电流的增加，使带载能力提升。这个办法真的奏效了：此时测脉冲端输出正电流值，3 块小板完全一致，完美修复！

检修小结

　　本无"故障"，脉冲变压器因工艺或参数上的差异，致 V 相驱动能力变差，造成工作异常。

12.5　由反相器（振荡器）产生激励脉冲的双端电源之三

　　如图 12-9 所示，为 FX-ABB-160kW 变频器驱动板上的供电电源，振荡器、开关变压器驱动电路的形式与图 12-7 电路接近，不再赘述输入侧电路的工作原理。

　　输出侧采用了差分式稳压电路：R24、稳压二极管 ZD2 组成基准电压电路，R26~R29 为输出电压采样电阻，采样电路的分压信号 V_f 和基准电压 V_j 分别送入差分电路的输入端——Q1 的基极和 Q2 的基极，当 $V_f > V_j$ 时，Q2 导通变强，因 2 只开关管共用发射极电阻 R24，故 V_{e2} 的升高导致了 V_{be1} 的降低，I_{c2} 的减小又导致调整管 Q3 的 I_{b3}/I_{c3} 减小，输出电压下降，直到 $V_f=V_j$ 时，输出电压达到稳定状态。当 $V_f < V_j$ 时，实施反过程控制，使 Q3 的 I_{b3}/I_{c3} 增大，以提升输出电压，达到新的平衡状态。

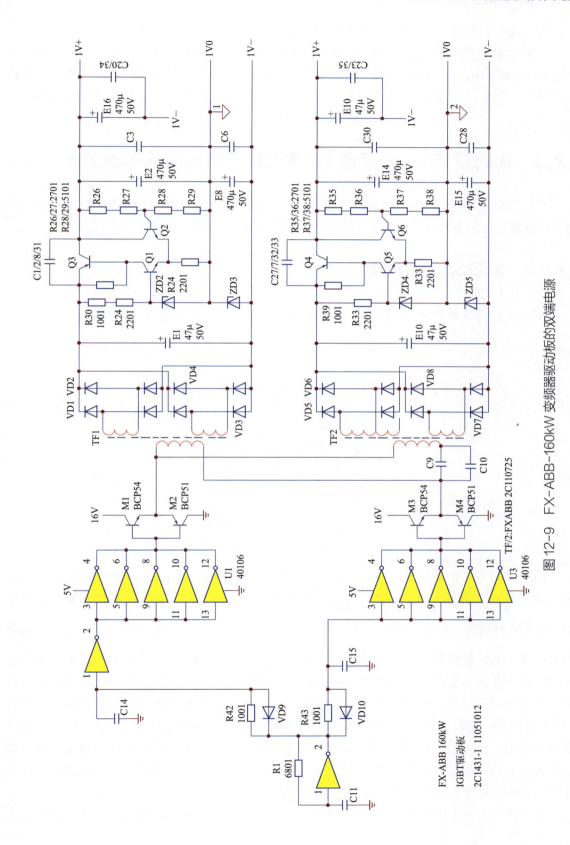

图 12-9　FX-ABB-160kW 变频器驱动板的双端电源

FX-ABB-160kW 变频器驱动板的双端电源的故障实例，简述如下。

故障表现为电源带载能力差劲，脱开负载后，输出电压回升至正常值，带载后测滤波电容 E1 和 E2 端电压均有所降低，使稳压控制电路出离放大区。怀疑 E1 电容不良，或设计取值偏小。将 E1 用 220μF 50V 电容取代后，测电源带载能力提升，达到正常供电的要求。

12.6 由时基电路（振荡器）产生激励脉冲的双端电源之一

采用 NE555 时基电路，外围添加数量很少的阻容元件，即可构成输出矩形波的振荡器（也可以称之为 PWM 发生器），使用者可以决定输出脉冲的频率和占空比大小。

12.6.1 N5555 芯片功能

NE555 功能方框图和外加 R、C 元件组成的振荡器电路，如图 12-10 所示。

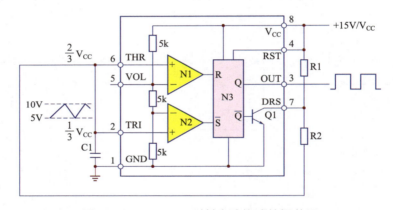

图 12-10　NE555 时基电路构成的振荡器

NE555 时基（意谓可构成时间基准）电路，为瞬态触发式输入、输出保持的工作模式。常见为 8 引脚塑封双列器件，内含 N1 置位比较器、N2 复位比较器和 R-S 触发器电路，为"模拟加数字的混成电路结构"。3 只 5kΩ 电阻形成 $\frac{2}{3}$ V_{CC} 和 $\frac{1}{3}$ V_{CC} 分压点，分别作为 N1、N2 的比较基准。1、8 脚为供电端；4 脚为总复位（或优先复位）端，低电平复位有效，将其与 8 脚相连时，取消复位功能；2 脚为置位（或称置 1）端，在 15V 供电电源条件下，当 2 脚电压低于 5V 时，N2 输出端为 0 电平，N3 被置 1，输出端 3 脚变为高电平 1；6 脚为复位端（或称置 0 端），在 15V 供电电源条件下，当 6 脚电压高于 10V 时，N1 输出端为 1 电平，N3 被置 0，输出端 3 脚变为 0 电平；5 脚为比较器基准电压调整端，在 5 脚与 1 脚之间连接电阻时，可人为改变置 1、置 0 的动作基准，不必改变内部基准时，5 脚可经 0.1μF 消噪电容接地，最好不要空置；7 脚为放电端，作用如下文所述。

NE555 芯片的振荡器应用电路，如图 12-10 所示，为无稳态（振荡）电路，简述其工作过程：上电瞬间，C1 端电压低于 5V，输出置 1，内部 R-S 触发器的反相输出端 $\bar{Q}$ 为 0，Q1 处于截止状态。此时 R1、R2 提供 C1 充电电流，当 C1 端电压上升至 10V 以上时，内部比较器 N1 动作产生对 N3 的置 0 控制，输出端 3 脚被置 0；此时 $\bar{Q}$ 端变 1，三极管 Q1 导通，C1 上电荷经 R2、Q1 泄放到地，至 C1 端电压低于 5V 时，Q 端再度被置 1，$\bar{Q}$ 变为 0，C1 放电回路关断，充电得以重新进行。电路在 7 脚放电端控制下，在 C1 端充电形成的三角波电压，自动控制 N1、N2 完成对 R-S 触发器的置 1、置 0 动作，从而在输出端 3 脚得到矩形波输出。若采用相关措施控制 C1 的充、放电时间，则可准确设置输出频率和脉冲占空比。

12.6.2　森兰 XW-120kW 变频器驱动电路的供电电源

电路如图 12-11 所示。NE555P 芯片和外围 R、C 元件组成振荡器，MOSFET 对管和电容 C4、C5 组成双端逆变主电路，T1 和输出侧整流滤波电路，将逆变能量传输至负载电路。

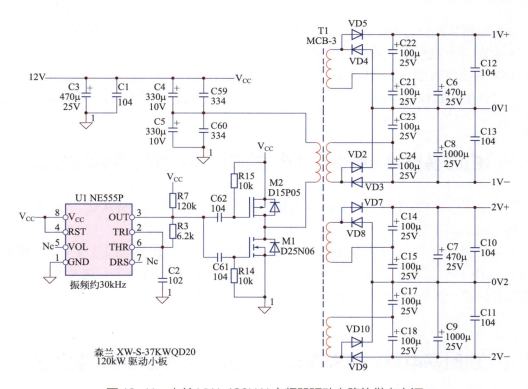

图 12-11　森兰 XW-120kW 变频器驱动电路的供电电源

振荡器的工作过程简述：上电瞬间，C2 端电压低于 $\frac{1}{3} V_{CC}$，U1 的输出端 3 脚被置 1，输出端高电位经 R3 对 C2 持续充电；C2 充电至 $\frac{2}{3} V_{CC}$ 以上时，U1 输出端 3 脚被置 0，C2 所充电荷经 R3 和 3 脚内部电路放电，至 2 脚电压低于 $\frac{1}{3} V_{CC}$ 时，U1 输出端再度被置 1，从而产生周期性的振荡输出。由于充、放电时间常数都为 R3C2，所以 3 脚输出占空比为 1：1 的方波脉冲，以适应双端无稳压逆变电源的需求。

12.6.3 故障诊断方法和检修要求

① 电路工作于数十千赫兹的高频环境下，应着重对电容器的高频特性进行检查。

② 建议用直流电桥对脉冲变压器进行在线检测。

③ 判断 U1 的工作状态：2、6 脚因放电至 $\frac{1}{3}$ V_{CC}、充电至 $\frac{2}{3}$ V_{CC}，平均直流成分约为 V_{CC} 的 1/2。输出端 3 脚因脉冲占空比为 50%，平均直流成分也为 V_{CC} 的 1/2，因而 2、3、6 脚的脉冲电压（直流测试电压）约为 V_{CC} 的 1/2。用示波表可观测 2、3 脚的波形。

12.6.4 森兰 XW-120kW 变频器驱动电路的供电电源故障实例

驱动电路带载能力差，表现为启动运行后 1V+、2V+ 输出电压跌落严重。

本电路为非稳压逆变电路，空载电压稍高，带载后有一定的电压跌落现象，如 18V 变为 15V 为正常现象，但本例电路带载后输出电压跌落至 10V 以下，显然存在故障状态。

用直流电桥在线检测所有电容元件，发现部分电解电容已经失效，换新后故障排除。

12.7 由时基电路（振荡器）产生激励脉冲的双端电源之二

图 12-12 与图 12-11 电路的结构形式基本上是相同的，原理分析从略。

图 12-12 故障实例：

上电后测 V+、V-、VE 电源输出端子，都为 0V，判断开关电源没有工作。测 U5 的 1、8 脚供电 15V 正常。2、6 脚电压仅为 1.3V，远低于 15V 的一半。测 R39、C30、R37 等都没有问题，判断 U5 芯片损坏。更换 U5 后故障排除。

12.8 由时基电路（振荡器）产生激励脉冲的双端电源之三

正弦 SINE003-110kW 变频器驱动电路的供电电源，如图 12-13 所示。本电路的故障实例如下。

图 12-13 电路带载能力差的故障实例总结如下。

故障诊断思路：

① 若开关变压器 TF1 和 TF2 输出侧供电电压都有跌落现象，则故障在 TF1、TF2 输入侧逆变电路，否则查 TF1 或 TF2 的输出 / 负载侧电路。

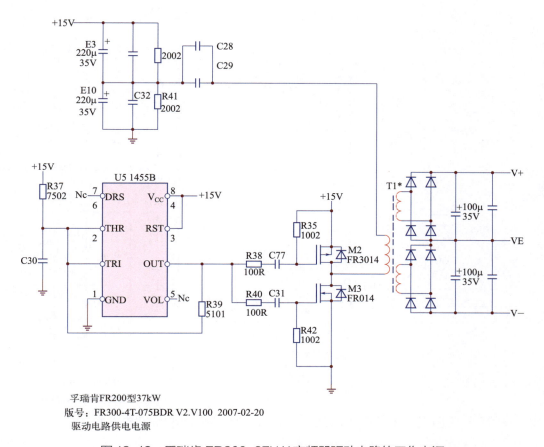

孚瑞肯FR200型37kW
版号：FR300-4T-075BDR V2.V100　2007-02-20
驱动电路供电电源

图 12-12　孚瑞肯 FR200-37kW 变频器驱动电路的工作电源

② 开关变压器 TF1、TF2 输出侧已有电压输出，空载时电压正常，带载后电压跌落严重，原因一是负载电路有过载故障，二是电源本身带载能力差。

③ 电源本身带载能力差的原因：

a. 部分电容性能劣化、失效。

b. 脉冲变压器存在匝间短路故障。

c. 千万不能忽略对电路工作频率的检查！因故障造成工作频率严重升高时，将造成 TF1、TF2 脉冲变压器的感抗剧增，造成能量传输受限，导致电源的带载能力变差。

遍查图 12-13 电路，没有发现故障元件。单独给负载电路供电，观察工作电流仅为 10mA 左右，排除负载电路方面的原因，故障点还是落实到电源本身。检测主电流通路和 E1、E2 电容，检测隔离电容 C7、C8、C12、C13，检测脉冲传输电容 C4、C11，仍然没有发现问题。

示波表检测 3 脚波形，赫然显示频率值为 460kHz，根据经验，该类双端电源正常的工作频率在 30~200kHz 以内，故障可能为 C3 减容或失效。找一容量为 2200pF 电容代换 C3 后，开关电源的工作恢复正常。

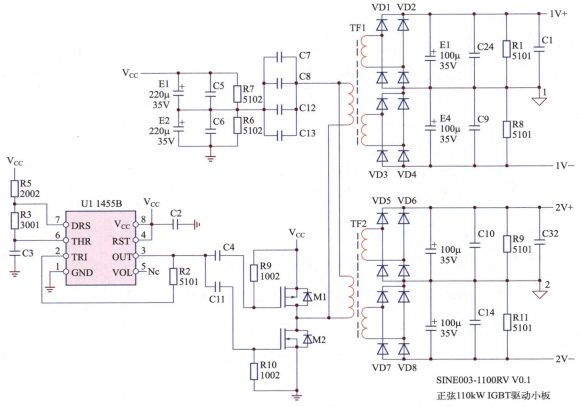

图 12-13 正弦 SINE003-110kW 变频器驱动电路的供电电源

12.9　由专用双端电源芯片产生激励脉冲的双端电源之一

12.9.1　IRS2153D 专用双端电源芯片

　　IRS2153D，8 脚双列贴片封装，内部功能框图见图 12-14，输出占空比最大 50%，内置电源自举二极管 VD1，无须外加自举二极管。R_T、C_T 引脚外接定时元件决定工作频率。内置两路电压互补驱动器，可以实现两路互为反相的脉冲输出，适用于双端逆变电源。

12.9.2　森兰 SB70G55T 型变频器的驱动电路工作电源

　　森兰 SB70G55T 型变频器的驱动电路工作电源如图 12-15 所示，电路工作原理简述：

　　电路供电为 +12V，1、4 脚供电端内设 15.6V 钳位二极管（注意单独上电检测时供电电压以低于 15V 且高于 10V 为宜），U7 内部振荡器电路，工作于和 NE555 差不多的置 1、置 0 模式，以生成输出级电路的频率基准。推挽对管 M1、M2 与电容 C18、C51 及开关变

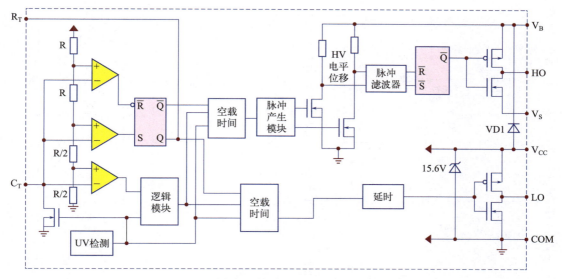

图 12-14　双端电源芯片 IRS2153D 内部功能框图

压器 T2 组成双端逆变主电路。因 M1、M2 激励回路不共地，C98 和 U7 的 6、8 脚内部电路，组成供电自举电路，以满足驱动 M2 管子的驱动需求。

自举电路工作过程：当 M1 导通（M2 截止）时，U7 的 6 脚经 M1 接地，供电 +12V 经隔离二极管 VD92 为 C98 充电，M2 电源准备条件建立；当 M2 导通（M1 截止）时，6 脚变为 "+12V 供电端"，此时因电容两端电压不能突变，C98 端电压被 "凭空抬高 12V"，以保障 M2 的开通电压幅度。C165 为 C98 充、放电的能量补偿电容。在 M2 导通期间，VD92 反偏截止，避免自举能量向电源侧泄放。开关变压器输出侧得到的六路正负供电电压，送往 IGBT 的六路驱动电路。

12.9.3　图 12-15 电路的故障实例

因驱动电路工作失常，追查至图 12-15 电源电路。

取出电源 / 驱动板，检测驱动电路的六路供电电压均为 0V，说明图 12-15 电路没有工作。

专门为图 12-15 电路上电 12V，观察电路工作电流为 1mA，显然电源电路没有工作。测 U7 的 3、5、7 脚俱无脉冲（正常工作频率约 43kHz），粗查外围元件无异常，换 U7 后，观察 12V 输入工作电流为 165mA，测驱动各路正、负电压均正常。故障排除。

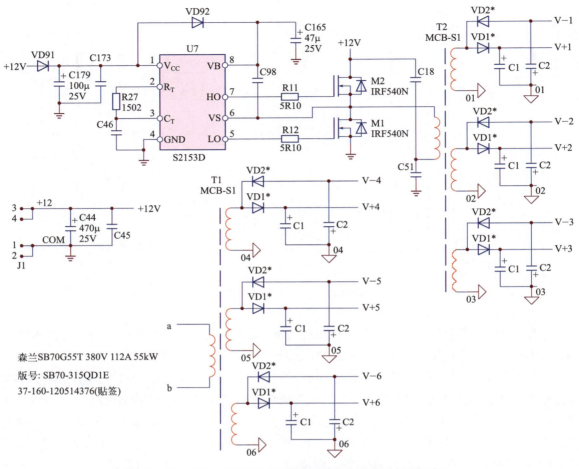

图 12-15　森兰 SB70G55T 型变频器的驱动电路工作电源

12.10　由专用双端电源芯片产生激励脉冲的双端电源之二

12.10.1　SG3525A 的功能简述

采用双端 PWM 发生器电源芯片 SG3525A，芯片内部原理 / 功能方框图，见图 12-16。引脚功能简述如下：

1、2、9 脚内部为差分式电压误差放大器，1、2 脚为差分输入端，9 脚为输出端。可在 2 脚外部设置比较基准，输出电压采样信号输入 2 脚。1、9 脚之间误差放大倍率由外围电阻元件决定。误差放大器的输出电压范围在 0.9～3V 之间，与脉冲宽度成线性关系。

12、13、15 脚为供电端，13 脚为内部输出级供电引入端，15 脚为前置控制电路供电引入端，12 脚是公共地端。13、15 脚可短接后引入供电，也可在 13 脚串联限流电阻后引入，起到对输出级电路的限流保护作用。内设欠电压锁定电路，当供电电压低于 8V 时，内部振荡器和输出级停止工作。

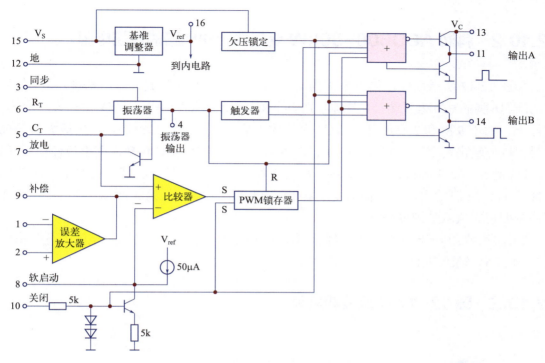

图 12-16 SG3525A 原理／功能方框图

16 脚为 5.1V 基准电压输出端，可以用于生成稳压控制电路中的比较基准。内部设有对 5.1V 的电压监测，当低于某一阈值时，停止内部振荡电路的工作。

3 脚为外来频率同步信号输入端，使本地振荡频率同步于外来频率，以减少两个频率源之间的相互干扰。不需要同步信号输入时，该脚可空置。

8 脚为软启动控制端，外接决定软启动控制时间的电容器，内部恒流源电路为此电容充电，当电容端电压由 0 到 2.5V 变化时，输出占空比由最小升至 50%，达到 2.5V 的时间为 $t=(2.5V/50\mu A)C$。

4、5、6、7 脚为输出频率和占空比的基准频率生成端：4 脚为基准频率输出端，已经处理为矩形波，可作为其他电源芯片的同步信号，无此需要时可以空置；5 脚外接定时电容 C，可在该脚检测到锯齿波或三角波（波形取决于 6、7 脚电阻比例）；6 脚外接定时电阻 R，振荡频率由 RC 的乘积（时间常数）所决定；7 脚为定时电容放电端，在5、7 脚之间跨接电阻，该电阻将决定脉冲调制器的死区时间（即开关管的最小关断时间）。

10 脚为闭锁控制端，可引入电流检测等保护信号，当输入电压达到 0.5V 左右时，内部三极管导通，使输出级停止脉冲输出。该脚接地时可取消该功能。

11、14 脚为两路互为反相的脉冲输出端，用于控制双端逆变主电路中 MOSFET 开关管的通、断，配合开关变压器，达到 DC-AC-DC 的能量传输和转换目的。

12.10.2　科润 ACD600-90kW 变压器驱动电路的双端电源

如图 12-17 所示，电路供电电压为 15V，U3 的 2 脚（误差放大器同相输入端）信号经 R3 引至 16 脚的基准电压端，1 脚则由 15V 经 R1、R2 分压得到略低于 5V 的采样信号输入。实际上，由于 9 脚和 2 脚的开环，U2 误差放大器变身为电压比较器，输出最大值的控制信号，以使输出占空比达到最大（50%）。本电路只完成 DC-DC 转换，并不担任稳压任务。

U3 的 5、6、7 脚接入定时元件，决定工作频率和最小死区时间。两路最大占空比的脉冲从 11、14 脚输出，推动输出变压器 T1。T1 的输入侧绕组为 3 抽头方式，故采用 2 只开关管即可完成双端逆变任务。

T1 次级绕组输出交变电压，经桥式整流和滤波，得到 -11.5V 负电压（不经稳压输出），+14.5V 输出电压（经三端可调稳压器 317T 处理得到）。

12.10.3　图 12-17 电路故障实例

实例 1

测各路输出电压为 0V，判断双端逆变电源没有工作

单独给 U3 提供 15V 工作电源，测 5 脚（C5 两端）无锯齿波脉冲，查 5、6 脚外接阻容元件正常，判断 U3 损坏，换 U3 后故障排除。

实例 2

测 +14.5V 输出电压为 7.8V，低于正常值

测三端可调稳压器输入端电压为 22V，判断 U10 稳压电路失常，查 R15、R17 采样电路没有问题，判断 U10 损坏，换 U10 后故障排除。

12.11　由专用双端电源芯片产生激励脉冲的双端电源之三

英威腾 CHF-100A-55kW 变频器风机 / 接触器供电板，如图 12-18 所示，是一块独立的电源板，提供散热风机和直流工作接触器的工作电源。其电路见图 12-19。

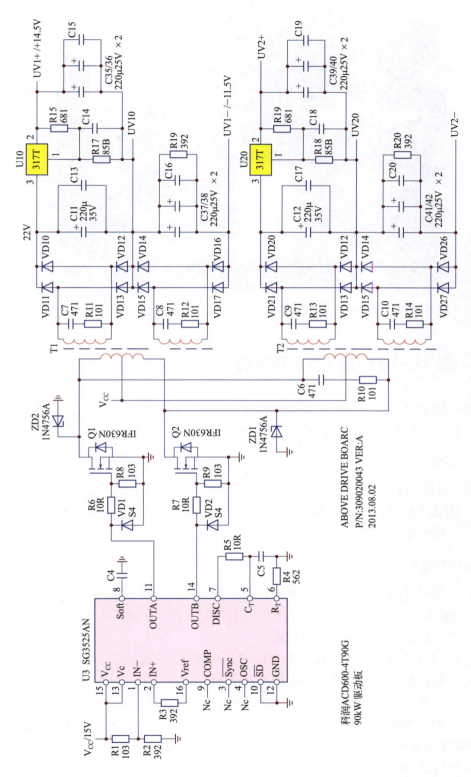

图12-17 科润 ACD600-90kW 变压器驱动电路的双端电源

图 12-18　英威腾 CHF-100A-55kW 变频器风机 / 接触器供电板实物图

12.11.1　图 12-19 电路工作原理简析

可以将电路分成逆变主电路、激励脉冲生成电路、芯片工作电源电路、启动电路、软启动电路、稳压电路和负载侧电路等 7 个部分。

（1）主电路

由开关管 Q6、Q7 和电容 C10、C23，以及隔直电容 C13、C14 和开关变压器 TR1 的初级绕组，构成半桥式逆变主电路，注意 C10、C23、C13、C14 提供主工作电流的通路，是开关变压器输入侧能量的传输通道。

（2）启动电路

电源芯片需要推动 TR2 推动 / 激励变压器，开关变压器内部磁场的建立需要供电电源提供较大的（瞬间）励磁电流，上电瞬间在电源芯片没有外供电源的情况下，如何保障一次性启动成功，是设计者需要考虑的问题。

启动电路由 R62 等、C3、U1、Q3、Q2 等元件构成，负责在上电期间，向 U2 芯片供电端提供足够的能量，以使开关电源能够顺利启动。

工作过程如下：电路上电后，R62 等启动电阻开始给 C3 充电，C3 端电压逐渐建立至16V 以上时，U1（3844B）的 8 脚产生 5V 的基准电压输出，Q3、Q2 获得正偏电流相继导通，C3 的储蓄能量经 Q2 引至 U2 的供电端，在 C3 的"大电流"输出下，U2 获得足够的启动能量并加以转换输出，经 TR2 传输至 Q6、Q7 开关管。

U2 起到监控 C3 端电压（启动电压）的作用，当 C3 储蓄起足够的能量时，才允许电

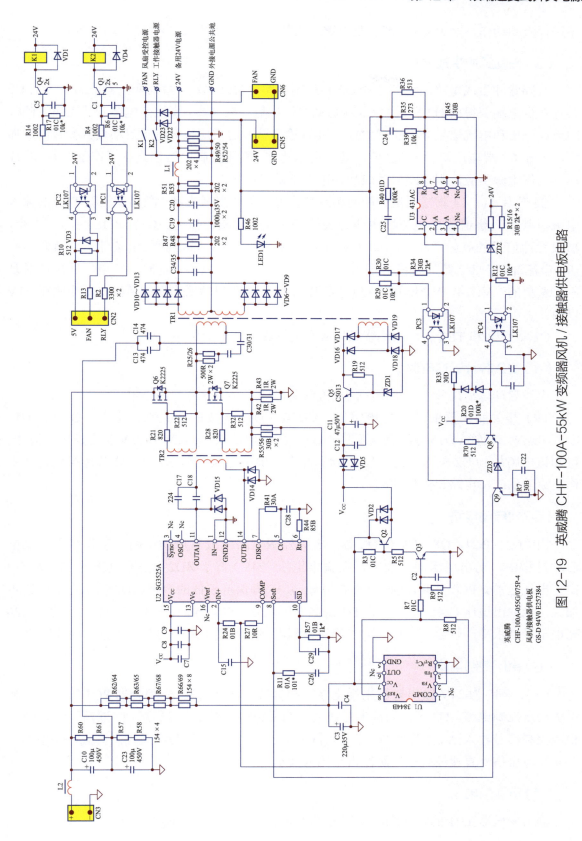

图12-19　英威腾 CHF-100A-55kW 变频器风机/接触器供电板电路

路进行启动动作，避免 C3 储能不足时贸然实施启动动作所造成的启动行动失败。

（3）激励脉冲生成电路

激励脉冲生成电路由电源芯片 U2 和外围电路、TR2 推动 / 激励变压器所组成。当 U2 芯片在供电端获得由 Q2 提供的 C3 端启动电压以后，5、6、7 脚振荡电路开始工作，此时因反馈电压和电流信号尚未建立，11、14 脚输出脉冲占空比按 8 脚软启动设置参数逐渐加大。若在 C3 端电压降至 8V 之前，输出电压建立（稳压控制电路也具备工作条件），芯片得到工作电源供应，则电路启动成功并进入正常工作状态。

U2 芯片 11、14 脚输出反相的两路脉冲信号，借以形成推动 / 激励变压器 TR2 的输入电流，其次级绕组输出电流则生成开关管 Q6、Q7 的激励信号。C17、C18 为隔直电容，形成脉冲信号的高频通路。二极管 VD14、VD15 的作用：单电源供电条件下，负向的电压 / 电流冲击对 U2 芯片造成的损害较大，但芯片负载为电感元件时，负电压的出现又是不可避免的，VD14、VD15 可以将 U2 芯片的 11、14 脚对地所出现的负向电压钳制在 −1V 以内。

C17、C18 和 TR2 初、次级绕组构成开关管激励能量的传输通道。

（4）U2 芯片工作电源

电源启动以后，各个输出绕组的电流回路形成，从而建立起输出电压。

TR1 开关变压器的芯片供电绕组、VD16~VD19 构成的桥式整流电路、Q5 和 ZD1、C11、隔离二极管 VD15 等组成电源芯片 U2 的工作电源电路。ZD1 为 15V 左右稳压二极管，可知该电路加到 U2 供电端的电压为 14V 左右。供电电压的形成，使 U2 芯片得到持续工作电流的供应，电路得以启动成功。

（5）软启动电路

由 ZD2、PC4、Q8、Q9 和 U2 芯片 8 脚外围电路组成软启动电路。工作过程：上电启动过程中，输出电压尚未建立，在输出电压（24V）低于 ZD2（击穿电压为 15V 左右）击穿电压之前，PC4 关断，Q8、Q9 得以导通，8 脚保持较低的电平，U2 输出占空比逐步加大。当输出电压（24V）上升到 ZD2 击穿电压之后，PC4 导通，Q8、Q9 截止，此时 C26 充电至最高水平，软启动过程结束，稳压控制电路开始接手对输出脉冲占空比的控制权。

（6）稳压控制电路

R35、R45 为 24V 输出电压采样电路，和基准电压源 U3、光耦合器 PC3 等电路一起组成稳压控制电路。U2 芯片内部误差放大器的反相输入端 2 脚已经接地（取消了其功能），稳压控制信号输入至 U2 芯片的 9 脚（内部放大器输出端），为跨级式控制模式——由 PC3 的 4 脚电压信号直接控制输出脉冲占空比的大小。

（7）负载侧电路

输出变压器 TR1 的输出绕组及整流滤波电路，组成负载侧电路。

12.11.2 图 12-19 电路的检修思路和检修步骤

图 12-19 电路，作为一块单元电路板，可以独立为其上电进行检修。

（1）电路板检修通则

① 提供电路板工作电源。注意此处的工作电源，并不一定是指额定工作电源，可以施加使电路板工作起来便于进行检测的，有限流或限压措施的检修电源。前提是即使电路存在不易察觉的短路（如开关变压器绕组短路造成的"交流短路"）现象，也不至于对电路板造成新的损害。

② 满足检测条件。本电路中，若单独给 U2 芯片上电，检测脉冲生成电路的好坏，须将软启动功能先行屏蔽，使 U2 芯片"工作起来"以后，才宜对其工作状态进行检测。

③ 诊断故障情况。上电在线，是最佳检测条件。电路板上电后，通过对各关键工作点的检测，快速准确地确诊故障电路或故障元件。在一定程度上，可以说是让故障电路或故障元件"自己站出来说话"。

（2）检修方法和步骤

检查和确认主电路没有明显的短路故障，或将故障损坏元件拆除换新后，在开关电源供电端上电 100V（限流 100mA）。

① 在 U2 芯片供电端施加"触发信号"——用 15V 电压（限流 100mA）点击 15 脚，测 24V 输出正常，电源因而恢复正常工作。故障在启动电路。

对启动电路的检测方法：在 C3 两端施加 17V 电压（限流 100mA），正常情况下应在 U1 供电端测到 16V 以上供电电压，此电压偏低或为 0V，确认故障在启动电路。测 U1 芯片 8 脚应有 5V 输出，否则 U1 芯片坏；测 Q2、Q3 的发射结电压应为 0.7V 左右，若有异常，查 Q2、Q3 的好坏。

② 外加"触发信号"点击无效，但 15V 芯片供电正常接入后，电源 24V 输出正常，判断故障在芯片工作电源电路（见图 12-20）。

对工作电源电路的检测方法：在 VD16～VD19 整流桥输出端单独施加 17V 电压（限流 100mA），测 U2 芯片供电端应有 14V 左右的供电电压输入，否则确认故障在芯片工作电源电路。测 Q5 的基极应有 15V 电压，不正常时检查 R19、ZD1 元件；测 Q5 的发射极应有 14.5V 左右的电压输出，异常时检测 Q5；检测 C11 是否失效，检测隔离二极管 VD5 的正反向特性，或施加开通电流确诊其好坏。

③ 高、低压电源同时施加之后，测输出 24V 为 0V，确认故障在脉冲生成电路（见图 12-21）。停掉高压供电，将 PC4 光耦合器的 3、4 脚短接，以屏蔽软启动电路的动作。单独为 U2 芯片上电 15V。

a. 用交流电流法检测 TR2 的 3 个绕组交流电流值（万用表交流电流挡串联 51Ω 2W 电阻并联于绕组两端），正常时应为 60mA 左右，确认脉冲生成电路无问题。否则故障即在此电路。

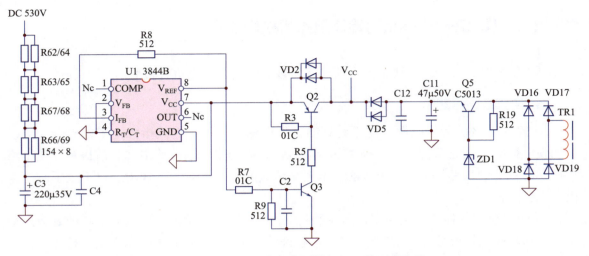

图 12-20　U2 芯片启动和供电 V_{CC} 的形成电路

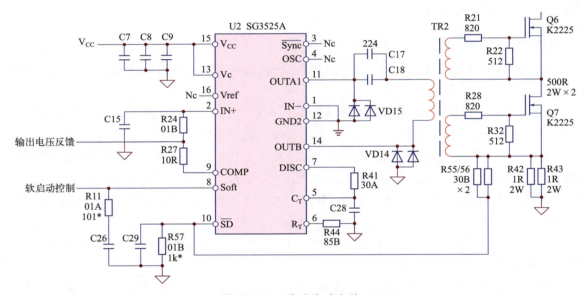

图 12-21　脉冲生成电路

b. 不能测出脉冲电流，查 U2 芯片各引脚电压，16 脚应为 5V 基准电压输出，5 脚波形应为锯齿波形，11、14 脚应有方波输出。

c. 检查 9 脚（应为 5.8V 左右的高电平）电压检测信号输入端、10 脚（正常时应为 0V）电流检测信号输入端，这 2 个外部控制信号输入端的状态是否正常。

通过以上检测，确诊故障是由 U2 芯片损坏导致，还是由外围电路所引起。

④ 为图 12-19 电路高、低压一块上电后，测 24V 输出电压比额定值高，如为 27V，故障在稳压电路。停掉高、低压供电，单独在 24V 输出端施加 0~25V 可调检测电压（限流 200mA），落实稳压控制电路（见图 12-22）的故障所在。

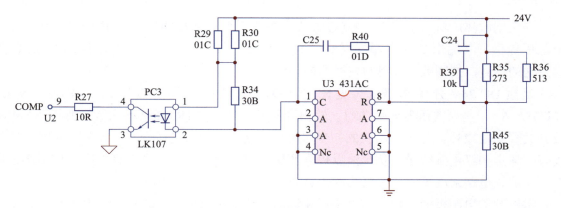

图 12-22　稳压控制电路

⑤ 对图 12-19 电路高、低压一块儿上电，电路已经起振工作，但输出低至 17V（先落实图 12-22 稳压控制电路是否异常），或带载后 24V 跌落（从此动作可以看出，稳压控制电路的嫌疑已经排除），说明电路存在带载能力差的故障。

分析带载能力差，从电路的"能量流"回路着手，分析能量的传输会"堵在哪个环节"，从而揪出故障元件。

a. 主电路的能量流：C10、C23 滤波储能电容和 C13、C14 隔离电容，以及 TR1 初级绕组和开关管 Q6、Q7 构成了主电路能量流的环路。

b. Q6、Q7 的激励能量流：U2 芯片 5、6、7 脚定时元件，决定该能量流的流量大小。如：频率过高，造成流经电感元件的流量减小；隔离电容 C17、C18 若有失效现象，造成能量传输的堵塞；TR2 的不良，同样会造成能量流传输的堵塞；Q6 或 Q7 栅极驱动电路的不良，造成传输能量的损失。

显然，带载能力差故障的出现，已经将开关电源电路中的重要角色——电容器，带到了"被告者身份"的前台上。

所谓开关电源的疑难故障，有时候恰恰是忽略了对能量流环路中电容的检查所形成的。换言之，世上本无疑难故障，丢失检修思路了，也就显现出了疑难故障。

12.11.3　图 12-19 电路的故障实例

实例 1

开关电源不工作

故障表现和诊断　接手一台雷击过的英威腾 CHF-100A 型 55/75kW 变频器，损坏较为严重，除整流模块全数"报销"外，风机、接触器电源供电板及其他电路，也遭受冲击而有不同程度的损坏。

该机型散热风机与工作（直流）接触器线圈的工作电源为 DC 24V，由一块单独的开关电源板提供，其输出 24V 电源接受 CN2 端子信号的控制，是二路受控电源，据 MCU 主板发送的信号，控制散热风机与接触器的动作。

观察 DC 24V 开关电源板（见图 12-19），找到两片振荡芯片 U1（3844B）和 U2（SG3525A）、两只变压器元件 TR1（输出开关变压器）和 TR2（推动或激励变压器）和两只开关管（K2225），此电路给我的初步印象是，这是一个双端逆变开关电源，采用两只开关管，各走初级电源的正、负半波以提升变压器的应用效率。按道理只采用一片振荡芯片即可，但该电路采用了两片振荡芯片，莫非又有什么新的设计思路吗？

本例开关电源板的故障，为上电后无输出。该电源供电为 DC 530V，从 CN3 的 +、- 端子引入，而且输出 FAN、RLY 电源为受控电源，故不宜采用仅用 DC 24V 电源直接代用，电路整改也比较麻烦，最好还是将原板修复。

电路构成 据测绘，该板整体电路见图 12-19。

为了验证电路中振荡芯片 U2 与外围电路的好坏，单独从 15、12 脚引入 DC 15V，测 11、14 脚已有脉冲信号输出。说明这部分电路基本上是正常的。在整块电路板连接 DC 500V 的情况下，只要从 15、12 脚短时送入 DC 15V "激发" 信号，测量输出侧 DC 24V，随之输出正常，整个电路便能正常工作起来。说明 U2 电路及开关变压器二次侧逆变、整流滤波等电路，都是好的。U2 不能正常工作，是电路本身未能提供 15 脚的 V_{CC} 供电电源或启动电路异常所致。

回头再看 U1（3844B）芯片在该电路中所担任的角色。

该电路使用 U1（3844B）芯片的目的，并非为了取得振荡和脉冲信号，而仅仅是为提供 U2 所需的起振电源而已。为说明问题，将图 12-19 中的启动电路整理为图 12-20 电路，进一步剖析 U1 在整体电路中所发挥的作用。电路板上电后 U1 的工作过程简述如下。

第一阶段：变频器上电以后，+530V 电压经 R62~R69 串/并联启动电阻引入 U1 的 7 脚，电容 C3 为储能电容，当 C3 上电压因充电到达 16V（U1 起振电压）阈值时，U1 芯片内部电路开始工作，先由 8 脚输出 5V 基准电压，经 R7 提供三极管 Q3 的基极偏流，Q3、Q2 相继导通；电路中的 VD5 为隔离二极管，将起振工作电压和 Q5、C11 等元器件构成的工作电源进行隔离。此时 VD5 截止，Q2 的导通相当于将 C3 两端的电压 "搬移" 至 U2 芯片的供电端 15 脚。由 C3 的标注容量可以得知，C3 如同一个小型蓄电池，有较强的放电能力，作为暂时的启动电源，为 U2 芯片提供起振所需的电流能量；C3 的放电使其两端电压快速下降，至 10V 时，U1 芯片内部欠电压保护电路动作，U1 芯片 8 脚的 5V 基准电压消失。U1 芯片完成的上电起振电压/电流输出任务，已经结束。

第二阶段：在 C3 两端电压由 16V 降至 10V 的下降过程中，U2 供电脚因得到 8V 以上的供电电压，以及吸入足够的起振电流，U2 已经起振工作，此后由 VD16~VD19、Q5、C11 等元件构成的整流滤波与稳压电路已建立起正常的工作，VD5 正偏导通，为 U2 的 15 脚提供稳定的工作电源，电路进入稳定工作阶段。

在这里，U1 起到了两大作用：

① 起振电压监测和可控输出，满足起振动作所需的能量供给。对储能电容 C3 两端的充电电压进行监测，以保证其有足够的放电能量使 U2 可靠起振，当 C3 两端电压达 16V 以上时，开通 U2 供电回路，利用 C3 的浪涌放电电流使 U2 起振。对起振电压监测的目的，是保证 C3 有足够的充电电荷存储量，以满足 U2 完成起振动作的电流激励要求。

② 迟滞电压比较器的作用，增强电路起振能力。U1 芯片在这里还起到一个迟滞电压比较器的作用，U1 监测一个 10~16V 的电压段，使 C3 两端电压在此变化范围内，均能有效供给到 U2 的 15 脚，提高了起振可靠性。

事实上，当 C3 两端电压尚未降低至 10V 以下时，U2 已经可靠起振，U1 芯片的作用，是上电瞬间"推"了 U2 一把，此后，U1 便歇息起来。U2 则由 VD16~VD19、Q5、C11 等元件构成的整流滤波与稳压电路提供的电源持续供电，电路由此进入正常工作阶段。

故障分析和检修 经上述分析，故障局限于由 R62~R69、C3、U1、Q3、Q2 等元器件构成的启动电路。单独在电容 C3 两端上电 16.5V，测 U1 的 8 脚无 5V 电压输出，判断 U1 已经损坏。将其换新后在 C3 两端上电能测到 U1 芯片 8 脚输出的 5V 电压，但在开关电源供电端上 DC 500V 维修电源，仍然无 24V 电压输出。继续检测 Q2、Q3 等电路，测量发现晶体三极管 Q2 的集电结已经开路损坏，导致起振电压无法加到 U2 的 15 脚，用 9014 晶体管代换 Q2 后，故障排除。

检修小结

对于较为复杂的电路，将电路分块儿进行独立的功能测验，如本例，首先上电确认了振荡及输出环节都是好的，则将故障范围限定于由 R62~R69、C3、U1、Q3、Q2 等元器件构成的启动电路，从而快速地排除了故障。

实例 2

英威腾 CHF-100A 型 55/75kW 变频器空载运行后散热风机不转

故障表现和诊断 据客户反映，正常运行当中，突然报故障代码停机。脱开和负载电机的连接，重新上电后，能执行运行操作，也有三相电压输出，但听不到散热风机的运转声音。还是感觉存在故障，未敢带载运行，直接送来我处检修。

上电试机，未听到工作接触器的动作声音，空载运行后如用户所叙，也未听到风机运转的声音。因为工作接触器与散热风机系由同一路 DC 24V 电源供电，故初步判断为 24V 电源板不良。

故障分析和检修　对于此类由数部分电路"组合而成"的开关电源，其检修思路应如何呢？

对于独立电路板的检修通则：

① 提供供电电源；

② 制作检测电路所需信号，满足检测条件；

③ 检测、确定故障电路或故障器件。

对于该电路，可提供 U2 工作电源，验证振荡环节的好坏；提供 U1 工作电源，验证启动环节的好坏；在输出端提供可调 24V，验证稳压控制电路的好坏；在输入端提供 DC 500V，检测整机工作状态。

提供 PC1、PC2 光耦合器的开通信号，验证 K1、K2 继电器动作状态是否正常。

从以上检测中，可确定故障电路部分（故障元件）。

具体到该例电路，电源能起振工作，但输出 24V 偏低，或带载能力很差。检修难点尤在于此。

以故障概率排其先后：

① 供电电源滤波电容 C11 不良，主逆变电流流经回路 C10、C23 和 C13、C14 不良；

② 激励能量传输电容 C17、C18 不良；

③ 24V 电源滤波电容 C19、C20 不良；

④ U2 芯片的 5 脚对地振荡电容不良，开路、容量剧减或前维修者将其容量换错（如容量偏大 5 倍以上），因频率过低导致过载限幅动作；或因频率过高，开关变压器感抗剧增导致储能减少，输出电压偏低。

由上述分析和检测，检测主逆变电流回路的隔直电容 C13、C14 容量减小，代换后故障修复。

检修小结

本例故障重点是对各电路电容器件的检测与判断，这往往事半功倍，解决疑难问题。一般检修者往往弱于或忽略对该类器件的检测。而此类器件不良的隐藏性较强，不像开关管、芯片等器件的损坏，表现直接和明显。

实例 **3**

输出 +24V 偏低，带载能力差

> **故障表现和诊断**　开关变压器二次侧绕组整流后电压偏低，如 24V 变为 17V 以下，是常见故障情况之一。此时若检查负载回路无短路，整流二极管、滤波电容等元件无损坏，往往是开关电源一次侧工作绕组流入能量不足，即开关变压器储能不够，造成能量转换不足，使输出电压跌落。从稳压回路来看，因此时输出电压大幅度跌落，电路的稳压闭环已经被破坏，开关管正在为最大占空比的激励脉冲所驱动（能量转换正常时，这是极度危险的状况——会造成输出电压数倍升高！），而此时各路输出电压反而偏低，这似乎是一个怪异的现象。

此时，从"硬元件"（指开关管、集成电路芯片、电阻、变压器、整流二极管、负载电路等）方面着手检查，往往一无所获，从"软元件"（贴片电容、电解电容）着手检查故障，因检修设备的局限，也很难发现故障所在——开关电源的各个部件都在干活，但就整体来看，电路的"各部门"又都有"消极怠工的嫌疑"。

排除负载方面的原因后，开关电源输出电压低的本质，是流入开关变压器初级绕组的电流减小所致，从能量供应角度来看，即开关变压器一次侧的能量供应不足，又或者说是开关管的激励能量严重不足。

> **故障分析和检修**　故障原因分析如下所述。

（1）主工作电流通路

一般由开关变压器一次绕组和开关管的 D、S 极，以及 S 极所接电流采样电阻构成回路。①若因开关电源的工作频率变高，变压器感抗剧增致使流入电流减小，会导致输出电压过低；② 开关管的 S 极限流电阻值人为换错或故障（电阻值变大），会引发错误的过流限幅导致输出电压过低；③开关电源的主电路流通能量受阻，如回路隔直电容失效等。

（2）开关管 G、S 极间支路

D、S 极间支路电流的大小，是受控于 G、S 极间控制回路电压或电流大小的。其影响因素就更多了：①开关管低效；② 栅极电阻变大；③驱动电压、电流偏小；④驱动开关管的脉冲频率过高或过低；等等。

下面以英威腾中大功率机型散热风机电源电路为例分别加以说明（重点针对软元件的检查）。

（1）主工作电流通路

这是一个由开关管 Q6、Q7 和储能电容 C10、C23 "四角元件"构成的双端逆变电源，电路结构简单。

① 开关变压器 TR1 的一次侧绕组流入能量由并联电容 C13/C14（0.47μF×2）提供，当其失效后（表现为容量减小或交流内阻增大），电容变身为电阻，使开关变压器储能严重不足，此时测量输出 24V，降为 18V 以下或更低，但检查"硬元件"都无异常。

② 储能电容 C10、C23 不良，电路的主逆变能量变弱，导致输出电压偏低，但检查"硬元件"都无异常。

③ 开关管工作电流采样电阻 R42/R43 变值，其原因可能是工作过程中品质上的衰变，也可能是前检修者换用元件偏差值过大，当其值大于 5Ω 时，正常工作电流下，会引发错误的过流起控或电流限幅动作，引起电源的间歇振荡或输出电压偏低。

④ 开关电源的工作频率偏高或偏低，此可归类于 G、S 极支路异常。

（2）开关管 G、S 极间支路

这是一个较大范围的电路，包含 U1、C3 等起振电容、C11、Q5 的工作供电支路、C28、U2 振荡电路、C17/C18、TR2 驱动电路等。电路工作的目的是形成电流、电压幅度和频率值均合乎要求的 Q6、Q7 的激励脉冲。

① C11 电容，是逆变电路控制回路的"总能源供应处"，当其容量减小或内阻增大时，整个振荡电路的元器件都因"饥饿而有气无力"，会使开关管 Q6、Q7 因激励不足导致等效导通内阻变大，二次侧输出电压变低。此电容性能劣化严重时，可能会造成无输出故障。

② U2 的 5 脚所接定时电容 C28 容量剧减或断路时，会造成振荡频率异常升高，如从 40kHz 左右变为数百千赫兹，开关变压器 TR1 的感抗由此数倍或十数倍上升，使一次侧绕组流入电流剧减，二次侧换能不足，输出电压剧减。

③ U2 的 5 脚所接定时电容 C28 因容量变大（如前检修者换错所致），使开关电源工作频率偏低达 10kHz 以下时，此时会令开关变压器的感抗剧减，工作中流通峰值电流增大，以至于引发过载保护或限幅动作，表现故障现象有：a. 振荡频率过低，过载保护动作导致间歇振荡；b. 引发限幅动作——开关管激励脉冲占空比过度减小，使输出电压偏低；c. 空载时正常，带载时输出电压跌落，仍为限幅动作导致开关脉冲占空比偏小所致。

④ 推动变压器 TR2 的初级绕组所串联电容 C17/C18，其容量减小或交流内阻增大时，会使 Q6、Q7 的激励电压大幅度减小，迫使开关管由开关区进入放大区，导致开关变压器储能不足，使输出电压降低，同时伴随开关管发烫的故障现象。

需要重点说明的是：当以上电容失效（容量减小易于测量），尤其是交流内阻变大时，此时的电容已经不能算是电容了，把它称作电阻更合适一些。此时"渎职"的电容非但不能提供流通电路正常工作的能量，反而对流通能量起到堵塞和衰减作用，致使输出电压大幅度跌落。而关键是当电容出现此种失效时，我们手头的像是测量电容漏电、测量电容容量等的常规测量手段，往往很难奏效。检修走到这一步，往往就在"渎职电容"跟前跌了个跟头。

此处摘下的电容，若放于低频环境，如 50Hz 整流滤波环境下，可能会表现优良。但放于 40kHz 及以上的中频环境下，则变身为电阻，不再是电容。我有时称电容的此种"衰变症状"为"高频疲劳"。手头如果没有测量电容的专业设备，代换法和并联电容试验，就成了最好的办法。

本例故障，测开关电源输出为 17.8V，查无故障元件，怀疑 C13、C14 不良，摘下测其容量为 0.43μF（在误差范围之内），用电容内阻测试仪检测其电阻值也在正常范围之内。果断代换试验（到了这一步，就不能全面依赖仪表进行判断了），测 24V 输出恢复正常。

实例 4

带载后电源出现"打嗝"现象

故障表现和诊断　送修英威腾风扇供电板，空载正常。用户反映散热风机运行中有卡顿现象。

单独检修此电路板，在 CN3 供电端接入维修电源 DC 500V，测空载电压约为 24.5V，正常。为了检验电源的带载能力，采用 100W 20Ω 瓷盘功率电阻作为负载（计算正常负载电流 1A 多一点），接入电阻负载后，开关电源出现"打嗝"声（出现间歇振荡现象，测电源输出端电压在 5~13V 之间摆动），判断为开关电源带载能力变差。

故障分析和检修　就本电路而言，带载能力差，牵涉较多的故障环节，尤其应注重对电路中电容器件的检查。

电源的间歇振荡，由 3 种故障原因所导致：

① 稳压反馈电路工作异常，因稳压失控导致了过电压情况的发生。该例可排除。

② 芯片自供电能量不足，或广义来看，开关电源中开关管的激励脉冲能量不足，或逆变主电路能量不足，导致振荡芯片欠电压保护起控。待查。

③ 过载故障导致振荡芯片的过流保护起控，或因故障原因引发的误过流起控动作。

检修内容：

① 先按上述②所述，重点检测了有关"能量供应"的数只电容，即 C13、C14、C17、C18、C19、C20、C11、C28 等，均无异常，对 C13、C14 进行了代换试验（据经验，一般的检测手段对此电容效果不大），也无效。

② 由上述③，判断该电路可能因电流反馈信号电路异常，引发了错误的过流起控动作。

工作电流采样与反馈信号电路，由 R42、R43 并联电阻和 R55、R56、R57 分压电路及芯片 10 脚内部电路构成，在线测量 R57 电阻两端的阻值为 10kΩ 以上，而此电阻体上的印字为 01B（电阻值为 1kΩ），判断该电阻已经断路，代换 R57 后故障修复。

检修小结

PWM 型电源芯片，往往为电流、电压双闭环，电流采样信号异常时，也会影响到输出电压值的变化。负载电流达 1A 后出现输出电压波动，可见稳压电路是好的，显然是发生了过电流保护动作。

12.12　由专用双端电源芯片产生激励脉冲的双端电源之四

TL494 器件集成了在单个芯片上构建脉冲宽度调制（PWM）控制电路所需的所有功能。广泛应用于推挽式、桥式和半桥式双端逆变电源，也可用于单端开关电源电路。

12.12.1　TL494 芯片功能简述

TL494 芯片原理 / 功能方框图见图 12-23。芯片引脚功能见表 12-1。

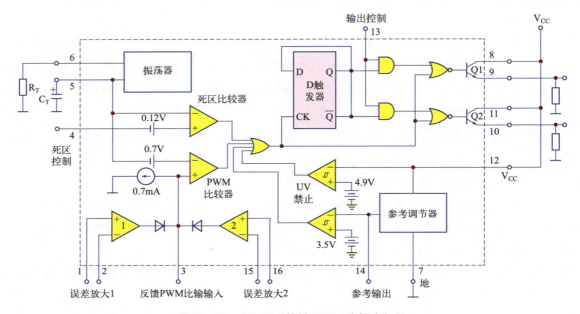

图 12-23　TL494 芯片原理 / 功能方框图

表 12-1　TL494 引脚功能

引脚	标注	功　能
1	1IN+	误差放大器同相输入端，可在此脚输入电压采样信号
2	1IN−	误差放大器反相输入端，可在此脚设置基准
3	FB/IN	补偿 /PWM 比较输入。误差放大器 1 和误差放大器 2 的输出端，二者形成或门输入，当任一放大器输出端电压升高时，内部 PWM 比较器输出脉宽减小。2、3 脚和 15、3 脚之间，还可接入 RC 补偿网络，以确定 / 稳定放大器的增益。3 脚电压越高，输出占空比越小。该脚电压为 3.5V 时，占空比达到最小
4	DTC	死区时间控制，输入 0~4V 电压，控制占空比在 48%~4% 之间变化，即开关管导通时间与输入电压成反比；因而也可作为软启动端
5	C_T	锯齿波振荡器外接定时电容。C_T 充电至 3V，放电至 0V

引脚	标注	功　　能
6	R_T	锯齿波振荡器外接定时电阻。振荡频率 $f=1.1/R_T C_T$
7	GND	电源地
8，11	C1，C2	输出级 1 和 2 集电极。集电极经上拉电阻形成负极性脉冲输出，发射极接地
9，10	E1，E2	输出级 1 和 2 发射极。集电极接 V_{CC} 端，发射极由接地电阻引出正极性脉冲输出
12	V_{CC}	芯片供电引入端。工作电压 8~40V，低于 4.9V 时产生欠电压封锁，停止脉冲输出
13	OUTPUT /CTRL	输出方式控制。该脚接 14 脚（基准端）时，为双端推挽输出，输出频率为振荡频率的 1/2；该脚接地时，为两路同相位驱动脉冲输出，8、11 脚，9、10 脚可并联使用，输出频率等于振荡频率
14	REF	5V 基准电压输出。用于误差放大器基准取用和工作模式的高电平引入等。也用于内部电路的供电。当此电压低于 3.5V 时，内部电路产生欠电压封锁动作，停止脉冲输出
15	2IN+	误差放大器 2 的同相输入端。可用于检测 / 保护信号输入
16	2IN−	误差放大器 2 的反相输入端。可用于比较基准设置

注：振荡频率可由 6 脚外接电阻和 5 脚外接电容确定，C_T 选取范围为 4700pF~10μF，R_T 选取范围为 1.8~500kΩ。频率范围几百赫兹至 300kHz。

12.12.2　明纬 S-100-24 开关电源

下面拣出电路中三个重要的部分简化后重绘，便于说明其工作原理。

（1）启动回路

简说如图 12-24 所示电路的启动工作过程：

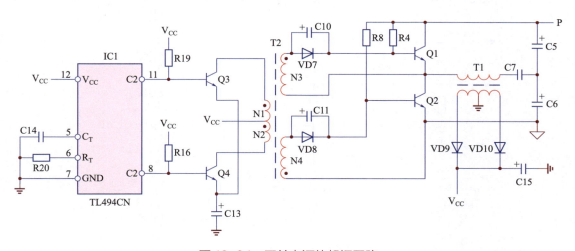

图 12-24　开关电源的起振回路

开关管 Q1、Q2 与 C5、C6、C7 构成主工作电流通路。上电期间，因 Q1、Q2 参数差异，总是有一只管子先行导通，假定 Q1 先导通，则 R4 提供 Q1 的 I_{b1} →流经 T1 初级绕组、C7、C6 到地的 I_{c1} 生成→ T1 的次级绕组感应电压经 VD9、VD10 全波整流，C15 滤波得到暂时的 V_{CC} →电源芯片起振，11、8 脚输出脉冲→经 C13 形成推挽对管 Q3、Q4 的 I_b/I_c → T2 输入、输出侧获取能量和输出能量→信号加速电容 C11 传递能量，从而加大了 I_{b1}/I_{c1} → V_{CC} 已经稳固建立，开关电源开始正常工作。

启动"能量流"的流通，经历了电路的所有环节，在全员"积极参与"的情况下，起振才能成功。C7、C6、C15、C13、C11 等电容的特性要足够好，不至于衰减能量流；Q1~Q4 的 β 值也要满足要求，"滚雪球"一般的"能量回环"才得以形成。电路的启动难度加大了对晶体管等元器件的性能要求，也使得常见的停振故障检修的难度上升：查无坏件，电源停振了。

（2）软启动电路（图 12-25）

① "第一波软启"：电源芯片 IC1 建立正常的供电以后，14 脚输出 5V 基准电压，经 R23、R24 分压取得 2.5V 作为误差放大器的比较基准。2 脚的 2.5V 由于电容"瞬态直通效应"输送至软启动端 4 脚，随之 C17 端电压随充电逐渐升高，4 脚电压逐渐降低，至 C17 充电完毕，4 脚电压降为 0.23V，在 4 脚 2.5V 至 0.23V 的变化过程中，IC1 输出脉冲占空比逐渐加大，直到 24V 输出电压建立，Q5 导通，4 脚电压被锁定于 0.23V，"第一波软启"动作将由此结束。稳压电路会接手输出脉冲占空比的控制权。

② "候补软启"：若因某种原因 24V 建立缓慢（负载电路故障使 24V 电压建立缓慢或迟迟不能建立），Q5 失去导通条件，C18 则获得经 R26 的充电条件，C18 上电压经 VD17 向 IC1 的 4 脚提供后续的软启动高电位，此时仍然会对输出脉冲占空比做出有效的限制。这其实起到了在稳压控制电路生效之前，对逆变主电路最大占空比/最大工作电流的限制作用。

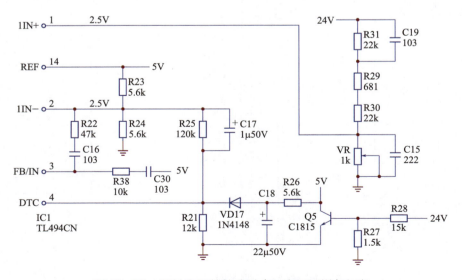

图 12-25　开关电源的软启动（和稳压采样）电路

（3）稳压控制和保护信号引入电路

如图 12-26 所示，TL494 芯片内部设有两级误差放大器 N1 和 N2，　　通过隔离二极管 VD1、VD2"共享"输出端 3 脚，N1、N2 形成竞争关系，也可以认为是"或输入模式"，谁的输出电压高，谁就有控制 3 脚电压的主导权。

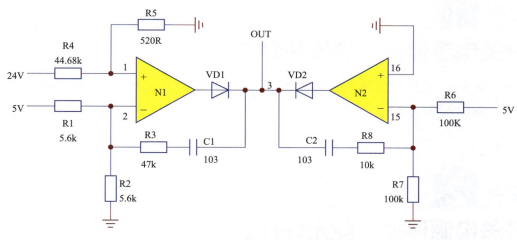

图 12-26　稳压控制和保护信号引入电路

与 284x 系列芯片相比较：

284x 芯片内含一组反相放大器结构的误差放大器，采样信号进入反相输入端 2 脚，同相输入端在内部已预置 2.5V 的固定基准电压（设计者不可改变此电压）。输出端 1 脚电压与输出占空比是"同向关系"，输出端 1 脚电压越高，6 脚输出脉冲占空比也越大，二者有很好的线性关系。

本例电路中的 TL494 芯片，则为内含 2 组同相放大器结构的误差放大器，N1 放大器：输出电压采样信号输入至同相输入端 1 脚，反相输入端 2 脚则由 5V 基准电压分压取得 2.5V 的比较基准（此电压的高低可由设计者决定），N1 输出电压经 VD1 至 OUT 端。3 脚输出电压与输出占空比是"反向关系"，3 脚电压越高，输出脉冲占空比越小，达到调节 24V 输出电压的目的。N2 放大器：同相输入端 16 脚已经接地，VD2 处于反偏状态，已经"批准"其"辞职休养"了，不再参与具体的工作。N2 放大器也可用于工作电流检测、过电压检测等其他用途。当 N1、N2 放大器都被采用时，若 N1 输出端电压高于 N2，则 VD1 正偏导通，VD2 反偏截止，N1 输出信号会送至输出端 3 脚；反之，N2 输出信号会被优先送入 OUT 端。二者形成竞争性输出。

图 12-26 电路的检测（以 N1 放大器为例）：

① 2 脚为 2.5V。

② 正常工作中的 1 脚电压也应为 2.5V。这是稳压标志。

③ 3 脚电压随 AC 220V 输入的高低和负载率的变化而变化，若二者都稳定，3 脚电压也会处于稳定状态。3 脚电压越高，输出占空比越小。该脚电压达 3.5V 时，占空比达到最小。可以预测正常工作中的 3 脚电压应在 1.5~3V 之间。

12.12.3 明纬 S-100-24 开关电源故障实例（电路见图 12-27）

实例 1

开关电源停振，查无坏件 1

将"能量流"回路的所有电解电容检测一遍，更换 C15、C13、C11、C10 后，使起振能量得以畅通无阻，上电后工作正常。

实例 2

开关电源停振，查无坏件 2

将所有电解电容全测一遍，没有发现问题，在 C7 两端并联 1μF 250V 电容后，故障排除。

实例 3

开关电源停振，查无坏件 3

检测电路电容元件，没有发现故障点。单独为 IC1 上电，检测芯片及外围电路，也没有发现问题。测开关管 Q1、Q2 也无明显损坏迹象，果断将 Q1、Q2 换为新品，上电后测 24V 输出正常。

实例 4

空载电压正常，带载能力变差

代换主工作电流通路的 C5、C6、C7，上电试验带载能力有所上升，代换芯片工作电源的滤波电容 C15 后，试机带载能力恢复正常。

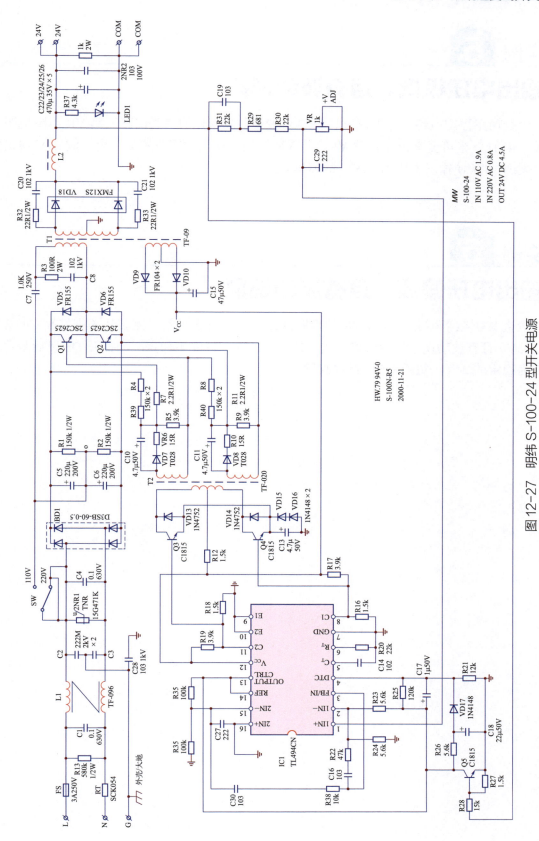

图 12-27　明纬 S-100-24 型开关电源

输出电压极低，且有波动现象

先查稳压控制电路，停电测 R31 至半可变电位器 VR 的串联回路，测 VR 电阻值明显偏大，用 1kΩ 半可变电位器代替 VR，将 VR 活动臂调至中间位置后上电，测 24V 输出偏高，微调 VR1 使输出电压为 24V，故障排除。

输出电压偏低，且有波动现象

检查 R31 至半可变电位器 VR 的串联回路，没有发现异常。测芯片 4 脚偏高（正常时为 0.25V）且有波动现象，故障疑点为 C17 漏电或 Q5 性能不稳定。当摘开 Q5 以后测输出电压为稳定的 24V，更换 Q5 后故障排除。

第 13 章
集成 IC 电源

对开关电源电路基础相对薄弱的读者，应该将此章作为第一章先行阅读。本章收录了基础性的线性电源、三端固定 / 可调稳压器、基准电压源器件和五端开关电源集成 IC 器件的基础性电路。事实上，这些由集成 IC 电源构成的稳压或电压基准电路，往往是开关电源电路的有机组成部分，或开关电源之后的负载电路的后续供电电源，当然是一个设备电源系统的重要组成部分。本章所列举电路，特指非（用变压器）隔离式稳压电源，与第九章单片开关电源的电路形式有所不同。

13.1 线性电源之一：输入、输出电压差为 3V 的三端固定稳压器

二十世纪九十年代前后，在一个偏远的滨海小镇，我在电路板上首次看到了和功率晶体三极管长得一模一样的三端固定稳压器——集成了的稳压电源。该器件到底是稳压器还是三极管，当时还引起了我与同事之间互不相让的激烈辩论。

（1）由分立器件构成的线性稳压器

典型结构如图 13-1 中的（a）电路所示（省略了输入端和输出端的滤波电容器）。R1 提供调整管 Q1 的基极电流，R2、ZD1 为基准电压电路，提供 Q2 发射极的基准电压，R3、R4、VR1 为输出电压采样电路，二者"合成为"误差放大器。稳压过程：当供电电压升高或负载减轻导致 V_{OUT} 升高→ VR1 活动臂电压上升→ V_{be2} 上升→ Q1 的 I_{b1} 减小，V_{OUT} 回落于稳压值。反之电路会实施反过程的稳压调节控制。

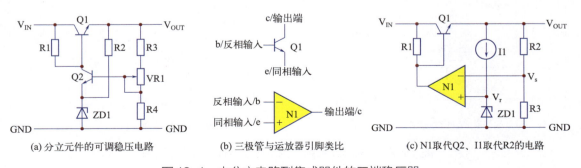

(a) 分立元件的可调稳压电路　　(b) 三极管与运放器引脚类比　　(c) N1取代Q2、I1取代R2的电路

图 13-1　由分立电路到集成器件的三端稳压器

297

（2）用运放电路取代 Q2、用恒流源代替 R2 的稳压电路

三极管与运放器引脚的类比如图 13-1 的（b）电路所示，同样为三端元件，可以找到对应关系，如果将 N1 换至 Q1 位置，是完全可以正常工作并提升电路性能的。二者的不同是：

① 三极管为电流控制器件，电流输入并非缺点，只要 $V_b/I_b/V_c$ 在较大范围内具备比例常数，就可构成优良的线性放大器。但三极管的 $V_b/I_b/V_c$ 并非为优良的线性关系。图 13-1（a）电路可控区由此变得狭窄，且精度下降。

② 运放器件因"虚断"和"虚短"特性，一定程度上可视为电压控制器件，而且 V_{IN}/V_{OUT} 可以在较大范围内具备比例常数，可构成较为理想的线性放大器——展宽可控区。

如果采用恒流源和 ZD1 的稳压基准电路，则显著提升基准电压的精度和输出精度。两条改良措施的实施，使电路工作质量提升一个数量级。

图 13-1（c）电路中，Q1 的调节动作是比较基准 V_r 和采样 V_s 二者的高低来进行的，控制目标是使 $V_s = V_r$，当二者相等，电路进行平衡的稳压状态。设 $V_r = 2.5V$，R2 = R3，则可知输出电压 $V_{OUT} = 5V$。改变输出电压的方法有两个：

① 改变基准 V_r 值，例如当 $V_r = 5V$，则 V_{OUT} 随之变为 10V 输出值；

② 或改变 R2、R3 的比例，例如当 $V_r = 5V$，R2 = 2R3，可知电路控制的结果为 $V_{OUT} = 15V$。

当然为避免 Q1 进入饱和区造成稳压失控，V_{IN} 和 V_{OUT} 之差一定要满足 3V 以上。

图 13-1（c）电路，具有 V_{IN}、GND 和 V_{OUT} 三个端子，若把（c）电路集成密封在一起，做成三端元件，则成为三端固定稳压器，为集成电源 IC 器件之一。

（3）78、79 系列的三端固定稳压器

实际的 78、79 三端固定稳压器，除采用图 13-1 中（c）电路的基本配置以外，还增设过热保护和过流保护电路，使器件性能更加完善化，如图 13-2 所示。

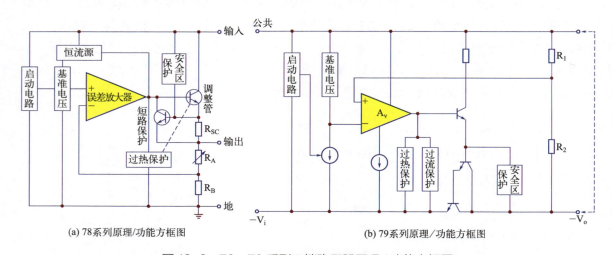

图 13-2　78、79 系列三端稳压器原理 / 功能方框图

78 系列三端稳压器，包含了 5V、6V、8V、12V、15V、18V、24V 等 7 种电压输出的系列产品，每一种产品，据输出电流能力又可分为 4 种，如 5V 稳压器：7805 的额定电流 1.5A；78K05 的额定电流 1A；78M05 的额定电流 0.5A；78L05 的额定电流为 0.1A。其中 05、K05、M05 的封装形式有可能是一样的，L05 采用更小的封装体积，如图 13-3 所示。在器件代换时需要注意，换用器件的额定电流应大于或等于原配件。

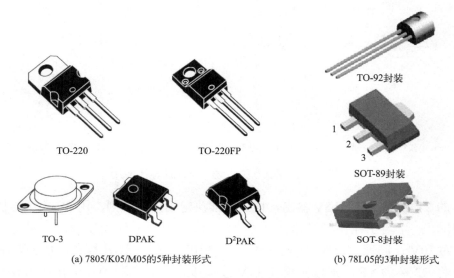

(a) 7805/K05/M05 的 5 种封装形式　　(b) 78L05 的 3 种封装形式

图 13-3　三端稳压器 78x05 的封装形式

检修中还需要注意的是换用器件时对于引脚排序和功能（见图 13-4），不能因粗心造成混淆，以免扩大电路故障。

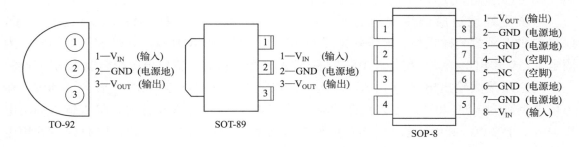

图 13-4　78L05 的引脚排列

近年来，新型号（新厂家）三端稳压器件（尤其是贴片器件）的上市，有可能使三端稳压器，也许不再符合"左进右出中间地"的排序规则，如把左侧 1 脚当地，2 脚为输出端，3 脚是输入端等。以 7805 为例，输入电压范围约为 8~35V，输出电压为 4.9~5.1V，额定工作电流 1.5A，带散热片时最大功耗一般不允许大于 10W，不带散热片时的功耗应小于 1W。

79 系列为负电压输出型，也有 −5V、−6V、−8V、−12V、−15V、−18V、−24V 的 7 种输出电压规格可供选用。

13.2 线性电源之二：三端可调稳压器 LM117/217/317

78 系列稳压器中，没有 9V、10V 规格的稳压芯片，当需要系列以外的稳压值时，可以采用以下变通手段（见图 13-5），取得所需的输出电压。采用如下电路可由 7805 芯片取得 10V、5~12V 可调输出电压。

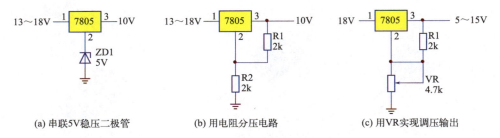

(a) 串联5V稳压二极管   (b) 用电阻分压电路   (c) 用VR实现调压输出

图 13-5 7805 的变通——调压输出应用

7805 的 2 脚接地为固定 5V 输出，根据基准决定输出的规则，用 5V 稳压二极管来"垫高" 2 脚电压，相当于在内部基准之上叠加了 5V，内部采样电压跟踪基准电压的结果，使输出变为 10V；同理，已知 R1 两端为 5V，用串联 R2 来提升基准，则 3 脚输出电压变为 10V；将 R2 换为 VR，则可实现 5~15V 的调压输出。获取调压输出的方法还有很多，作者在现场应急故障处理中，也有过将两只 7805 串联，取得 10V 输出的应急修复（非常之事可采用非常之规）的例子，在此不一一列举了。用 7805 作为调压电路的缺点，是"起底"电压不能到零，输出只能在 5V 之上起调，若需 5V 以下的电压输出，则需为 2 脚设置 0V 以下的负基准，造成电路结构的复杂化。

为了更好地适应调压输出的要求，一款三端可调稳压器 LM317 就应运而生了。LM317 的 3 种封装样式和引脚排列见图 13-6。当该产品的 ADJ 端（ADJUST）接地时，为固定 1.25V 输出电压。当用外部电路"垫高" ADJ 端电压时，输出电压相应地成比例升高。

LM317 最大输出电流为 1.5A，输入、输出最小允许电压差为 3V；输入 5~40V，输出可调范围为 1.25~40V；最大允许功耗小于 20W。当输出 1A 电流时，最大输入输出电压差应小于 20V。高电压差工作时，应使输出电流 / 功率在限制值以内。LM317 的应用电路见图 13-7。

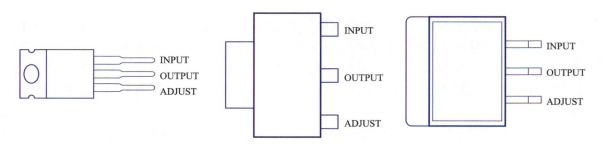

图 13-6 LM317 的 3 种封装样式和引脚排列

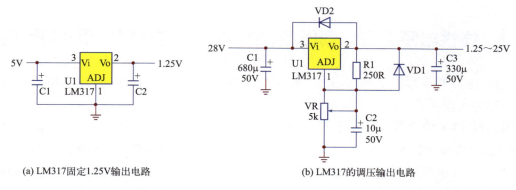

(a) LM317固定1.25V输出电路　　　　(b) LM317的调压输出电路

图 13-7　三端可端稳压器 LM317 的应用电路

图 13-7（b）电路，已知 R1 两端电压为 1.25V，采用 VR 完成了 0~20 倍 1.25V 的"垫高作用"，从而实现 1.25~25V 左右的调压输出。C1 为输入端滤波电容；C3 为输出端滤波电容；C2 为稳定基准电压而设；VD1 提供断电瞬间 C2 储存电荷的放电回路；VD2 在断电期间，当 U1 的输出端电压高于输入端电压时，提供 C3 的放电回路，以钳制 2、3 脚之间的反向电压差。

电子电路中，除了无极性电容、电阻和电感（变压器绕组也得注意接入方向）等不用管接入方向以外，电解电容、晶体二极管和晶体三极管、MOS 器件以及所有 IC 器件等都需要注意接入极性，否则将会造成元器件的毁损。这是为什么呢？

如图 13-8 所示，图（a）电路中晶体三极管 Q 的发射结和集电结，可以等效为稳压二极管 ZD1（反向击穿电压 6~15V 左右）和 VD1（反向击穿电压几十伏至千伏级别），当接入电压极性是集电极为正、发射极为负时，因 VD1 击穿值远高于 B 的电压值，Q 处于工作安全区；图（b）电路接法，因 ZD1 的击穿造成了电源 B 经 ZD1、VD1（实际还可能流经外部电路）的反向电流产生，此电流取决于 B 的容量（如图 13-7 中 C1 滤波电容的储电量），可能会产生幅度较大足以毁坏三端稳压器的电流值（取决于 ZD1 及内部电路的电流耐受能力）。如图（c）电路所示，B 电压值高达 1500V 时仍不能对 Q2 造成威胁，但当 B 调换极性时，可能不足百伏的反向电压即会造成 Q1 的损坏，因而该器件的 D、S 端在出厂前已经预置了反向并联的二极管器件，以提供 D、S 之间反向电流的通路，从而将 D、S 之间可能出现的反向电压钳制在二极管的正向导通压降之内（为 1V 左右）。

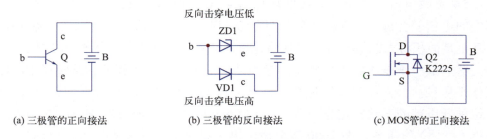

(a) 三极管的正向接法　　　　(b) 三极管的反向接法　　　　(c) MOS管的正向接法

图 13-8　三极管和 MOS 管的供电接入示意图

三端固定（可调）稳压器的电路实例参阅本书第 13.6 节内容。

13.3　线性电源之三：低压差（1V 以内）的三端（可调）稳压器

分析 78 系列三端固定稳压器的工作原理，也正如图 13-1 中的（c）电路所示。根据与负载电路的连接关系，可称之为串联变阻调流式稳压电路。

因为图 13-1 中调整管工作于可变电阻区，可以等效为图 13-9（a）电路中的 $VR1$。当 RL 或 V_{IN} 为变化量，要保持 V_2 为定量，$VR1$ 要随机做出电阻值 / 回路电流的调整，以保证 V_2 不变。要求 V_2 = 5V，当 V_{IN} = 10V 时，$VR1$ 应该自动调整为 10Ω；当 V_{IN} = 15V 时，$VR1$ 会自动调整为 20Ω，以保证 V_2 不变。当 RL 变小时，$VR1$ 也会比例性变小，以保持 V_2 为定量。实际上，$VR1$ 的变化，是调节出了流经 RL 的"合适电流"，才能保持 $I_{RL} \times RL = V_2$。是靠调流来实现稳压的。

图 13-9（b）电路，是将调整管 $VR1$ 与负载电路 RL 相并联，进行变阻调流稳压的。

可以看到，图 13-9（a）中"要求 V_2 = 5V，设 RL 为 10Ω。当 V_{IN} = 15V 时，$VR1$ 会自动调整为 20Ω，以保证 V_2 不变"的结论，说明了线性电源的最大短板是工作效率不高：此时负载得到的功率为 2.5W，调整电路 $VR1$ 本身的功耗却高达 5W。要想在 V_{IN} 较大的变化范围保持 V_{OUT} 的不变，$VR1$ 有时就要承受较大的电压差（电路功耗增大）；要想降低 $VR1$ 的功耗，就要使 V_{IN} 输入范围受限，稳压可控区减小。这是一个矛和盾的故事，需要设计者做出取舍。

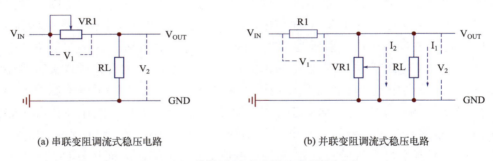

(a) 串联变阻调流式稳压电路　　　　　　　　(b) 并联变阻调流式稳压电路

图 13-9　线性稳压电路的两种结构形式

上文所述 78 系列稳压芯片，要求最低输入、输出端电压差为 3V。以 5V 稳压器工作于额定 1.5A 负载电流下为例，其最低功耗为 4.5W，而为了取得更"宽泛的稳压区"，实际工作中的电压差会远大于 3V，甚至出现 10V 以上的极端情况，所以稳压器必须加装散热片，甚至是面积特大的散热片，以保障稳压芯片不会工作在超温区引起工作失常。

稳压器的最小压差决定了稳压器的最小功耗，采取技术措施使调整管在 1V 电压差下仍能工作于可控区，则能显著降低功耗，如同样 1A 负载电流下可以将其功耗降低在 1W 之下。这种低压差的三端固定稳压器，如 LM2940/2941、LM1117、BM1117 等 1V 以内低压差三端（可调）稳压器，在 2000 年前后，出于绿色节能的需求，才在电路板上大量涌现，而 78/79 系列产品，则被其取代而缓缓淡出历史舞台。LM2940/2941 和 BM1117 稳压器的封装形式和引脚排列如图 13-10 所示。

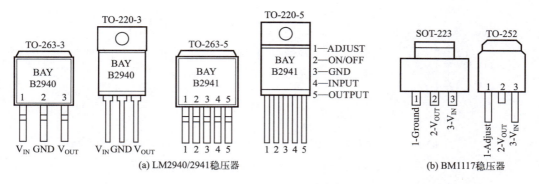

图 13-10　LM2940/2941 和 BM1117 稳压器引脚功能及封装形式

（1）LM2940

和 78 系列一样，LM2940 也包含三端固定稳压器和三端可调稳压器两类产品，其区别是：若标注型号为 2940-5，则引脚为 V_{IN}、GND、V_{OUT}；若标注为 2940-ADJ（指调整端），则引脚为 V_{IN}、ADJ、V_{OUT}。

LM2940 系列芯片的输入电压范围为 3~30V，输出电压为 1.25~26V，最小电压差小于 0.8V，额定电流为 1.25A。

（2）BM1117

BM1117-ADJ 为三端可调稳压器，ADJ 端接地输出电压 1.25V。其他分别为 1.5V、1.8V、2.5V、2.85V、3.3V、5V 等 6 种 5V 及以下电压规格的输出。通常为 MCU/DSP 主板的 1.8V、3.3V、5V 供电电源所采用。

额定电流为 1A，最高输入电压小于 22V，最小电压差小于 0.8V。

事实上，是开关电源电路的大量应用，才满足了低压差稳压器工作于低功耗状态的实现，如将输入 5V 处理为 3.3V 的输出，将功耗降至 1W 以下。如果不能提供稳定的低电压输入，则 LM2940 和 BM1117 并不能实现低功耗的优点。

低压差的三端稳压器电路实例，可参见本书第 13.6 节内容。

13.4　用三端固定（可调）稳压器构成的恒流源电路

如图 13-11 所示，恒流源（电流源）和恒压源（电压源）电路，如果从电路结构上看，是同还是异？

图 13-11（a）电路，是一个 4~20mA 可调电流信号发生器，输出端接入负载电路（允许供电 9V 低至 7.2V，在 4~20mA 范围输出时）的负载电阻范围为 0~1.5kΩ。接入磁电式指针表头，不消耗电池的电能。已知 U1 的 1、2 脚之间的电压为 1.25V，故流过输出端的电流 =1.25V/（RP1+R1），R1 用于限制最大电流，RP1 则决定最小电流输出。调整 RP1，可形成 2.2~25mA 的可调恒定电流输出。

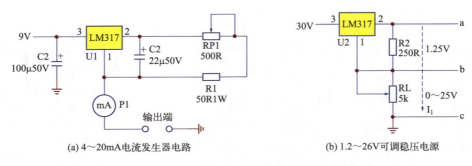

(a) 4～20mA电流发生器电路　　　　(b) 1.2～26V可调稳压电源

图 13-11　用 LM317 构成的恒流源和恒压源电路

图 13-11（b）电路，是一个 1.2~26V 可调稳压电源。如果将 a、c 当成电压输出端，电路则为恒压源电路，输出电压取决于 RL 的调整值；如果将 b、c 看成输出端，则为恒流源电路，RL 的大小并不影响 I_1 值。这是因为：a、b 两点的电压为定量，故 $I_1=1.25V/R2$ 也为定量，RL（在 0~5kΩ 变化时 RL 端电压也在 0~25V 同步变化）流经的电流为不变的 I_1。可见：

① 输出点的选择决定了电路的性质，是恒压源还是恒流源电路。电路构成是不变的。

② U2 作为 1.25V 稳压器的身份是不变的，因而流经 R2 的 I_1 是不变的。流过 RL 的电流不变的前提是当 RL 变化时，a、c/b、c 点电压是在稳压控制的前提下同步升高或降低的，控制动作依赖的是对 1.25V 基准电压的比较来实现的，是以调压的行动来保障流经 RL 电流的恒定。

变化量的背后必然藏着一个"恒定量"，恒流的背后必然是调压的行动。

而从全局来看，恒压和恒流是同一个电路，也必然是同一个调整动作，同一个原理机制。

13.5　线性电源之四：基准电压源器件

13.5.1　TL431 工作原理

基准电压源器件，用于运放电路的比较基准，用于 MCU/DSP 芯片的 A-D 转换基准，用于处理开关电源 / 线性电源的采样反馈电压信号，直接作为小容量稳压电源等，和三端稳压器一样，在以上各种电路中应用广泛。常用 2.5V 基准电压源器件 TL431，封装形式如图 13-12 所示；原理 / 功能方框图、应用电路如图 13-13 所示；基准电压源电路如图 13-14 所示。TL431 是 3 端 2.5V 集成电压源器件，是"质量较高"的 V_R 信号发生器。内部调整管和负载电路为并联关系，工作于并联变阻调流状态，以实现稳压输出。在开关电源、模拟信号处理电路中，经常见到它的身影。

2.5V 基准电压源器件，有多种型号或印字标注，如 TL431x、TL432x、431AC、431AJ、TACG、43A、SL431ASF、AIC431、AC03B、SL431x、HA431、EA2、6E 等。对该器件的快速识别与判断，对故障检修有重要意义。

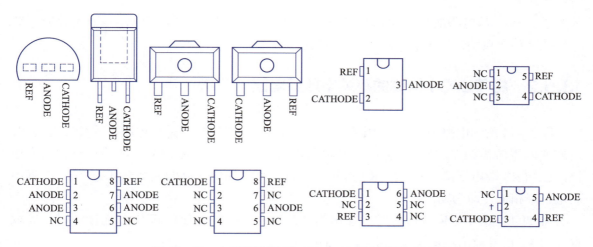

图 13-12　电压基准源 TL431 之 10 种封装形式举例

TL431 内部电路原理如图 13-13 所示，内含一个 2.5V 基准电压源、电压比较器（闭环时构成放大器）及并联分流管。TL431 为三线端元件，其中 V_R 为外部基准电压端，R 端输入信号与内部 V_R 相比较，在输入电压信号高于 2.5V 时，A、K 极间开通；当 R 端信号小于 2.5V 时，A、K 极间关断。TL431 起到监控 R 端电压值（2.5V）的作用。TL431 闭环应用时，A、K 之间呈现"电阻效应"，其阻值的大小受 R 端信号电压控制。

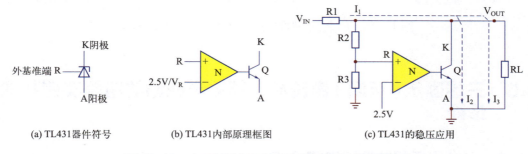

(a) TL431 器件符号　　(b) TL431 内部原理框图　　(c) TL431 的稳压应用

图 13-13　电压基准源 TL431 符号及内部原理框图

图 13-13（c）电路是 TL431 的稳压应用，内部调整管 Q 与负载电阻 RL 并联式连接，$R1$ 是供电端限流电阻。当 $R2=0$ 时（TL431 的 R、K 端短接，此时可将 TL431 视为理想的 2.5V 稳压二极管），由放大器 N 的"虚短"特性可知，$V_{OUT} = 2.5V$。

当 V_{IN}、$R1$、V_{OUT} 为定值，此时 $I_2+I_3=I_1$ 也为定值。

当 RL 变化引起 I_3 减小时，产生了 V_{OUT} 上升→R 端采样电压上升→N 输出端上升，Q 的 I_b/I_c 上升→ I_2 上升→ V_{OUT} 下降的控制过程。I_2、I_3 自动实现了二者互补，即 I_3 产生多少减量，I_2 会自动产生多少增量，保障了 I_1、V_{OUT} 的稳定不变。Q 在 N 闭环模式的线性控制之下，工作于可变电阻区［参见图 13-9 中的（b）电路］，RL 如果增大 10Ω，Q 导通电阻会自动减小 10Ω。因为调整管与 RL 并联，称为并联变阻调流式稳压电路。

设 $R2$ 不为零，如 $R2 = R3$ 时，此时可知 $V_{OUT} = 5V$。将 $R2$ 换为可变电阻，则图 13-13（c）电路即成为可调稳压器。在闭环可控区内，R 端电压——电路控制的最后结果——总是等于 2.5V，是电路的稳压标志。围绕着 R 端为 2.5V 这个定量，当 V_{IN}、RL 变化时，会产生调节动作自动保持 V_{OUT} 稳定于某一数值。

13.5.2 由 TL431 构成的基准电压源电路

图 13-14 所示电路中，R1 为限流电阻，R2、R3 为输出电压采样电路，改变二者比例，可方便取得所需的 V_R 值信号输出，其输出电压 ≈2.5V×（1+R2/R3）。在线估算输出电压值，已知 R3 端电压降为 2.5V，R2 为 R3 的几倍，R2 端电压降即为 2.5V 的几倍，二者串联电压降相加，即为输出电压。

将 TL431 的 K、R 端短接时，输出为 2.5V 的 V_R 基准电压；将其 K 端接地时，能取得负的 V_R 信号输出，如图 13-14（c）电路所示。

由 TL431 构成 V_R 信号发生器，具有电路结构简洁、V_R 精度高、方便设定 V_R 值等优点。

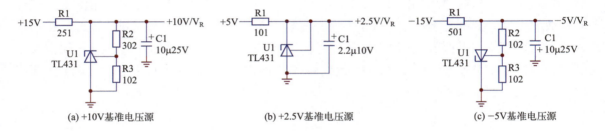

图 13-14　由 2.5V 基准电压源器件生成多种 V_R 信号

13.6 三端固定（可调）稳压器、基准电压源的电路实例和故障诊断

13.6.1 三端稳压器的应用电路 3 例

（1）三端稳压器的应用电路 3 例的原理简说

图 13-15 中的（a）、（b）电路，是开关电源电路中，开关变压器 TF201（T2）次级绕组的整流滤波和稳压输出电路，是开关电源电路的有机组成部分；图 13-15 中的（c）电路，则是在开关电源供电之外，另外增设的 +24V、+15V 稳压输出电源电路，但其与开关电源隶属于同一个设备的电源系统。

（a）电路：当把 7808 的输出端电压视为 0V 时，则接地端为 −8V，用 7808 实现了 −8V 稳压输出。是变频器的 IGBT 驱动电路供电电源，需要取得 +15V 的 IGBT 开通电压和 −8V 的 IGBT 关断电压时，经常采用的电路形式。若将 −8V 视为 0V，7808 输出端为 +8V，电路的非稳压最高输出电压则为 +23V。从 IGBT 的控制信号回路看，将 7808 输出端视为 0V 恰恰是合理的，故 7808 在这里即完成了 −8V 的稳压任务。

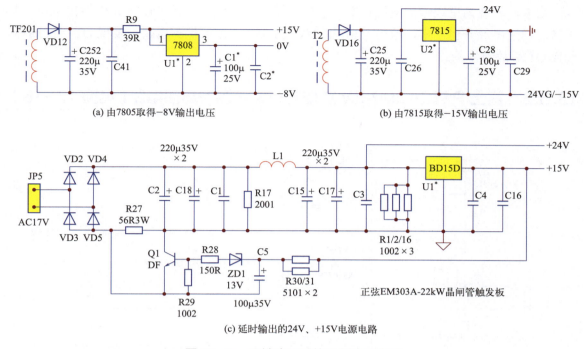

(a) 由7805取得−8V输出电压　　　　(b) 由7815取得−15V输出电压

(c) 延时输出的24V、+15V电源电路

图 13-15　三端稳压器的 3 例应用电路

（b）电路：该电路用正稳压输出的 7815 实现了 −15V 稳压输出，并且用同一供电来源实现了两路不共地、不同幅度输出电压的转换任务。

① 若将 24VG 视为 0V，滤波电容 C25 正极则为 24V 输出电压之正端；

② 若将 U2* 的输出端接地（0V），显然 C25 电压负极则为 −15V 电压输出端。

视接地点（0V）点不同，得到了两路不共地的正、负输出电压。

（c）电路：名为供电电压的延时输出，但不如说是供电能量的"延时提供"。上电期间，由串联 R27 向负载供给"受限量的能源"，此时由 R30、ZD1、Q1 等构成的延时电路同时工作，至 C5 端电压充电至 13.5V 左右时 Q1 导通，Q1 的导通形成了"限流电阻" R27 的短接动作，+24V 和 +15V 稳压供电能力得以正常建立。

此外，R30、ZD1、Q1 等构成的延时电路，也恰好构成了输出过载的限流功能：因过载故障导致 +15V 跌落至 13V 左右时，因不能满足 ZD1 的击穿条件，Q1 进入截止状态，"限流电阻" R27 得以重新串入供电回路，起到输出限流保护的作用。

（2）三端稳压器的应用电路 3 例的故障诊断

① 输出电压低。三端稳压器本身无温升，输入 / 输出电压差大于 3V，稳压器坏；输入 / 输出电压差小于 2V，查输入侧供电电源。

稳压器发热严重，查负载电路部分也有异常温升的元器件，则是负载电路发热元器件有短路故障；否则，将稳压器脱离电路，给负载电路单独上电，观测是否有过载现象，判断稳压器本身有否损坏。

② 输出电压高，稳压器本身损坏。对于图 13-15 中（c）电路，检查 +24V、+15V 带

载能力差，表现为空载输出电压正常，带载后输出电压跌落，暂时短接 R27 输出电压恢复正常，稳压器温升也正常，检查 R30、ZD1、Q1 延时／过流保护电路，发现 Q1 已经损坏，代换 Q1 后故障排除。

13.6.2 富士 P11S-200kW 变压器开关电源的局部电路（见图 13-16）

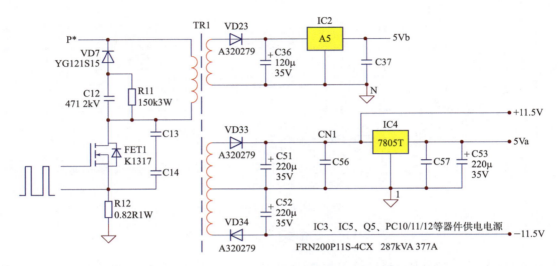

图 13-16 富士 P11S-200kW 变压器开关电源的局部电路

三端稳压器的"身份判断"，简述如下。

如图 13-16 所示，采用两片 5V 的三端稳压器，以得到 5Vb、5Va 两路稳压电源的输出。IC2 印字 A5，未查到相关器件参数，可以从以下方面着手落实器件工作参数：

① 在稳压器输入侧施加 8~10V 可调供电，观察负载电流大小，5Vb 负载电流仅为 10mA 多一点，有 5V 稳压电压输出，故可判断 IC2 为 78L05 器件，或故障时可换用该类器件。

② 从封装形式、器件尺寸来判断，功率大的器件肯定体积也大，反之体积也小。

③ 从两路 5V 三端稳压器输入、输出侧滤波电容的容量来看，显然 IC2 比 IC4 的设计容量小一个数量级，故知 IC2 可用 78L05 来代换。

④ 根据测量输入、输出电压值判断：预判输出为 5V，若输入输出电压差在 3V 左右，预判成立，若输入输出电压差远大于 3V，则可能为输出 5V 以上的三端稳压器。若输入电压仅为 5V，则为 3.3V 稳压器。注意这些判断是建立在其他各路电源电压正常，即输入侧电压值为正常的前提下进行的。

⑤ 根据负载电路的形式来判断 IC2 是何器件：若 IC2 提供 MCU 侧数字电路的供电，输出电压当为 5V；若 IC2 提供 DSP 芯片的供电，则其输出电压应为 3.3V。或者 IC2 提供 A7840 输入侧或输出侧供电，已知 A7840 输入、输出侧额定供电电压都为 5V，则可准确判断 IC2 为 5V 输出的三端稳压器。

查不到器件，不能确定器件身份时，采有上述①~⑤方法，便能为三端稳压器"验明真身"。

13.6.3　ABB-ACS800-75kW 开关电源的局部电路（见图 13-17）

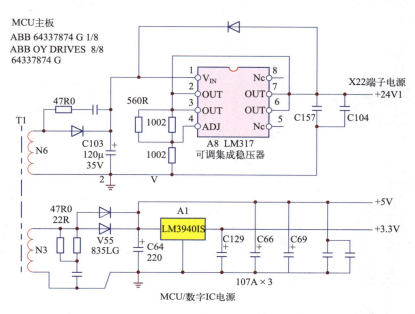

图 13-17　ABB-ACS800-75kW 开关电源的局部电路

如图 13-17 所示，采用三端固定稳压器和可调稳压器获得 +24V1 和 +3.3V 的稳压输出。

A8 芯片为三端可调稳压器，输出电压值取决于 4 脚所接输出电压采样电路中对分压电阻的设置，即输出电压值可从 4 脚与输出端、地端连接的分压电阻的阻值来判断：已知 3、4 脚之间电压为 1.25V，电阻为 560Ω；4 脚接地电阻约为 560Ω 的 17.8 倍，可知输出电压 =1.25×17.8+1.25（V）。

13.6.4　三菱 F700-75kW 变频器 DSP 主板供电和基准电压电路

实际上，开关电源提供 24V 控制端子电压、风扇电源，±15V 左右的模拟电路供电，+5V 显示面板的工作电源。而 DSP 芯片所需的 +3.3V、+1.8V 工作电源，模拟量检测及 DSP 芯片所需的各种基准电压，正是三端稳压器和基准电压源器件各显其能的场所。二者"跑电路"的难度和检修难度是不同的。其实，前者是故障检修中"大概、粗测"之地，后者是故障诊断中的"细节，精测"之所，一个电路板检修者对故障电路修复率的高低，也由此可见端倪。

对于如图 13-18 所示的电路部分，如何找到它们并进行检测？

（1）器件所处电路的位置

三端稳压器和运放电路芯片、MCU/DSP 芯片离得较近。体积较大（散热片面积也大）者为 MCU/DSP 供电电源芯片；体积小甚至无散热片者，是提供电路所需基准电压者。

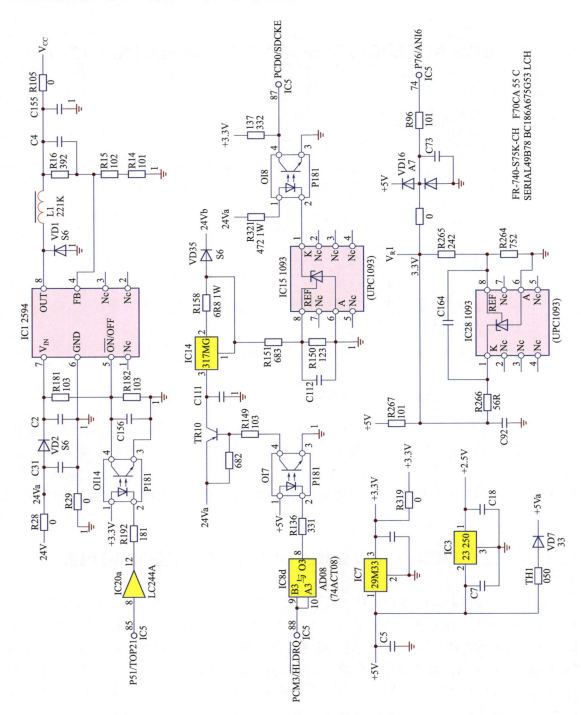

图 13-18   三菱 F700-75kW 变频器 DSP 主板供电和基准电压电路

（2）印字或型号

器件印字有时是型号的简写，如 431 是 TL431 的简写；有时是代码，需由资料反查出型号，如由 EA2 代码反查出 TL431 的型号。

（3）封装形式和标注字样

三端稳压器和基准电压源器件，多为 3 引脚和 8 引脚（双列）贴片封装样式。类似元器件包含了二极管、三极管、稳压二极管、多种 IC 电路等。标注 VD、ZD 为二极管、稳压二极管；标注 Q、T 等为晶体三极管；标注 U、IC、A、D 等为集成 IC 器件，要在标注 U、IC、A 等的 3 引脚、8 引脚器件中，再找出三端稳压器和基准电压源器件。

（4）各脚电压的判断

上电后在线测试各脚电压，恰恰是 +3.3V、+2.5V、+1.8V、−2.5V 等三端稳压器或基准电压源输出的"标准电压"，则其身份随之坐实。

（5）连接电路

如输出电压送至 DSP 的 V_{REF} 端，输出电压送至运放电路同相输入端用作工作基准等。

下面以 3 引脚、5 引脚和 8 引脚贴片元器件的身份甄别为例，介绍由电路构成判断器件类型的方法。

（1）区分二极管、稳压二极管、晶体三极管、基准电压源的电路示例

图 13-19 中 VD15、ZD1、Q3 的外形（贴片封装形式）和引脚数都是一样的，如何辨识器件类型，可据下述方法进行：

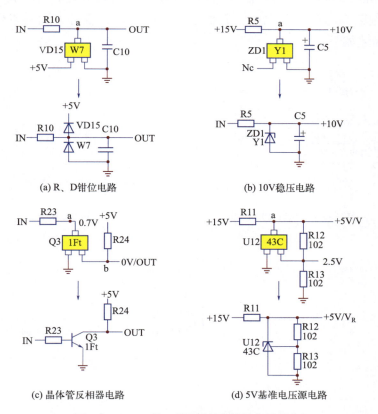

(a) R、D钳位电路　　(b) 10V稳压电路

(c) 晶体管反相器电路　　(d) 5V基准电压源电路

图 13-19　区分 3 脚贴片器件的电路示例

① 从线路板上的元件序号标注判断，如 VD15 为二极管，ZD1 则为稳压二极管，Q3 为晶体三极管，U12 则为集成 IC（但是尚不知是何种集成 IC）器件。

② 据元件本体上的印字，通过丝印反查手段，进一步确定器件的类型，如可以确定 43C 为 TL431 基准电压源器件。

③ 某些线路板上没有元 / 器件的序号标注，而且元件印字极其模糊（甚至无印字），需要从电路结构出发，从信号的输入、输出方式，从关键测试点的电压值等方面，做出综合判断。

图 13-19 中的（a）、（b）、（d）电路：

a 点既为输入端又是输出端，输入电压降在 R10 等电阻上，据各点电压测量判断，如测量图（d）电路中的 R12、R13 分压点为 2.5V，而输出电压为 5V，说明 U12 符合 TL431 基准电压源的功能特征，故可判断 U12 为 2.5V 基准电压源器件。

图 13-19 中的（c）电路：输入 a 和输出 b 为两个点，测试两点之间的信号电压为反向关系，而 0.7V 又符合晶体三极管的发射结电压特征，故可判断 Q3 为晶体三极管器件。

当然，停电状态下用数字万用表的二极管挡，对器件两端进行导通电压降的检测，对于图（a）、图（b）、图（c）电路，也是一个较好的辅助测试手段。

（2）区分 IC 器件类型的电路示例

图 13-20 中的 3 种电路示例，器件都为 5 引脚同样封装形式的贴片 IC 器件，除图（b）电路从印字可判断为与门电路以外，其他器件从印字、外观等方面难以做出更准确的判断。辨识方法简述如下。

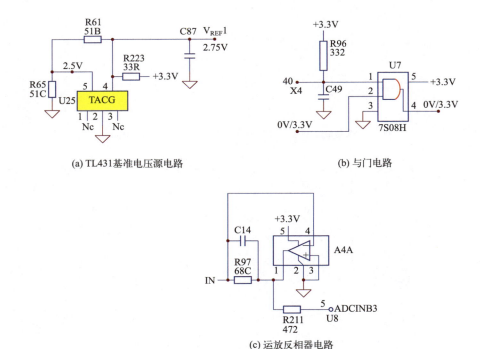

图 13-20 区分 5 脚贴片 IC 类型的电路示例

从输入信号类型着手：

① 图（a）电路输入 +3.3V 直流电源电压，输出为 2.75V 基准电压，从 5 脚电压为 2.5V 可知，U25 为 2.5V 的基准电压源器件（其身份为 TL431）。

② 图（b）电路两路输入信号均为 0V 或 3.3V 的开关量电平信号，输出也为开关量的 "0 或 1" 信号，故判断为 U7 为数字芯片。再从 1、2、4 脚的逻辑关系推断为与门电路。

③ 图（c）电路的前级电路为线性光耦合器，输出端信号又进入后级电路的模拟量输入端，可初步判断为 A4A 为运放器件。再从两输入端的 "虚地" 特点看，该级电路为反相（放大）器电路。

本着 "输入、输出皆为开关量——处理数字信号的芯片为数字 IC；输入、输出皆为模拟量——处理模拟量信号的芯片为运放 IC；输入为供电电源，输出为稳定直流电压的为基准电压源或其他电源器件" 的原则，使诊断效率和准确率得到提升。

13.6.5　ABB-ACS-22kW 变频器控制板的供电及基准电压源电路

ABB-ACS-22kW 变频器控制板的供电及基准电压源电路，可分为 DSP 主板供电和显示面板供电电路、末级电流检测基准 /DSP 基准电压输入电路和控制端子供电及基准电路等 3 个部分。

（1）DSP 主板供电和显示面板供电电路（图 13-21 和图 13-22）

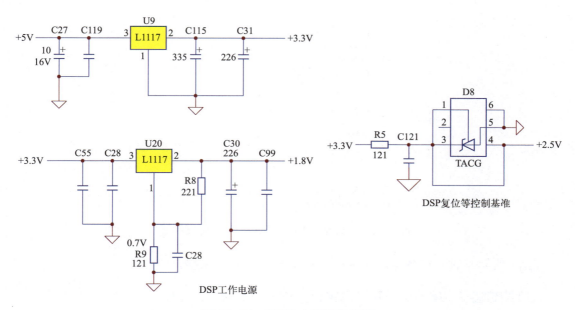

图 13-21　DSP 主板供电电路

由 U9、U20（印字 L1117，为低压差三端固定稳压器）将开关电源输出的 +5V，进一步处理成 +3.3V 和 +1.8V 的工作电源；D8（印字 TACG，型号为 TL431）为 2.5V 基准电压源器件，接成 2.5V 的 "稳压二极管" 电路，提供 DPS 复位控制电路所需的 +2.5V 基准电压。

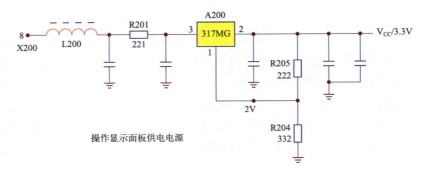

图 13-22　操作显示面板供电电源

由开关电源输出的 +15V，再经 A200（印字 317MG，三端可调稳压器）处理成 3.3V 的面板电路所需工作电源。输入端串入了 R201，以降低 A200 的输入、输出电压差，达到降低 A200 功耗的目的。

A200 或 R201 有断路故障时，会造成面板无显示等故障。

（2）末级电流检测基准 /DSP 基准电压输入电路（图 13-23）

如图 13-23 所示，采用 U25（印字 TACG，未查到相关资料，但据电路构成和电源测量，判断是 2.5V 基准电压源器件）将 +3.3V 处理得到 2.75V 的 $V_{REF}1$，作为末级电流检测运放同相输入端的信号基准，如作为 DSP 内部 A-D 转换的参考电压。

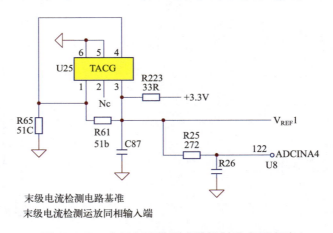

图 13-23　末级电流检测电路的基准电压电路

$V_{REF}1$ 值异常时，设备会产生和电流检测相关的故障报警。

（3）控制端子供电及电压基准电路（图 13-24 和图 13-25）

图 13-24（a）电路中的 U13 是 2.5V 基准电压源器件，将输入 15V 处理成 $V_{REF}/10V$ 的基准电压信号，供 4~20mA 模拟量输出电压用作基准参考电压。R262 为限流电阻，V15 为扩流晶体三体管，R259、R258 等为输出电压采样电路，决定输出电压的高低。

图 13-24（b）电路中，U19（印字 317M，三端可调稳压器）是个特殊应用了：将 ADJ

端与 Vo 端短接，取消稳压调压功能，既不用于稳压，也不用于调压输出。干嘛呢？用于 24V 负载电路的过流保护。

图 13-25 电路，模拟量端子的 10V 调速电源输出。由 A7 生成 $V_R2.5V$，U8 内部两级运放电路分别经同相和反相 4 倍放大器处理，在 X20 和 X21 端子得到 −10V 和 +10V 的调速电源输出。A7、U8 的高精度处理，决定了输出 +10V、−10V 的稳定和准确。

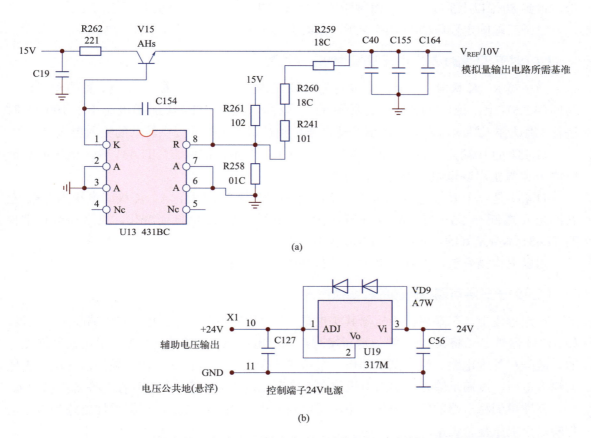

图 13-24　模拟量输出电路 10V 基准电压和数字量输入端子的 24V 电源电路

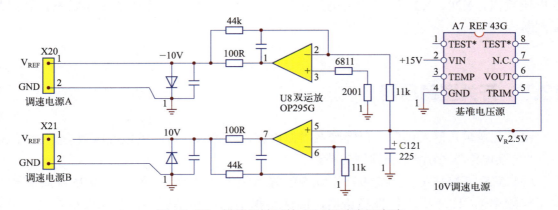

图 13-25　模拟量端子的 10V 调速电源电路

13.6.6　图 13-5 至图 13-25 电路的故障诊断

　　上文中已经对三端（可调）稳压器、基准电压源器件的身份鉴别，给出了具体有效的实施办法，检修故障电路，得先把故障电路找出来才行。找出故障电路并落实故障器件身份，占到 80% 以上的工作量，而判断器件好坏和更换元器件，就是举手之劳了。

　　对于三端固定稳压器的故障诊断，在第 13.6.1 节中已经叙及。现补充如下：

（1）对于 TL431 基准电压源器件的在线检测

　　当短接 R、K 极时，TL431 会变身为一只"2.5V 理想稳压二极管"，A、K 点电压值立马回到 2.5V 上，说明 TL431 一定是好的，这种测验需在 TL431 流通电流小于 100mA 时进行（确认输入端限流电阻的阻值合适，或单独在限流电阻前提供较低的输入电压）！

　　TL431 的 R 端为 2.5V 是稳压正常——TL431 工作正常标志。TL431 输出电压的高低取决于 R 端由串联电阻构成的采样电路。

　　TL431 是一个 R 端输入电压监控器，当 R 端高于 2.5V 时，A、K 极间电压为 1.8V 左右；当 R 端低于 2.5V 时，A、K 极间电压跟随输入电压的高低而变化。以上检测正常说明 TL431 本身是好的，否则即为故障状态。

　　由以上检测方法，不难得出 TL431 好坏的诊断结果。

（2）对于三端可调稳压器的在线检测

　　一定程度上，三端可调稳压器其实也是一个"起底电压"为 1.25V 的三端固定稳压器，如 317M 器件。当将其 ADJ 端与地短接时，输出电压能立即变为 1.25V，说明器件就是好的，故障在外围电路。注意测试动作一定是在安全条件下进行的，如单独为器件施加更低的输入电压，以满足输入、输出电压差在合理范围以内（保障器件功耗在允许范围以内）。

　　三端可调稳压器的输出电压，由采样电路的电阻取值所决定，可据采样电路的电阻值判断输出电压是否正常。

　　另外，基准电压源或三端稳压器也会和运放相配合，如图 13-25 所示电路，形成基准电压输出，X20、X21 端子输出电压错误时，也要同时检测运放的工作状态，做出故障判断。

13.7　开关型稳压器

　　在第九章单片开关电源中已经涉及类似内容，这里只针对开关电源次级 / 输出绕组以后的"后续电路"，给出电路举例的补充。

　　LM2575、LM2576、LM2594、LM2595 等系列开关电源 IC 芯片（LM2595 具有更高的工作频率），比之三端线性稳压器，同样体积下输出功率更大，损耗极小，效率更高

（可减小散热片的体积，不必考虑输入、输出电压差的大小），一定程度上被视为三端线性固定（可调）稳压器的替代产品。

13.7.1　集成开关电源 IC 的工作原理

如图 13-26 所示，是一个调整管经储能电感与负载 RL 串联的稳压电路。和上述线性电源的最大不同是：调整管 Q 不再工作于可变电阻区，而是工作于截止区和饱和区，Q 本身的功耗近于零，电源效率提高，不必再纠结于输入、输出电压差的高低——高的电压差并不会显著增加 Q 的功耗。而且由于工作于数十至数百千赫兹的开关频率上，进一步减小了 L、C 的容量，做到了电路的大功率小体积模式。

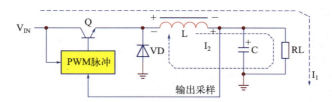

图 13-26　串联降压型开关电源工作原理示意图

工作原理简述：开关管导通时，V_{IN} 经 Q、L 为 RL 提供电能，同时 C 充电，此时 L 流入 I_1 能量进行电 - 磁转换，VD 承受反向电压而关断；RL 端电压上升至额定值以上时，Q 关断，因 L 中电流不能突变，故产生右正左负的感生电动势，由此产生经 RL、VD 返回的 I_2 电流回路，由 L 代替 V_{IN} 持续向 RL 供应能量，这是一个磁 - 电转换过程。Q、VD 工作于交替开、关状态；Q 工作在固定频率之下，根据输出采样信号决定 PWM 脉冲占空比的大小。电路用调节 Q 开通 / 关断的时间比例，完成了稳压控制。如果 L 的电感量和 C 的电容量足够大，调节速度足够快，可以认为 RL 端电压就是稳定不变的。

VD 称为续流二极管，提供开关管 Q 关断时 L 储存能量的释放回路。L 为储能电感，作为后备电源，提供 Q 关断时 RL 的能量供应。典型电路结构如图 13-27 所示。

无独有偶，开关型稳压器和线性稳压器一样，也有固定输出和可调输出两类 IC 芯片可供选用。标注 LM2575-ADJ 者，当 FB 端接地时，输出电压为 1.23V，接入 R1、R2 采样电阻时，据 R2、R1 的比例不同，可得到所需的电压输出。其输出电压 ≈1.23×（1+R2/R1）。

13.7.2　LM2576T 芯片的基本工作参数

LM2576T 原理 / 功能方框图和引脚排列见图 13-28。

LM2575T 是 5 引脚器件，有 3.3V、5V、12V、15V 固定稳压输出和 ADJ 可调输出两种芯片，内含固定频率振荡器（52kHz）和基准稳压器（1.23V），并具有完善的保护电路，包括电流限制及热关断电路等，利用该器件只需极少的外围元件便可构成高效稳压电路。输入电压 3.5~40V，输出 1.23~37V，输出电流 3A，工作频率 52kHz。

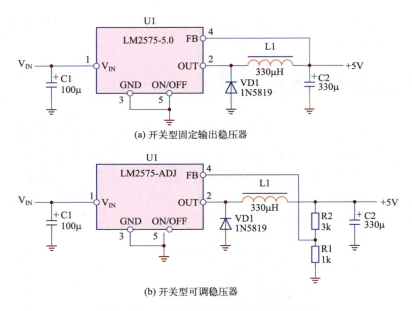

(a) 开关型固定输出稳压器

(b) 开关型可调稳压器

图 13-27　开关型稳压器的电路构成形式

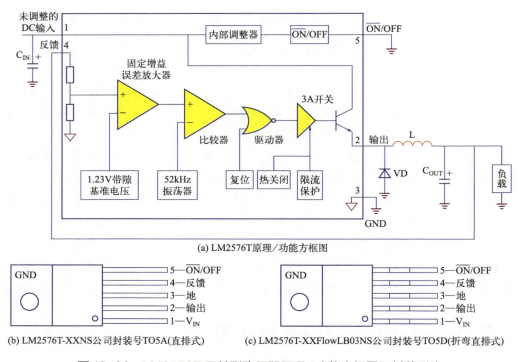

(a) LM2576T原理／功能方框图

(b) LM2576T-XXNS公司封装号TO5A(直排式)　　(c) LM2576T-XXFlowLB03NS公司封装号TO5D(折弯直排式)

图 13-28　LM2576T 开关型稳压器原理／功能方框图和封装形式

　　LM2575、LM2594、LM2595 等芯片与 LM2576 的性能相似，引脚排列也相同，只是工作参数有差异，在电路原理和电路构成上是一样的。如 LM2954 工作频率为 150kHz，工作电流为 0.5A。因而对于其他开关型稳压器，可以参考图 13-27 的电路实例和图 13-28 的原理／功能方框图，不再重复予以说明。

13.7.3　开关管稳压器电路实例与故障诊断

（1）线性三端稳压器和开关型稳压器的"混合电路"之一（图 13-29）

图 13-29 中，+5V 的 MCU 主板供电，由 +15V 经 2775T-5 的开关型稳压器处理后取得；而 -15V 的模拟量检测电路供电，则由 24V 电源经 U5 三端稳压器取得。24V 和 -15V "不共地"的灵活接法，形成了两路电源电压的输出，算是一种巧用三端稳压器的方法了。

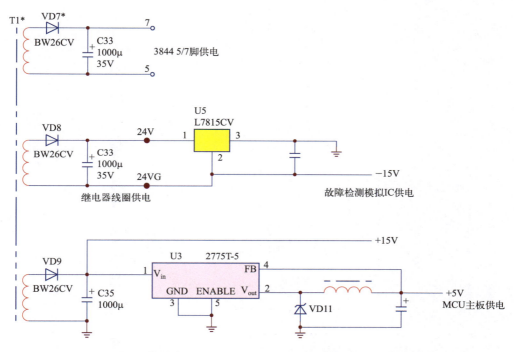

图 13-29　艾默生 EV2000-90kW 变频器开关电源的局部电路

（2）线性三端稳压器和开关型稳压器的"混合电路"之二（图 13-30）

图 13-30 电路中，从开关电源而来的经 J5 端子的 21、22 脚引入的约 +8V 供电电压，经 U5（BM2576-ADJ，开关型稳压器）处理，取得经 L4 "隔离"及电容滤波后的 +5V** 电源 1，经 J5 端子的 20 脚反送回电源板，作为 IGBT 的驱动电路供电；取得经 L6 "隔离"及电容滤波后的 +5V 电源 2，作为 DSP 芯片外围电路的供电电源；取得经 L5 "隔离"及电容滤波后的 +5V* 电源 3，作为操作显示面板的工作电源。

+5V 电源，再经 U24、U26 线性三端稳压器，分别取得 +3.3V 和 +1.8V 的 DSP 芯片工作电源。

开关型稳压器电路的故障诊断（以图 13-30 电路为例）实例，简述如下。

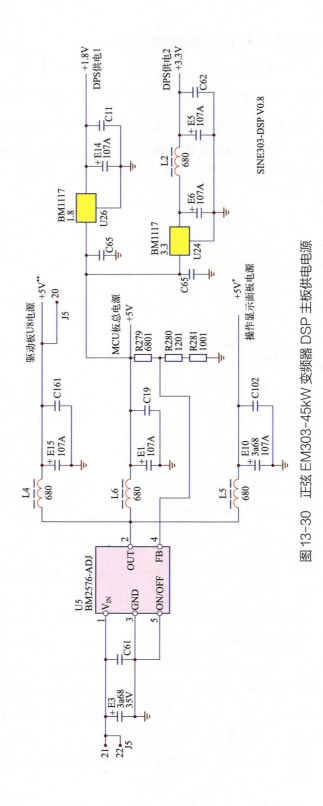

图13-30　正弦 EM303-45kW 变频器 DSP 主板供电电源

实例 1

+5V* 等 3 路 5V 输出均为 0V

查 U5 输入侧供电 8V 正常，但 U5 的 2 脚输出电压为 0V，判断 U5 稳压器损坏，代换后故障排除。

实例 2

测 +5V 输出极低，为 1.2V

测 U5 的输入电源正常，输出电压变为 1.2V，U5 及后续电路没有异常温升现象，说明不是过载故障引起输出电压偏低。1.2V 是 U5 芯片 4、2 脚短接时的最低输出电压，由此判断 R280 或 R281 有断路或虚焊故障，造成采样电路的工作异常，停电测 R280 的电阻值大于标称值，代换 R280 后故障排除。

实例 3

U5 有严重温升，测 2 脚输出电压仅为零点几伏 1

脱开 U5，在 2、3 脚之间单独上 5V 测试电压，观测负载电路的电流为正常值，判断 U5 芯片损坏，换新后故障排除。

实例 4

U5 有严重温升，测 2 脚输出电压仅为零点几伏 2

检查发现三端稳压器 U24 也有异常温升，初步判断 U5 的后级电路有过载故障，拆下 U24 后，测 U5 的工作状态恢复正常。在 U2 输出侧单独上电 3.3V，显示 DSP 的工作电流达 500mA 以上（正常为 200mA 左右），一会儿 DSP 芯片温度上升，判断 DSP 芯片损坏。拆换 DSP 芯片后，故障排除。

实例 **5**

测 U5 的输出端 2 脚为 6V

DSP 器件因 U24、U26 稳压供电，尚处于正常工作状态之下。判断 U5 稳压器坏掉，代换 U5 后，+5V 供电恢复正常。

实例 **6**

U5 输出电压接近 7V

U5 产生稳压失控的原因有两个：一是 U5 本身损坏，内部开关管短路故障造成；二是输出电压采样电路异常，造成采样信号丢失，输出电压升高。停电后测 R279 阻值变大，代换后故障排除。

参考文献

［1］陈永真，陈之勃 . 反激式开关电源设计、制作、调试 [M]. 北京：机械工业出版社，2021.

［2］黄燕 . 开关电源故障检修方法 [M]. 第 2 版 . 北京：国防工业出版社，2007.

［3］赵保经 . 集成稳压器与非线性模拟集成电路 [M]. 北京：国防工业出版社，1989.

［4］咸庆信 . 变频器故障检修 260 例 [M]. 北京：化学工业出版社，2021.

［5］咸庆信 . 工业电路板维修入门：运放和比较器原理新解与故障诊断 [M]. 北京：化学工业出版社，2022.